纺织服装高等教育"十四五"部委级规划教材
纺织科学与工程一流学科本硕博一体化教材

High Performance Fibers and Products

高性能纤维及制品

许福军 主编
阳玉球 姚澜 蒋秋冉 焦文玲 副主编

东华大学出版社
·上海·

内 容 提 要

近年来,高性能纤维及其制品产业发展迅速,新型高性能纤维层出不穷,现有高性能纤维,如碳纤维、玻璃纤维等的各项性能指标不断更新。基于高性能纤维的各种制品的开发与应用越来越受到重视,人们对高性能纤维及其制品的成形技术、综合性能也提出了更高的要求。本书聚焦高性能纤维及制品与制备技术的更新与拓展,对其进行系统介绍:首先,介绍典型高性能纤维的制备工艺与特性;其次,介绍高性能纤维制品的常用制备工艺;再次,介绍高性能纤维制品的种类及应用。

本书适用于纺织与材料相关专业学生,作为教材和辅修材料,也可供从事纺织制品成形的技术人员和学者阅读。

图书在版编目(CIP)数据

高性能纤维及制品 / 许福军主编；阳玉球等副主编.
上海：东华大学出版社,2024.7. — ISBN 978-7-5669-2393-6

Ⅰ．TB334

中国国家版本馆 CIP 数据核字第 2024RE7888 号

责任编辑 张 静
封面设计 魏依东

出 版	东华大学出版社(上海市延安西路 1882 号,200051)
本社网址	http://dhupress.dhu.edu.cn
天猫旗舰店	http://dhdx.tmall.com
营销中心	021-62193056 62373056 62379558
印 刷	上海龙腾印务有限公司
开 本	787 mm×1092 mm 1/16
印 张	15.25
字 数	325 千字
版 次	2024 年 7 月第 1 版
印 次	2024 年 7 月第 1 次印刷
书 号	ISBN 978-7-5669-2393-6
定 价	69.00 元

前　言

高性能纤维是指具有特殊的物理化学结构、性能和用途，或具有特殊功能的化学纤维。高性能纤维作为产业用纺织品的关键原料之一，被广泛应用于航空航天、国防军工、交通运输、工业工程、土工建筑以及生物医药和电子产业等领域。我国高性能纤维经过数十年的发展，基础研究、技术和产业都取得很大进步，已经建立起完整的高性能纤维制备、研发、工程实践和产业化体系。与此同时，我国高性能纤维国产化能力日益增强，并实现了价格逐渐降低，高性能纤维的应用也随之在民用领域推广开来，如建筑建材、工业过滤、体育用品、安全防护等领域。为了进一步加速高性能纤维行业的高质量发展，高性能纤维综合性能的提升与质量稳定性的保障被置于重要地位，这也是开发各类高性能纤维制品，以及在关键应用场景中发挥高性能纤维的特性的重要前提。在产品开发过程中，高性能纤维的改性工艺、纤维编织工艺、纤维与树脂的复合工艺和高性能纤维制品的成型工艺，对最终产品的性能及应用有着非常重要的影响。

基于上述背景，在众多相关领域人员的共同努力下，形成了本书——《高性能纤维及制品》。本书通过对高性能纤维及制品相关的研究成果、工程技术与工艺经验的总结梳理，将主要内容设置为三个部分。首先，介绍了传统高性能纤维和一些新型高性能纤维的制备与性能；其次，针对高性能纤维的综合特性，对适合高性能纤维的纺纱、编织与织造的工艺方法进行梳理总结；最后，系统介绍了高性能纤维主要应用领域和典型制品。

本书由东华大学许福军担任主编，东华大学焦文玲负责统稿。本书内容共九章，第1章由蒋秋冉（东华大学）编写；第2章由阳玉球（东华大学）、马岩（南通大学）编写；第3章由阳玉球（东华大学）、赵德方（绍兴文理学院）编写；第4章由焦文玲（东华大学）、郑连刚（上海航天精密机械研究所）编写；第5章由姚澜（东华大学）、李凤艳（天津工业大学）编写；第6章由姚澜（东华大学）、孙洁（江南大学）编写；第7章由许福军（东华大学）、张昆（绍兴文理学院）编写；第8章由许福军（东华大学)、樊威(西安工程大学)编写;第9章由蒋秋冉(东华大学)、高晓平(内蒙古工业大学)、徐荷澜(江南大学)编写。

我们希望《高性能纤维及制品》一书的出版,能为纺织类专业大学生、研究人员和企事业单位工程技术人员在从事高性能纤维及制品的学习、研究、开发与应用过程中提供一定的参考和帮助;同时希望进一步促进高性能纤维上下游行业的高质量快速发展。限于编者的水平,误漏或不妥之处在所难免,请读者指正。

编 者

2024年3月

目　录

第1章　高性能纤维概述 ·· 1
 1.1　高性能纤维定义 ·· 1
 1.2　高性能纤维发展历史 ·· 1
 1.3　高性能纤维分类 ·· 3
 1.4　高性能纤维特性 ·· 5
  1.4.1　力学性能 ··· 6
  1.4.2　阻燃耐热性能 ··· 6
  1.4.3　耐化学性能 ··· 6
  1.4.4　其他性能 ··· 6
 1.5　高性能纤维应用 ·· 7

第2章　碳纤维 ·· 8
 2.1　纤维制备 ·· 8
  2.1.1　聚丙烯腈原丝 ··· 9
  2.1.2　热处理 ··· 11
  2.1.3　表面处理与改性 ··· 12
 2.2　纤维结构 ·· 13
  2.2.1　碳纤维的皮芯结构 ··· 13
  2.2.2　碳纤维的孔结构 ··· 13
  2.2.3　碳纤维的结构模型 ··· 15
 2.3　纤维性能 ·· 18
  2.3.1　力学性能 ··· 18
  2.3.2　热性能 ··· 21
  2.3.3　电性能 ··· 23
  2.3.4　磁性能 ··· 23
 2.4　纤维应用 ·· 24

2.4.1　碳纤维在航空航天和军事领域的应用 ………………………… 24
　　2.4.2　碳纤维在工业领域的应用 …………………………………… 26
　　2.4.3　碳纤维在体育休闲用品领域的应用 ………………………… 29
参考文献 …………………………………………………………………… 30

第3章　玻璃纤维 ……………………………………………………………… 32
3.1　纤维制备 ……………………………………………………………… 33
　　3.1.1　坩埚拉丝工艺 ………………………………………………… 33
　　3.1.2　池窑拉丝工艺 ………………………………………………… 34
3.2　纤维结构 ……………………………………………………………… 36
　　3.2.1　玻璃纤维结构与特点 ………………………………………… 36
　　3.2.2　玻璃纤维的组成 ……………………………………………… 37
　　3.2.3　玻璃纤维中氧化物的分类及作用 …………………………… 37
3.3　纤维性能 ……………………………………………………………… 38
　　3.3.1　玻璃纤维的力学性能 ………………………………………… 38
　　3.3.2　电学性能 ……………………………………………………… 40
　　3.3.3　热性能 ………………………………………………………… 40
　　3.3.4　光学性能 ……………………………………………………… 40
　　3.3.5　化学性能 ……………………………………………………… 41
3.4　纤维应用 ……………………………………………………………… 42
　　3.4.1　吸声领域的应用 ……………………………………………… 42
　　3.4.2　隔振领域的应用 ……………………………………………… 42
　　3.4.3　隔热领域的应用 ……………………………………………… 43
　　3.4.4　体育休闲领域的应用 ………………………………………… 43
　　3.4.5　医疗领域的应用 ……………………………………………… 44
　　3.4.6　交通领域的应用 ……………………………………………… 44
　　3.4.7　风力发电领域的应用 ………………………………………… 44
　　3.4.8　电子电气领域的应用 ………………………………………… 45
　　3.4.9　环境领域的应用 ……………………………………………… 46
　　3.4.10　建筑材料领域的应用 ………………………………………… 46
参考文献 …………………………………………………………………… 47

第4章　玄武岩纤维 …………………………………………………………… 48
4.1　纤维制备 ……………………………………………………………… 48
　　4.1.1　玄武岩纤维原料 ……………………………………………… 48

4.1.2 玄武岩矿石熔制工艺 …………………………………………………… 48
　　4.1.3 玄武岩纤维成形工艺 …………………………………………………… 49
　　4.1.4 玄武岩纤维纱线 ………………………………………………………… 52
4.2 纤维结构 ……………………………………………………………………… 55
　　4.2.1 玄武岩纤维化学组成 …………………………………………………… 55
　　4.2.2 玄武岩纤维形态结构 …………………………………………………… 57
　　4.2.3 玄武岩纤维晶体结构 …………………………………………………… 57
4.3 纤维性能 ……………………………………………………………………… 57
　　4.3.1 玄武岩纤维表面特性 …………………………………………………… 58
　　4.3.2 玄武岩纤维密度 ………………………………………………………… 58
　　4.3.3 玄武岩纤维力学性能 …………………………………………………… 58
　　4.3.4 玄武岩纤维耐温特性 …………………………………………………… 59
　　4.3.5 玄武岩纤维化学稳定性 ………………………………………………… 60
　　4.3.6 玄武岩纤维介电性能及电绝缘性能 …………………………………… 62
　　4.3.7 玄武岩纤维环保性 ……………………………………………………… 62
4.4 纤维应用 ……………………………………………………………………… 63
　　4.4.1 吸波透波、吸声方面的应用 …………………………………………… 64
　　4.4.2 阻燃应用 ………………………………………………………………… 65
参考文献 …………………………………………………………………………… 65

第5章 芳纶 …………………………………………………………………… 67

5.1 纤维制备 ……………………………………………………………………… 67
　　5.1.1 概述 ……………………………………………………………………… 67
　　5.1.2 聚合物制备 ……………………………………………………………… 67
　　5.1.3 纺丝工艺 ………………………………………………………………… 68
5.2 纤维结构 ……………………………………………………………………… 70
　　5.2.1 概述 ……………………………………………………………………… 70
　　5.2.2 化学结构 ………………………………………………………………… 71
　　5.2.3 超分子结构 ……………………………………………………………… 71
5.3 纤维性能 ……………………………………………………………………… 73
　　5.3.1 概述 ……………………………………………………………………… 73
　　5.3.2 物理特性 ………………………………………………………………… 73
　　5.3.3 化学特性 ………………………………………………………………… 76
　　5.3.4 其他特性 ………………………………………………………………… 77
5.4 纤维应用 ……………………………………………………………………… 77

5.4.1　概述 …… 77
　　　5.4.2　安全防护领域 …… 79
　　　5.4.3　复合材料领域 …… 80
　　　5.4.4　其他领域 …… 80
　5.5　芳砜纶 …… 82
　参考文献 …… 83

第6章　超高相对分子质量聚乙烯纤维 …… 86
　6.1　纤维制备 …… 86
　　　6.1.1　概述 …… 86
　　　6.1.2　凝胶纺丝法 …… 86
　　　6.1.3　熔融纺丝法 …… 89
　6.2　纤维结构 …… 90
　　　6.2.1　概述 …… 90
　　　6.2.2　化学结构 …… 90
　　　6.2.3　超分子结构 …… 91
　6.3　纤维性能 …… 93
　　　6.3.1　概述 …… 93
　　　6.3.2　物理特性 …… 93
　　　6.3.3　化学特性 …… 96
　6.4　纤维应用 …… 96
　　　6.4.1　概述 …… 96
　　　6.4.2　民用领域 …… 97
　　　6.4.3　军事防护领域 …… 99
　　　6.4.4　其他领域 …… 100
　参考文献 …… 101

第7章　其他高性能纤维 …… 105
　7.1　PBO纤维 …… 105
　　　7.1.1　PBO纤维的制备 …… 105
　　　7.1.2　PBO纤维的结构 …… 106
　　　7.1.3　PBO纤维的性能 …… 106
　　　7.1.4　PBO纤维的应用 …… 107
　7.2　陶瓷纤维 …… 108

　　　　7.2.1　陶瓷纤维的制备 ································· 108
　　　　7.2.2　陶瓷纤维的结构 ································· 109
　　　　7.2.3　陶瓷纤维的性能 ································· 109
　　　　7.2.4　陶瓷纤维的应用 ································· 110
　　7.3　聚酰亚胺纤维 ·· 111
　　　　7.3.1　聚酰亚胺纤维的制备 ···························· 113
　　　　7.3.2　聚酰亚胺纤维的结构 ···························· 115
　　　　7.3.3　聚酰亚胺纤维的性能 ···························· 116
　　　　7.3.4　聚酰亚胺纤维的应用 ···························· 117
　　7.4　聚芳酯纤维 ··· 118
　　　　7.4.1　聚芳酯纤维的制备 ······························· 119
　　　　7.4.2　聚芳酯纤维的结构 ······························· 120
　　　　7.4.3　聚芳酯纤维的性能 ······························· 121
　　　　7.4.4　聚芳酯纤维的应用 ······························· 122
　　7.5　聚四氟乙烯纤维 ··· 123
　　　　7.5.1　聚四氟乙烯纤维的制备 ·························· 123
　　　　7.5.2　聚四氟乙烯纤维的结构 ·························· 124
　　　　7.5.3　聚四氟乙烯纤维的性能 ·························· 126
　　　　7.5.4　聚四氟乙烯纤维的应用 ·························· 127
　　7.6　碳纳米管纤维 ··· 128
　　　　7.6.1　碳纳米管纤维的制备 ···························· 128
　　　　7.6.2　碳纳米管纤维的结构 ···························· 130
　　　　7.6.3　碳纳米管纤维的性能 ···························· 131
　　　　7.6.4　碳纳米管纤维的应用 ···························· 132
　　7.7　石墨烯纤维 ··· 133
　　　　7.7.1　石墨烯纤维的结构 ······························· 133
　　　　7.7.2　石墨烯纤维的制备 ······························· 134
　　　　7.7.3　石墨烯纤维的性能 ······························· 137
　　　　7.7.4　石墨烯纤维的应用 ······························· 139
　参考文献 ··· 140

第8章　高性能纤维制品成形技术 ································· 146
　　8.1　高性能纤维纺纱成形 ·· 146
　　　　8.1.1　环锭纺 ··· 146
　　　　8.1.2　集聚纺 ··· 147

		8.1.3 转杯纺	147
		8.1.4 喷气纺	148
		8.1.5 涡流纺	149
	8.2	高性能纤维绳索制品成形	150
		8.2.1 绳索加工技术	150
		8.2.2 芳纶绳索	153
		8.2.3 玻璃纤维绳索	154
		8.2.4 碳纤维绳索	155
	8.3	高性能纤维机织成形	157
		8.3.1 二维机织成形	157
		8.3.2 三维机织成形	158
	8.4	高性能纤维针织成形	161
		8.4.1 高性能纤维经编成形	161
		8.4.2 高性能纤维纬编成形	163
	8.5	非织造	165
		8.5.1 梳理	165
		8.5.2 机械铺网	166
		8.5.3 针刺成形过程	169
	8.6	高性能纤维编织成形	170
		8.6.1 二维平面编织	170
		8.6.2 二维管状编织	171
		8.6.3 三维立体编织	172
		8.6.4 三维管状编织	175
	参考文献		176

第9章 高性能纤维制品及应用 ······ 179

9.1	防护领域高性能纤维制品	179
	9.1.1 高性能纤维防刺服	179
	9.1.2 高性能纤维防割手套	180
9.2	过滤领域高性能纤维制品	180
	9.2.1 高温空气滤材制品	180
	9.2.2 高温滤材加工工艺	181
	9.2.3 袋式除尘技术问题分析	182
9.3	阻燃耐高温高性能纤维制品	182
	9.3.1 阻燃纤维制品	183

9.3.2　耐高温纤维制品 …………………………………………………… 186
9.4　绳缆类高性能纤维制品 …………………………………………………… 189
　　　9.4.1　绳索用绳缆 …………………………………………………………… 189
　　　9.4.2　电力用电缆 …………………………………………………………… 190
　　　9.4.3　光缆 …………………………………………………………………… 190
　　　9.4.4　绳网用绳缆 …………………………………………………………… 192
9.5　体育类高性能纤维制品 …………………………………………………… 192
　　　9.5.1　大型高性能纤维体育用品 …………………………………………… 193
　　　9.5.2　中型高性能纤维体育用品 …………………………………………… 194
　　　9.5.3　小型高性能纤维体育用品 …………………………………………… 194
9.6　乐器类高性能纤维制品 …………………………………………………… 196
　　　9.6.1　小提琴、大提琴 ……………………………………………………… 196
　　　9.6.2　吉他 …………………………………………………………………… 196
　　　9.6.3　西洋管乐器 …………………………………………………………… 197
　　　9.6.4　钢琴 …………………………………………………………………… 197
9.7　医疗领域高性能纤维制品 ………………………………………………… 197
　　　9.7.1　放射诊断设备壳体 …………………………………………………… 198
　　　9.7.2　体内支撑性产品 ……………………………………………………… 198
　　　9.7.3　植入式医疗器械 ……………………………………………………… 199
　　　9.7.4　急救用品与治疗用品 ………………………………………………… 200
　　　9.7.5　残疾人用复合材料义肢 ……………………………………………… 201
9.8　压力容器领域高性能纤维制品 …………………………………………… 202
　　　9.8.1　碳纤维复合材料制品 ………………………………………………… 203
　　　9.8.2　玻璃纤维复合材料制品 ……………………………………………… 204
9.9　建筑领域高性能纤维制品 ………………………………………………… 204
　　　9.9.1　住宅设施 ……………………………………………………………… 205
　　　9.9.2　市政工程 ……………………………………………………………… 205
　　　9.9.3　水利工程 ……………………………………………………………… 207
9.10　军事领域高性能纤维制品 ………………………………………………… 208
　　　9.10.1　装甲防护应用制品 …………………………………………………… 208
　　　9.10.2　装备应用制品 ………………………………………………………… 209
　　　9.10.3　场所应用制品 ………………………………………………………… 210
9.11　航空航天领域高性能纤维制品 …………………………………………… 211
　　　9.11.1　航天类高性能纤维制品 ……………………………………………… 211
　　　9.11.2　航空类高性能纤维制品 ……………………………………………… 214

9.12 轨道交通领域高性能纤维制品 ·················· 217
　9.12.1 高铁领域应用制品 ···················· 217
　9.12.2 汽车领域应用制品 ···················· 218
　9.12.3 路桥建设领域应用制品 ················· 219
9.13 能源领域高性能纤维制品 ···················· 220
　9.13.1 光伏碳/碳热场材料 ··················· 220
　9.13.2 风电应用制品 ······················ 221
　9.13.3 节能减排应用制品 ···················· 222
9.14 其他领域高性能纤维制品 ···················· 224
　9.14.1 机械零部件 ······················· 224
　9.14.2 特种管道 ························ 226
　9.14.3 输送带 ·························· 226
　9.14.4 蜂窝纸 ·························· 227
　9.14.5 时尚产品 ························ 227

参考文献 ································· 228

第1章 高性能纤维概述

纤维从纺织业进入工业、军事等特殊行业,随着高分子科学的快速发展,化学纤维的性能飞速提升,并逐步和服用纤维区别开,S. K. Mukhopadhyay 首次提出了"高性能纤维"(High-performance fiber)这个名词。

1.1 高性能纤维定义

广义而言,高性能纤维是指与传统纤维相比,具有高强度、高模量、耐高温、耐腐蚀、耐辐射、耐化学等优良性能的纤维。为明确高性能纤维的定义,中国纺织工业设计院姜永恺将其表述为同时具有强度约为 18 cN/dtex、初始模量约为 441 cN/dtex 的特种纤维。中国工程院"国产高性能纤维发展战略"项目研究报告中关于高性能纤维的权威性定义为具有质量轻、强度高、模量高、耐冲击、耐高温、耐腐蚀等优良物理化学性能的纤维,其强度和模量通常分别在 18 cN/dtex 和 440 cN/dtex 以上,可以在 160~300 ℃条件下长期使用。

1.2 高性能纤维发展历史

高性能纤维自 20 世纪 50 年代至今,已有近 70 年的发展历史(表 1-1),可将其应用发展历程划分为以下三个重要阶段:

(1)第一代纤维建立基础。由于人类需求的提升和工业技术的革新,工业用纺织纤维逐渐从天然纤维转变到再生纤维,最终转向合成纤维。自 1931 年至 1950 年,聚氯乙烯纤维、聚酰胺纤维(锦纶)、聚丙烯腈(PAN)纤维(腈纶)、聚酯纤维(涤纶)、聚乙烯醇纤维(维纶)、聚丙烯纤维(丙纶)逐步出现并商业化,为高性能纤维的开发奠定了基础。

(2)第二代纤维快速发展。由于全球政治军事形势变化,世界各国需提升战备,因此对运用于飞机、火箭、导弹、装甲防护的高性能纤维材料的需求激增,合成纤维成型技术不断提升,具有高模量、高强度的有机、无机纤维逐一面世,逐步形成了高性能纤维产业。

(3)第三代纤维技术革新。由于工业应用升级,特种纤维在航空航天、能源、建筑、环保、海洋、运动器材等产业的应用逐渐深化。随着交叉学科研究进步,新领域对具有特定功能的高性能纤维的需求不断提升。进入21世纪以来,第三代智能化纤维逐渐进入市场,在世界各国的科技工程和研究计划的推动下,全球高性能纤维及其复合材料前沿技术不断取得突破,产业化进程也跨入成熟发展阶段。新时代高性能纤维将持续国产化、低成本化、应用拓宽化、性能提升及复合化发展,按照"材料强国"的目标,制定产业发展指南,以国防建设和国民经济的重大需求为导向,开展持续发展。

表1-1 高性能纤维发展历程

时间	企业	纤维种类	技术进展	意义及应用
1945年	杜邦	聚四氟乙烯纤维	纤维具有超强耐化学性、热稳定性、耐磨性	防护纺织品、医用人造血管、胶带
1959年	联合碳化物公司	黏胶基碳纤维	纤维具有轻质高强、尺寸稳定、高刚性	开创碳纤维工业化
1960年	欧文斯科宁	高强度玻璃纤维	纤维具有高强度、耐热性、耐腐蚀性	航空航天、建筑、汽车领域的纤维增强复合材料
1960—1972年	杜邦	间位芳纶、对位芳纶	开创液晶纺丝技术,纤维具有优良热稳定性、强度	替代工业用涤纶纤维,航空航天结构材料、汽车轮胎帘子线骨架
1975—1988年	帝斯曼、东洋纺、联信、霍尼韦尔	高强高模聚乙烯纤维	开创凝胶纺丝工艺,纤维具有轻质高强、高韧性、耐化学腐蚀性、电绝缘性等	海洋、航天绳索、防弹纺织品
1985—1997年	中国纺织科学研究院、东华大学、天津工业大学等	超高强度聚乙烯纤维	开创冻胶溶液成型技术,纤维具有高强度、高模量、高产量工业化技术	国防军需、航空航天、安全防护
1985年	兰精	聚酰亚胺纤维	开发干法纺丝技术,纤维具有高耐热性、高耐化学性	高温防护纺织品、高温过滤材料
1986—1987年	帝人	对位芳纶	开发液晶纺丝技术,取消硫酸溶剂,开创聚合溶液纺丝技术	打破芳纶独占体系,防弹头盔、飞机外壳增强件、建筑混凝土加强件
1981—1993年	卜内门、威格斯	聚醚醚酮纤维	纤维具有高耐热性、耐磨性、抗蠕变性	注塑成型,耐热纺织品、传送带
1996年	道康宁	高强度玻璃纤维	纤维具有高强度、高耐热性、光学性能、吸声性能	低价格,交通汽车零部件

(续表)

时间	企业	纤维种类	技术进展	意义及应用
1998年	东洋纺	聚对苯撑苯并二噁唑纤维	纤维高强高模,耐切割,耐热,阻燃,耐光性不佳	消防服、建筑水泥增强件、替代芳纶的增强纤维
2013年	上海纺织科学研究院、上海合成纤维研究所	芳砜纶	纤维具有高热稳定性、电绝缘性、抗辐射性	防护用纺织品、除尘过滤材料
2013年	赫氏集团	碳纤维预浸料	纤维具有高模量	轻质复合材料及飞机、汽车、风力叶片结构件
2018—2019年	东丽株式会社、赫氏集团	碳纤维	纤维具有高强度、高模量、高断裂延伸率	开展高端碳纤维及复合材料应用、研究新阶段

1.3 高性能纤维分类

随着高性能纤维产业技术的不断提升,纤维质量及产品系列化、差别化水平和生产稳定性等都有了显著提高,为便于高性能纤维的深入研究,按纤维化学成分进行精细化分类,可分为有机高性能纤维(表1-2)和无机高性能纤维(表1-3)两类。

表1-2 有机高性能纤维分类及应用范围

纤维分类和主要品种		分子结构式	应用范围
刚性分子链	间位芳香族聚酰胺纤维	$\text{\textemdash}[\text{HN}\text{\textemdash}\bigcirc\text{\textemdash}\text{NH}\text{\textemdash}\text{CO}\text{\textemdash}\bigcirc\text{\textemdash}\text{CO}]_n$	空间飞行器、光纤光缆、纤维缠绕压力瓶、消防服、防弹衣、防刺服等
	对位芳香族聚酰胺纤维	$\text{\textemdash}[\text{HN}\text{\textemdash}\bigcirc\text{\textemdash}\text{NH}\text{\textemdash}\text{CO}\text{\textemdash}\bigcirc\text{\textemdash}\text{CO}]_n$	
	芳香族聚酯纤维	$\text{\textemdash}[\bigcirc\text{\textemdash}\text{CO}\text{\textemdash}\text{O}]_n$	光纤补强件、绳索、体育用品、船帆等
	聚对苯撑苯并二噁唑纤维	(苯并二噁唑结构式)	航空航天、防护材料、国防军事、运动器材
	聚苯硫醚纤维	$\text{\textemdash}[\bigcirc\text{\textemdash}\text{S}]_n$	工业燃煤锅炉袋滤室的过滤织物、工装及军用服装等

(续表)

纤维分类和主要品种		分子结构式	应用范围
刚性分子链	聚(2,5-二羟基-1,4-苯撑吡啶并二咪唑)纤维		防火屏障、防弹材料、军车外壳等
	聚苯并咪唑纤维		在汽车工业、航空航天、微电子等领域被用作膜材料
	聚苯砜对苯二甲酰胺纤维		消防服、炉前工作服、电焊工作服和特种军服等
	聚酰亚胺纤维		高温过滤、特种绝缘、电池隔膜等
	聚酰胺-酰亚胺纤维		消防服、军服、赛车服、地毯、地板革等
	酚醛纤维		滤芯、睡袋、飞机逃生罩等
	三聚氰胺甲醛纤维		预鞣、复鞣和填充树脂、造纸等
	聚醚醚酮纤维		齿轮、颅骨缺损修复假体、汽车部件、航空零件等
	聚四氟乙烯纤维		填料和缝纫丝、高温粉尘滤袋、防黏涂层等

(续表)

纤维分类和主要品种		分子结构式	应用范围
柔性分子链	超高相对分子质量聚乙烯纤维		防弹防机械伤害用品、缆绳和渔网等
	聚乙烯醇纤维	OH	人造皮肤及人造血管等

表1-3 无机高性能纤维分类及应用范围

纤维分类和品种		主要成分	应用范围
碳纤维	聚丙烯腈基碳纤维、沥青基碳纤维、黏胶基碳纤维、石墨纤维	碳	桥梁和建筑物的修补材料、航空器的主承力结构材料等
陶瓷纤维	氧化铝纤维、碳化硅纤维	氧化铝、碳、硅	工业窑炉壁衬、过滤和催化剂载体等
玻璃纤维		二氧化硅、氧化铝、氧化钙、氧化硼、氧化镁、氧化钠等	玻璃绳、玻璃纤维复合材料、电路基板等
玄武岩纤维		二氧化硅、氧化铝、氧化钙、氧化镁、氧化铁	玄武岩纤维布、摩擦材料、高温过滤织物等
硼纤维		三氯化硼	飞机的零部件、体育及娱乐用品、超导线等

有机高性能纤维的分子主链构成可分为刚性分子链和柔性分子链。刚性分子链包含苯环结构，主要指芳香族聚酰胺，包括聚对苯二甲酰对苯二胺(PPTA)和聚间苯二甲酰间苯二胺(PMIA)；还有芳香族聚酯纤维，包括聚对羟基苯甲酸、聚对苯酸对苯二甲酸酯；另有芳香杂环类，包括聚苯并咪唑(PBI)和聚对苯撑苯并二噁唑(PBO)等。柔性分子链主要指超高相对分子质量聚乙烯(UHMWPE)。

无机高性能纤维的主要成分为碳或金属或非金属氧化物，包括具有超高性能的碳纤维(CF)、玻璃纤维、玄武岩纤维等，它们分别采用有机纤维经炭化石墨化成型、玻璃经熔融拉丝成型、天然火山岩经高温熔融拉丝成型。

1.4 高性能纤维特性

由1.1给出的定义可知，人们对高性能纤维的各类性能有明确要求，通常要具有稳定优良的力学性能、耐摩擦性能、耐磨损性能、耐热性能、阻燃性能以及耐化学介质性能等，同时根据应用领域的特殊需求，如纺织服装、航空航天、土木工程、军工、电子等，对部分性能比如耐紫外性能有特殊界限。下面从四个方面简单介绍高性能纤维的特性：

1.4.1 力学性能

高性能纤维又称特种纤维，是具有特殊物理化学结构、性能和用途的化学纤维，大部分都具有极佳的力学性能，如质量轻、高强、高模、耐冲击等。高性能纤维的密度远低于钢丝，而比强度和比模量都远高于钢丝。

高强型高性能纤维主要有石墨烯基纤维、PAN基碳纤维、PPTA纤维、UHMWPE纤维和PBO纤维，广泛应用于航空航天、土木建筑、油气钻探、压力容器、复合材料辊、风力发电、交通运输、体育休闲、国防军工、橡胶和海洋等方面。

1.4.2 阻燃耐热性能

部分高性能纤维具有极佳的耐热性能，它们具有较高的软化点、熔点和着火点，热分解温度高，长期处于高温条件下也能保持尺寸稳定，维持一定的力学、化学和加工性能。

耐热型高性能纤维主要有线性芳香族纤维、石墨化碳纤维和聚四氟乙烯（PTFE）纤维等，可以应用于耐高温服、阻燃防护装备、高温滤材、防火环保制品、国防武器等领域。

1.4.3 耐化学性能

部分高性能纤维还应具有优良的耐化学性能，不易受到酸或碱性物质的侵蚀，对多种有机溶剂表现为惰性，在较为极端的化学环境下也能保持稳定状态。具有耐化学性能的高性能纤维包括聚苯硫醚（PPS）纤维、玄武岩纤维、PAN基碳纤维、聚酰亚胺（PI）纤维等，可用于航空航天、特殊防护、绝缘制品、化学工业过滤、军事、医疗器械等领域。

1.4.4 其他性能

（1）耐辐射性能。有机类高性能纤维中，有部分纤维本身就具有耐辐射性，在经受高能射线的照射后，不但不会产生辐射交联反应和化学降解，而且仍具有良好的物理力学性能和一定的使用价值。耐辐射性能优异的纤维主要有聚酰亚胺纤维、酚醛纤维、玄武岩纤维以及芳砜纶等，被广泛应用于防护制品领域，如宇航服、特种军服、防辐射工作服等。

（2）耐磨性能。部分高性能纤维具有优异的耐摩擦性，经受多次摩擦后仍保持结构和性质的稳定，如PBO纤维、UHMWPE纤维等，主要应用于休闲运动类产品、绳索类产品、医用材料等方面。

（3）耐光性能。某些高性能纤维还具有优越的耐光性，具有一定的抗紫外线能力，可以满足长时间的光照要求，如聚酰亚胺纤维、玄武岩纤维，可以应用于航空航天、环保、防火、道路建设等领域。

1.5 高性能纤维应用

高性能纤维的应用与相关技术发展，依据时代需求的变更不断更迭升级。目前高性能纤维主要有以下三个应用方向：

(1) 满足高端精细领域应用需求。军事、航空航天、建筑、医疗防护等尖端应用领域对纤维性能和稳定性的要求较高，相比于常规工业用纤维，高性能纤维更能满足这些领域的应用性能需求。如今高性能纤维的高端应用已有较为成功的案例，如：对位芳纶制品全面取代金属防弹防护头盔；碳纤维复合材料替代金属材料成为飞机主要结构件、建筑物减震部件、耐腐蚀假肢部件、代替传统铝板、酚醛树脂成为放射诊疗设备壳体；玻璃纤维增强复合材料取代钢筋混凝土成为建筑结构件等。

(2) 满足新能源领域应用需求。为响应国家和市场对于节能减排、轻量循环的可持续发展策略，促进交通、能源等领域的技术升级，高性能纤维凭借超高的性能优势，经历《"十三五"国家科技创新规划》及《化纤工业"十三五"发展指导意见》指导推动生产应用技术进步，已在能源领域取得成功案例，如：碳纤维、玻璃纤维复合材料取代金属材料成为轻量化车体部件；芳纶复合材料取代混凝土成为路桥加强件；碳纤维制品取代石墨材料成为光伏设备部件；碳纤维、玻璃纤维制品成为风电叶片主要载荷材料等。

(3) 满足升级产业应用需求。由于纤维生产工艺升级，产业规模扩大，高性能纤维逐步进入常规工业用纤维的顶端精细产品中，如今在体育、音乐、防护服装等领域已有成功应用案例，如：碳纤维制品取代金属、树脂成为自行车、球拍、球杆主体件；碳纤维增强复合材料取代木材成为提琴、吉他、钢琴的外壳与核心零件；超高强度聚乙烯纤维、芳纶纤维成为特种绳索、防弹帽、防刺服、防割手套的主要纱线原料；间位芳纶、碳纤维等耐高温纤维成为消防服、防火服、绝缘服的主要纱线原料等。

第2章 碳纤维

碳纤维(Carbon fiber，CF)是由聚丙烯腈(Polyacrylonitrile，PAN)、沥青、黏胶等有机母体经过预氧化、炭化、石墨化等步骤而制备的含碳量高(一般来讲，C元素的质量分数≥90%)，具有耐高温、抗摩擦、导电、导热及耐腐蚀等特性的高强度纤维状的碳材料。它不仅具有碳材料的固有本征特性，又兼备纺织纤维的柔软可加工性，是新一代增强纤维。作为高性能纤维的一种，碳纤维已在航天、航空、汽车、电子、机械、化工、纺织、运动器材、休闲用品等领域得到广泛应用。

按照不同的分类标准，碳纤维有以下几种分类方法：

(1) 按原丝种类分类：PAN基碳纤维、沥青基碳纤维和黏胶基碳纤维。

(2) 按制造工艺条件分类：碳纤维(800~1600 ℃)、石墨纤维(2000~3000 ℃)、活性碳纤维、气相生长碳纤维。

(3) 按产品特性分类：通用型(GP)与高性能型(HP)，其中高性能型主要包括中强型(MT)、高强型(HT)、超高强型(UHT)、中模量型(IM)、高模量型(HM)、超高模量型(UHM)。

经过多年的发展，目前只有聚丙烯腈纤维、黏胶基纤维和沥青纤维三种原料制备碳纤维的工艺实现了工业化。当前，因生产工艺相对简单、综合性能优异，聚丙烯腈基碳纤维已经成为种类最多、产量最高、技术最为成熟的一种碳纤维，其市场份额占据90%以上。现在，世界各国的碳纤维厂商都在采用各种方法和手段以提高聚丙烯腈基碳纤维原丝的品质和碳纤维的力学性能，在提高产品竞争力的同时，让碳纤维在材料领域发挥更大的作用。

2.1 纤维制备

聚丙烯腈基碳纤维的制备工艺相对成熟，同时强度高于黏胶基碳纤维和沥青基碳纤维，产品稳定性更好，应用领域更广。聚丙烯腈基碳纤维由于具有较高的拉伸强度、弹性模量和碳收率，并且生产工艺较黏胶基碳纤维和沥青基碳纤维简单，因而得到了迅速的发展。聚丙烯腈基碳纤维的制备工艺流程如图2-1所示。

从图2-1可以看到碳纤维制造过程中最重要的环节：(1)PAN原丝的制备；(2)PAN原丝的预氧化；(3)预氧丝的炭化，制备高模量碳纤维时需要增加石墨化工艺；(4)碳纤维的后处理。

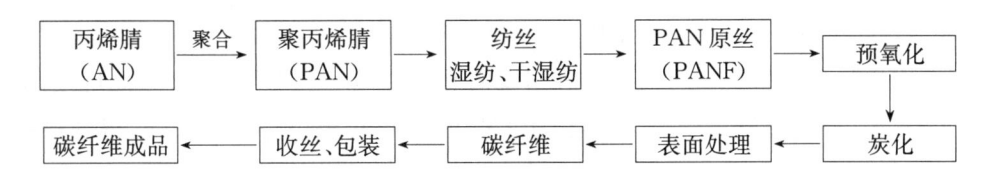

```
丙烯腈      聚合   聚丙烯腈      纺丝        PAN原丝      预氧化
(AN)   ──→   (PAN)   ──→  湿纺、干湿纺 ──→  (PANF)   ──→
                                                            │
碳纤维成品 ←── 收丝、包装 ←── 碳纤维 ←── 表面处理 ←── 炭化
```

图 2-1 聚丙烯腈基碳纤维制备工艺流程

2.1.1 聚丙烯腈原丝

2.1.1.1 丙烯腈聚合反应

聚丙烯腈原丝的制备过程主要包括聚合和纺丝两大工艺。丙烯腈(AN)聚合反应是碳纤维生产中的关键技术,高品质的聚丙烯腈是制备优质原丝和优质碳纤维的前提。

虽然国内外各碳纤维企业生产使用的 PAN 原丝在生产工艺、成品质量等方面各有特点,但制备原理基本相同。聚合单元采用丙烯腈和第二单体、第三单体,在溶剂中进行共聚反应,生成 PAN 纺丝液;PAN 纺丝液经计量泵被输送至纺丝单元,经喷丝、凝固和牵伸等物理过程形成 PAN 原丝。

PAN 的聚合机理主要包括自由基聚合和阴离子聚合两种。其中,自由基聚合是目前工业上普遍采用的方法。自由基聚合由四种基元反应组成,分别为链引发、链增长、链终止和链转移。由偶氮二异丁腈(AIBN)引发 AN 自由基聚合的机理如图 2-2 所示。

(1) 链引发:

引发剂分解: $(H_3C)_2\underset{CN}{C}-\underset{CN}{C}(CH_3)_2 \longrightarrow 2(H_3C)_2\underset{CN}{C}\cdot + N_2$

单体自由基形成: $(H_3C)_2\underset{CN}{C}\cdot + H_2C=\underset{CN}{CH} \longrightarrow (H_3C)_2\underset{CN}{C}-CH_2\underset{CN}{CH}\cdot$

(2) 链增长: $(H_3C)_2\underset{CN}{C}-CH_2\underset{CN}{CH}\cdot + nH_2C=\underset{CN}{CH} \longrightarrow (H_3C)_2\underset{CN}{C}{\left[CH_2\underset{CN}{CH}\right]}_n CH_2\underset{CN}{CH}\cdot$

(3) 链终止:

偶合终止: $\sim\sim\underset{CN}{\overset{H_2}{C}CH}\cdot + \cdot\underset{CN}{\overset{H_2}{HCC}}\sim\sim \longrightarrow \sim\sim\underset{CN}{\overset{H_2}{C}CH}-\underset{CN}{\overset{H_2}{HCC}}\sim\sim$

歧化终止: $\sim\sim\underset{CN}{\overset{H_2}{C}CH}\cdot + \cdot\underset{CN}{\overset{H_2}{HCC}}\sim\sim \longrightarrow \sim\sim\underset{CN}{\overset{H_2}{C}CH_2} + \underset{CN}{\overset{H}{HC}}=C\sim\sim$

(4) 链转移: $\sim\sim\underset{CN}{\overset{H_2}{C}CH}\cdot + YS \longrightarrow \sim\sim\underset{CN}{\overset{H_2}{C}CY} + SH\cdot$

图 2-2 由 AIBN 引发 AN 自由基聚合的机理

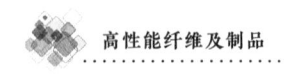

聚合反应的过程：将丙烯腈单体、溶剂和少量助剂加入反应釜,控制一定的温度和搅拌速度,丙烯腈和第二单体、第三单体在引发剂的作用下,双键被打开,并彼此连接,形成线性PAN链,同时释放出反应热,生成PAN大分子；再经过后处理工序,得到最终的PAN纺丝液,供给纺丝单元。

2.1.1.2 纺丝液的后处理

聚合反应结束后,纺丝液体系内并非只有溶剂和PAN共聚物,还包括未反应的单体（主要为丙烯腈分子）、微量水、残余引发剂和低分子物。因为纺丝液体系中还存在链端具有活性的高分子链和单体,因此会继续反应使链增长,影响纺丝液的均一性。另一方面,在纺丝液体系黏度大、传质传热困难的情况下,链增长反应产生的聚合热可能会使得局部温度过高,进而导致PAN大分子链发生支化反应甚至产生凝胶,降低纺丝液的品质。因此需设置真空脱单工序,在适宜的温度、压力条件下,将残余的丙烯腈单体从PAN溶液中脱除。

此外,溶液在贮存、输送过程中难免会混入气体,如果气体被带入纺丝过程,气泡随时可能从纤维中逸出而产生孔洞,成为影响碳纤维力学性能的重要因素。因此需设置脱泡工序,将气泡从PAN溶液中脱除。

脱单、脱泡及过滤构成PAN纺丝液的后处理工序。

2.1.1.3 纺丝

目前,国内外生产PAN原丝主要采用湿法纺丝（图2-3、图2-4）或干喷湿法纺丝（图2-5）两种工艺。湿法纺丝法的历史悠久、技术成熟,具有简单稳定、容易控制的优点。由湿法纺丝工艺制得的PAN原丝表面具有沟槽结构,这有利于提高最终碳纤维与基体之间的机械嵌合力。干喷湿法纺丝工艺是在湿法纺丝工艺的基础上发展起来的,即纺丝液从喷丝孔出来后,先经过几毫米厚的空气层,再进入凝固浴。与湿法纺丝相比,干喷湿法纺丝具有纺丝速度快的优点,而且制得的纤维内部结构致密、表面平整光滑,在降低生产成本和减少缺陷结构方面具有一定的优势。但是,该方法的技术难度非常大,几毫米厚的空气层不容易稳定控制,纺丝液在喷丝板表面极易发生漫流,导致丝条之间发生黏并。目前仅有少数几家碳纤维生产企业真正掌握了该技术。鉴于技术的可靠性和最终复合材料的性能表现,目前国内碳纤维生产企业大部分仍采用湿法纺丝工艺制备PAN原丝,少数技术领先企业已成功掌握干喷湿法纺丝工艺。

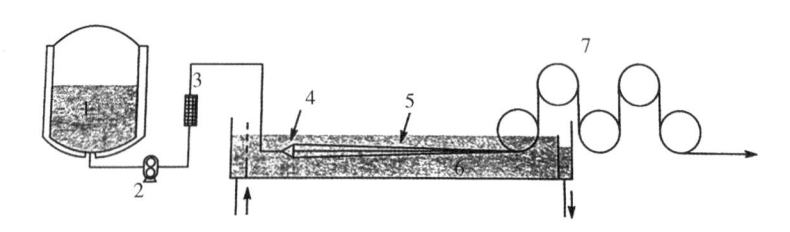

1—纺丝液；2—计量泵；3—过滤器；4—喷丝组件；5—初生PAN纤维；6—凝固浴；7—牵伸辊

图2-3　湿法纺丝PAN原丝凝固工艺

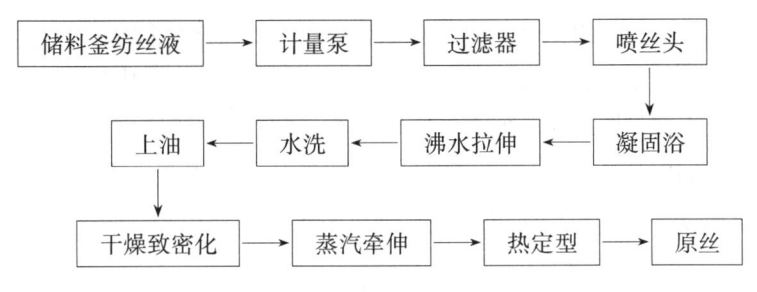

```
储料釜纺丝液 → 计量泵 → 过滤器 → 喷丝头
                                    ↓
上油 ← 水洗 ← 沸水拉伸 ← 凝固浴
 ↓
干燥致密化 → 蒸汽牵伸 → 热定型 → 原丝
```

图 2-4　湿法纺丝工艺流程

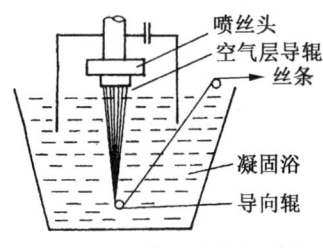

```
喷丝头
空气层导辊
丝条
凝固浴
导向辊
```

图 2-5　干喷湿法纺丝工艺

2.1.2　热处理

碳素材料本身固有的不溶不熔特性，因此碳纤维不能由碳素材料直接进行纺丝加工而制成，而是只能通过有机前驱体纤维（即原丝）经过热处理转化才能得到。原丝在热处理过程中需首先转变不熔不燃的稳定化结构，然后才能在更高温度下进行固相炭化反应，即进一步脱除非碳元素，使碳元素富集，形成乱层石墨结构。图 2-6 所示为 PAN 基碳纤维连续热处理工艺。PAN 原丝退卷后，依次进入预氧化炉、低温炭化炉、高温炭化炉甚至石墨化炉，进行热处理，随着化学组成和微观结构不断发生变化，最终形成由 90% 以上碳元素组成的具有一定乱层石墨结构的碳纤维。

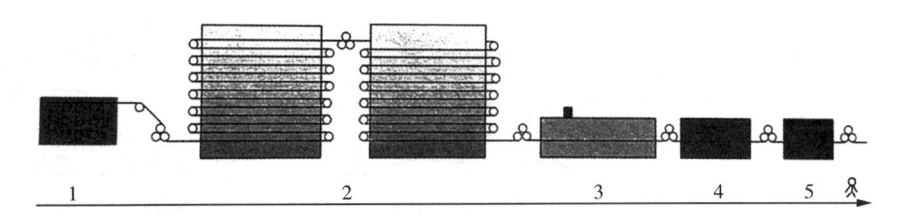

1—退卷；2—预氧化；3—低温炭化；4—高温炭化；5—石墨化

图 2-6　PAN 基碳纤维热处理工艺

2.1.2.1　预氧化

PAN 原丝是线性高分子，耐热性较差，直接在高温下炭化，会发生分解，不容易制得碳纤维。一般在温度较低的含氧气氛中加热 PAN 原丝（180～300 ℃），氧会促进 PAN 原丝的线性分子结构发生变化，生成带有共轭环的梯形结构，提高了 PAN 原丝的热稳定

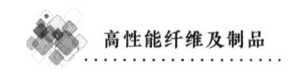

性,然后经高温炭化处理,得到碳纤维。预氧化过程是制备高性能碳纤维的关键。

预氧化是一个复杂的化学反应过程,主要包括环化、脱氢、氧化等反应。聚丙烯腈预氧化纤维制备流程详见图 2-7。聚丙烯腈纤维在氧化炉中经 180～300 ℃高温空气处理后形成 PAN 预氧化纤维,此时因其表面光滑、抱合力差、静电大,通常无法直接使用,需要进行上浆处理,最终获得 PAN 预氧化纤维成品丝束。

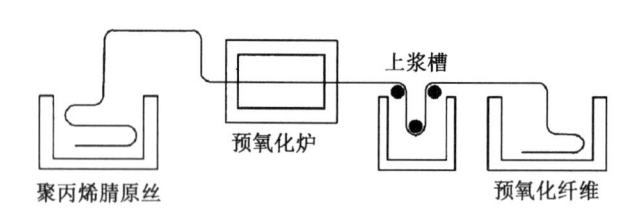

图 2-7 聚丙烯腈预氧化纤维制备流程

2.1.2.2 炭化

炭化是碳纤维形成的主要阶段。PAN 预氧丝在惰性气体保护下通过炭化炉,预氧丝中的非碳元素(如 N、H、O 等)从纤维中释放。按照热处理温度的不同,炭化工艺通常分为低温炭化和高温炭化两个阶段。低温炭化温度一般为 300～800 ℃,此阶段以热解反应为主;高温炭化温度一般为 1000～1800 ℃,此阶段以热缩聚反应为主。前者是梯形结构向乱层石墨结构(Turbostratic graphite structure)转变的关键阶段,后者是乱层石墨结构进一步完善和成长的过程。PAN 基碳纤维制备过程中两次结构转化如图 2-8 所示。在炭化过程中,热处理温度(HTT)是影响碳纤维结构转变的关键因素。在不同的温度条件下,会发生不同程度的炭化反应和结构转变,进而得到性能迥异的碳纤维。在炭化过程中必须施加一定的牵伸张力,这样可以优化碳分子的结晶,以生产出含碳量超过 90%的碳纤维。

图 2-8 PAN 基碳纤维制备过程中两次结构转化

2.1.3 表面处理与改性

碳纤维很少单独使用,主要用作复合材料的增强体,其力学性能优势通过复合材料发挥出来。碳纤维经过高温炭化处理后,大部分非碳元素被脱除,纤维表面呈现较高的惰性,导致在制造复合材料时基体对碳纤维的浸润性变差,复合材料中碳纤维与树脂基质的界面性能较差。针对这一问题，需要对碳纤维表面进行改性，以提高纤维/树脂的界面黏合力，使应力有效传递。碳纤维的表面性质主要由表面微观结构的化学特性、表面能、官能团的类型和含量以及粗糙度等物理特性决定。所以想要提高纤维和树脂的界面黏结性，必须利用物理或化学方法改变纤维表面形貌。同时，在纤维表面接枝一些能与树脂发生化学反应或者与树脂形成分子间作用力的活性位点，也可达到提高纤维与树脂之间结合能力的目的，从而进一步提高复合材料的力学性能。因为这些活动位点可以增加碳纤维的润湿性，增强纤维与树脂基质之间的机械锁合作用，并形成过渡层，使应力传播均匀，从而减轻应力冲击。目前，碳纤维的表面改性方法主要包括高能辐射改性法、表面氧化改性法、表面表化学接枝改性法、上浆剂改性法、多尺度改性法等。

2.2 纤维结构

2.2.1 碳纤维的皮芯结构

在生产碳纤维的整个过程中，有两次双扩散过程，导致了纤维的皮芯结构（Sheath-core structure）产生，皮芯结构的生成和转变如图2-9所示。第一次双扩散发生在凝固过程。在浓差作用下，PAN纺丝液细流中的溶剂向凝固液扩散，凝固剂向纺丝液细流中扩散，双扩散由表及里顺序进行，导致凝固丝条及原丝产生轻微的皮芯结构。第二次双扩散发生在预氧化过程。同样，在浓差作用下，氧由表及里向纤维内扩散，热解小分子及反应副产物由内向外扩散；由于预氧化反应，低密度的线性分子链转变成高密度的梯形结构，使纤维表层首先筑起高密度的阻止氧向内扩散的屏障，使氧的径向分布呈现出陡度，产生严重的皮芯结构。预氧丝的皮芯结构会"遗传"给碳纤维，且在炭化或石墨化过程中进一步加深，这严重制约了碳纤维拉伸强度的提高。如果说凝固过程产生的皮芯结构属于密度型，即表层致密、内部疏散，则预氧化过程中形成的皮芯结构首先属于氧的径向分布型，其次才是密度型。如何消除预氧化过程中产生的皮芯结构，是提高碳纤维拉伸强度和拉伸模量的主要技术途径。

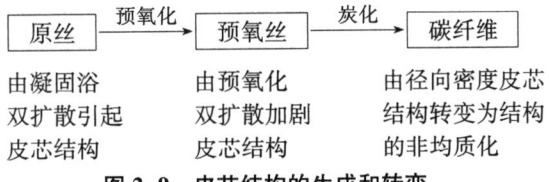

```
原丝 ──预氧化──> 预氧丝 ──炭化──> 碳纤维
由凝固浴        由预氧化         由径向密度皮芯
双扩散引起      双扩散加剧       结构转变为结构
皮芯结构        皮芯结构         的非均质化
```

图2-9 皮芯结构的生成和转变

2.2.2 碳纤维的孔结构

PAN基碳纤维的微细结构模型如图2-10所示，这种结构模型基于条带结构模型。

当纤维条带不是协调分布时,它们彼此之间形成狭长微孔。碳纤维中的微孔如图2-11所示,微孔的长轴2c沿纤维轴向排列,短轴2a垂直于纤维轴向。微孔的存在不仅使得纤维承载负荷的有效截面积减少,而且在外力作用下,纤维尖端易形成应力集中,导致纤维拉伸强度下降。

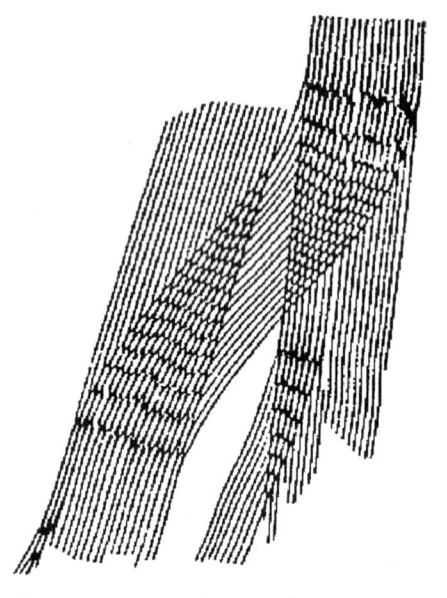

图2-10 PAN基碳纤维的微细结构模型　　图2-11 碳纤维中的微孔

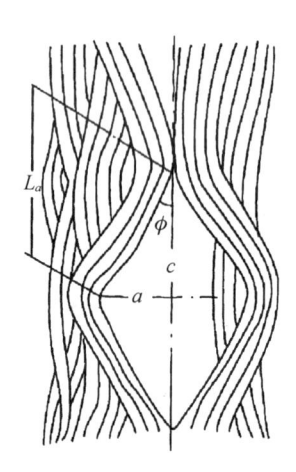

炭化温度与微孔结构参数的关系见表2-1。随着热处理温度的升高,孔逐渐增大。根据韦氏(Weibull)最弱连接理论,制约碳纤维拉伸强度的主要因素之一是纤维中最大孔的尺寸,因此可用微孔结构参数来解释炭化过程中最高拉伸强度对应的"峰值温度"。炭化温度与拉伸强度、杨氏模量的关系如图2-12所示。最高拉伸强度对应的峰值温度大约在1500 ℃。采用不同的PAN原丝和不同的炭化工艺参数,峰值温度也不同。

表2-1 炭化温度与微孔结构参数的关系

项目		炭化温度/℃		
		1000	1350	2500
微晶结构参数	$Z/(°)$	13.1	11.2	8.0
	L_c/nm	1.46	1.64	4.50
	L_a/nm	1.69	2.56	4.76
微孔结构参数	$2a/nm$	1.76	1.96	3.00
	$2c/nm$	2.60	3.10	6.50
	c/a	1.56	1.58	2.16

注:Z—微晶取向度;L_c—微晶堆叠厚度;L_a—微晶基面宽度

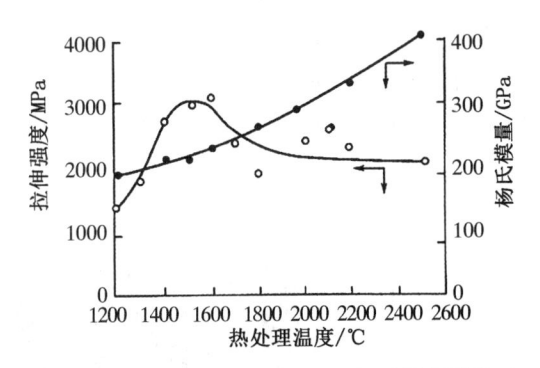

图 2-12 炭化温度与拉伸强度、杨氏模量的关系

2.2.3 碳纤维的结构模型

碳纤维的基本结构单元是六角网平面。碳纤维的结构缺陷、尺寸大小以及取向状态决定了它的性能。图 2-13 所示为碳纤维的理想结构模型，原纤沿纤维轴向平行排列，且由完整的六角网平面构成。这种碳纤维的理论拉伸模量应为 1020 GPa，理论拉伸强度应为 180 GPa。实际上，目前 PAN 基碳纤维的最高拉伸模量为 690 GPa（型号：M70J），最高拉伸强度为 7.02 GPa（型号：T1000），与理想结构情况下的理论值差异很大，其中拉伸强度的差异非常大。这说明实际生产的碳纤维的结构与图 2-13 所示的碳纤维的理想结构模型之间存在一定差距。

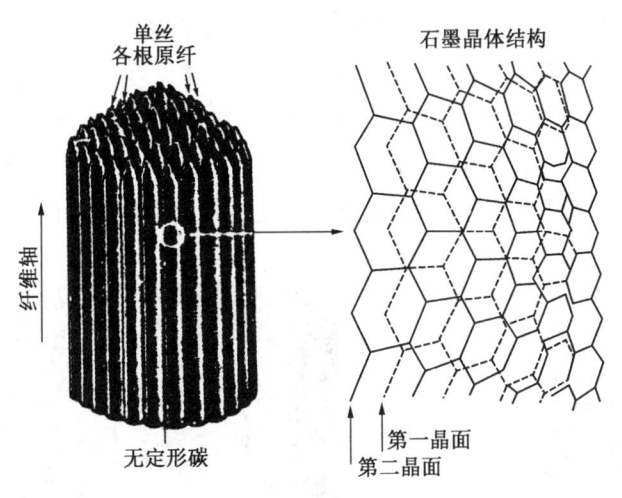

图 2-13 碳纤维的理想结构模型

实际上，碳纤维属于乱层石墨结构，二维较有序，三维无序。在乱层石墨结构中，石墨层彼此扭曲，构成具有皮芯结构的碳纤维，如图 2-14 所示。石墨层内存在强的共价键力，石墨层之间则存在弱的次价键力；随着 HTT 的提高，石墨层间距缩小和择优取向程

度提高,使纤维力学性能得到提高。对于无定型碳,HTT 达到 1000 ℃,石墨微晶的取向角约在 30°(相对于纤维轴);HTT 达到 1500 ℃左右,石墨微晶的取向角为 12°～15°;HTT 达到 2000～3000 ℃,石墨微晶的取向角可达到 7°～8°。所以,在高温(1700 ℃以上)热牵伸过程中,塑性变形主要发生在弱结合的石墨层之间,这有利于牵伸和重排取向。

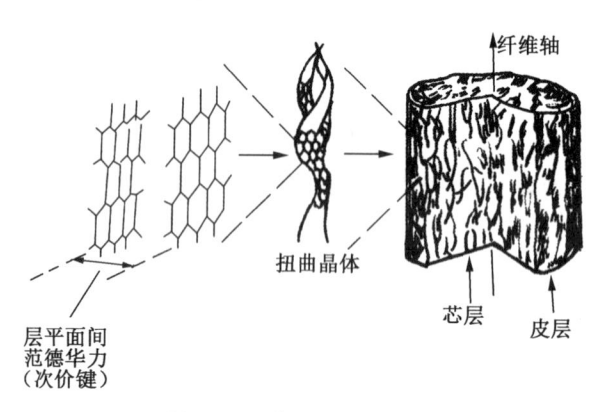

图 2-14 乱层石墨结构的模型

2.2.3.1 条带结构模型

Perret 和 Ruland 用 X 射线衍射仪、透射电子显微镜研究 PAN 基碳纤维,提出了条带模型(Ribbon model),如图 2-15 所示。条带模型的基本单元是 sp^2 杂化的碳,由平均宽度为 5～7 nm、平均长度为几百纳米的带状石墨层组成。图 2-15 中的直线部分长度相当于 L_a,仅与缩合平面的长度有关。由图 2-15 可知,条带可以从一个区域进入另一个堆叠区;连续平行堆叠的条带之间存在针形孔或孔洞,其长度大于条带的直线部分长度。高模量碳纤维的结构接近条带模型,这可从它们的 002 晶格像得到证实。日本东丽公司生产的 PAN 基碳纤维 T800 的 SEM 照片如图 2-16 所示,由微原纤构成原纤、再由原纤构成纤维束的结构清晰可见。这种表面形貌是湿法纺丝工艺制备的碳纤维的特征。

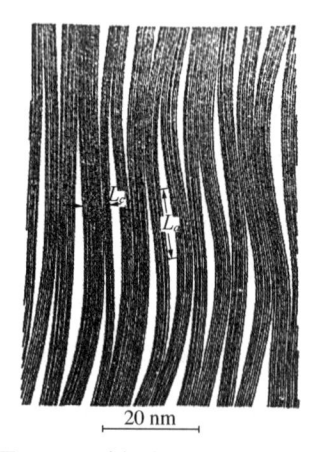

图 2-15 碳纤维结构的条带模型 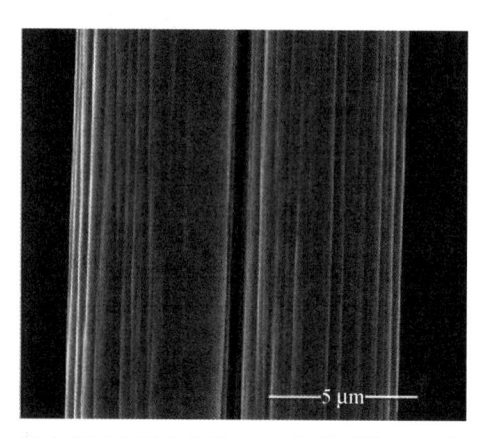   图 2-16 日本东丽公司生产的 PAN 基碳纤维 T800 的 SEM 照片

2.2.3.2 微原纤结构模型

Diefendon 和 Tokarsky 提出了微原纤 (Microfibril)结构模型,见图 2-17。这种结构模型类似于图 2-15 所示的条带模型,但强调微原纤是基本单元。该结构模型中,由 10~30 个基原纤构成微原纤,再由微原纤堆叠形成条带结构。对于低模量(276 GPa)碳纤维,典型的条带厚度约为 13 层(平均值),宽度约为 4 nm;如果碳纤维的模量提高到 689 GPa 左右,条带厚度约为 30 层,宽度约为 9 nm。对于高强型碳纤维,微原纤的波浪形振幅大于波长,褶皱显著;对于高模型碳纤维,该褶皱较小。

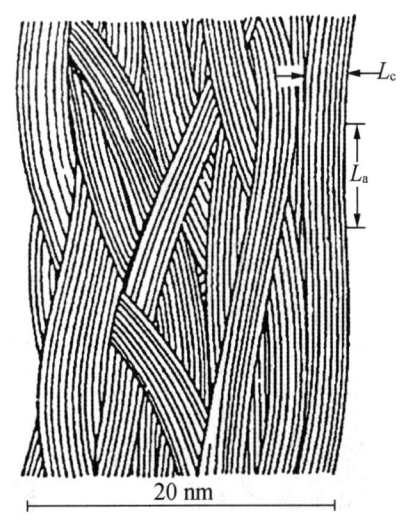

图 2-17 碳纤维的微原纤结构模型

2.2.3.3 葱皮结构模型

碳纤维葱皮(Onion-skin)结构模型的特征是石墨基平面沿其表面平行排列,呈现出环形取向,如图 2-18(a)所示。由气相生长法制备的碳纤维结构即属于这种结构,有些沥青基碳纤维结构也属于这种结构。图 2-18(b)所示为石墨晶须的结构模型。扩展的石墨层片沿轴向排列,形成葱皮结构,赋予碳纤维 21 GPa 左右的拉伸强度和 720 GPa 左右的杨氏模量。

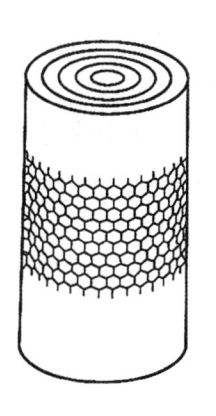

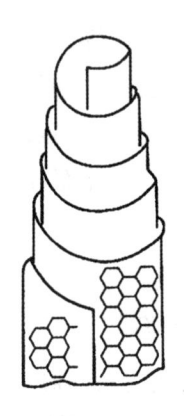

(a) 碳纤维的葱皮结构 (b) 石墨晶须的结构模型

图 2-18 碳纤维的葱皮结构及石墨晶须的结构模型

2.2.3.4 其他结构模型

高强型、高模型和通用级碳纤维的结构模型如图 2-19 所示,其中(a)相当于图 2-15 所示的条带结构模型,(b)相当于图 2-17 所示的微原纤结构模型。这三种结构的共同点是由碳网平面构成微原纤和原纤,并沿纤维轴向择优取向排列,原纤的"波长"愈大,取向度愈高,纤维模量也愈高。这三种结构的概念图不仅有实验依据,而且符合炭化和石墨化过程中纤维结构的转化以及随之发生的物性变化。

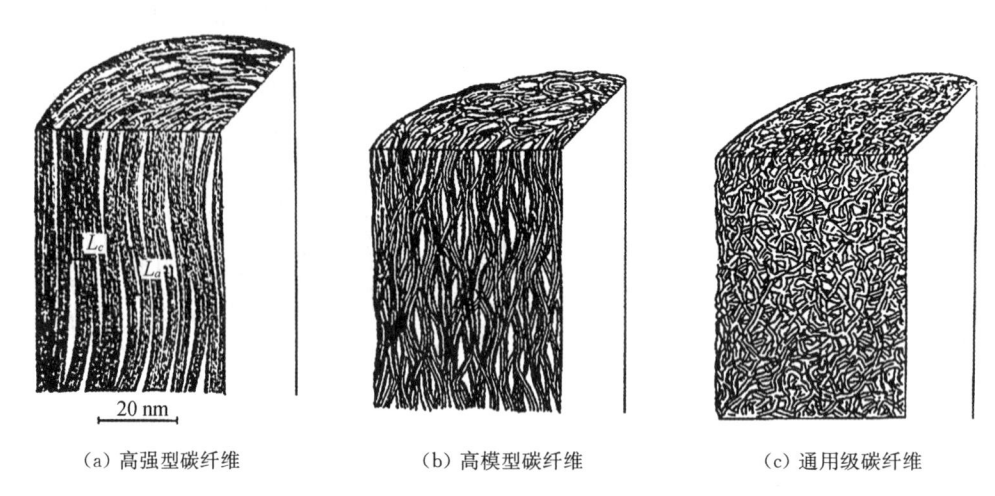

(a) 高强型碳纤维　　　　(b) 高模型碳纤维　　　　(c) 通用级碳纤维

图 2-19　高强型、高模型和通用级碳纤维的结构模型

2.3　纤维性能

碳纤维的密度一般为 1.70~1.80 g/cm^3,不到钢的 1/4,约为铝的 2/3。与传统金属结构材料相比,碳纤维在力学性能上具有强度大、模量高等特点。碳纤维的强度一般为 1.2~7.0 GPa,比强度是普通碳钢材料的 10 倍以上。碳纤维的性能主要包括力学性能（强度、模量、伸长）、热学性能（热容、热导率、热膨胀）、化学性能（氧化性、腐蚀性）、电学性能、磁学性能等。就综合性能而言,碳纤维是一种优异的增强材料。

2.3.1　力学性能

2.3.1.1　拉伸强度与缺陷

碳纤维属于脆性材料,拉伸强度受控于各类缺陷。根据来源,缺陷又可分为先天性缺陷和后天性缺陷。前者是由原丝"遗传"下来的,后者则是在碳纤维生产过程中产生的。根据空间位置,缺陷分为表面缺陷和内部缺陷。在碳纤维的各类缺陷中,表面缺陷约占 90%,是影响拉伸强度的主要因素之一。

拉伸强度是指材料在拉伸过程中的最大承载能力,即材料能够承受的最大拉力。碳纤维的拉伸强度通常在 1000~5000 MPa,是钢铁的 2~5 倍,这保证了碳纤维在高强度载荷作用下安全可靠的服役性能,促进了碳纤维在汽车、体育器材等领域的广泛应用。

T1000 级碳纤维作为碳纤维中的高端产品,在航空航天领域有着极大的用途。高性能碳纤维的研究开发可以改善固体火箭发动机消极质量、提升载药量、提高质量比,对于先进武器的发展研究以及航天探索有重大意义。目前,国外已经大量使用T1000级碳纤维的缠绕容器和固体火箭发动机壳体。因此,开展国产T1000级碳纤维及其复合材料的应用研究,已迫在眉睫。

国内外常见T1000级碳纤维的主要性能见表2-2,其中T系列为日本东丽公司产品,IM系列为美国赫氏公司产品,SYT55、HF50S分别为国内中复神鹰、江苏恒神的产品。由此表可以看出国产T1000级碳纤维的力学性能与国际先进水平相当。

表2-2 国内外常见T1000级碳纤维的主要性能

纤维牌号	产地	丝束	拉伸强度/MPa	拉伸模量/GPa	断裂延伸率/%	密度/(g·cm^{-3})	直径/μm
T1000G	日本	12K	6370	294	2.2	1.80	5
T1100G	日本	12K	7000	324	2.0	1.79	5
IM9	美国	12K	6136	303	1.9	1.80	4.4
IM10	美国	12K	6964	310	2.0	1.79	4.4
SYT55	中国	12K	6300	295	2.2	—	5.5
HF50S	中国	12K	6370	290	2.0	—	5.5

碳纤维的拉伸强度是一个重要指标,其变异系数(CV值)也是一个不可忽视的指标。在使用碳纤维时,大多将其制造成复合材料的结构件。对于同一性能的结构件,碳纤维的拉伸强度CV值愈小,强度利用率就愈高,纤维用量愈少,充分发挥出它的增强效果;如果碳纤维的拉伸强度CV值较大,纤维用量就较多,制成的结构件笨重,增强效果差。例如,碳纤维的平均拉伸强度一般为3.5GPa,其中拉伸强度较高的可达到4.0GPa,最低的为3.0GPa;当它们同时受到外力作用时,强度低者先断裂,该纤维承担的外力便转移到与其相邻的纤维上,容易形成应力集中,使材料整体承载外力的能力大大降低。

2.3.1.2 压缩强度

碳纤维复合材料的应用领域与日俱增,大型主承力件也得到广泛应用,其压缩强度愈来愈引起人们的极大关注,已成为设计的重要指标之一。与此同时,碳纤维生产厂家通过调控生产工艺参数来提高碳纤维压缩强度。影响碳纤维压缩强度的因素较多,主要有以下几点:

(1)碳纤维压缩强度与拉伸强度的关系。实验数据表明,碳纤维的压缩强度随着拉伸强度的增加而增大,如图2-20所示。显然,碳纤维的拉伸强度比其压缩强度高得多。两者之间虽然还没有定量计算式,但一般来说,压缩强度仅为拉伸强度的15%~35%。对于不同类型的碳纤维,两者之间的关系也不同,因为除了拉伸强度影响压缩强度外,单丝直径、石墨微晶尺寸及孔隙率等,也会对碳纤维产生重大影响。压缩强度是多种物性和结构参数的综合反映。由图 2-20 可知,高性能碳纤维(T700S、T800H 和 T1000)的压缩强度大于石墨纤维,而 T1000 的拉伸强度和伸长率是目前所有碳纤维中最高的,其压缩强度也最高。

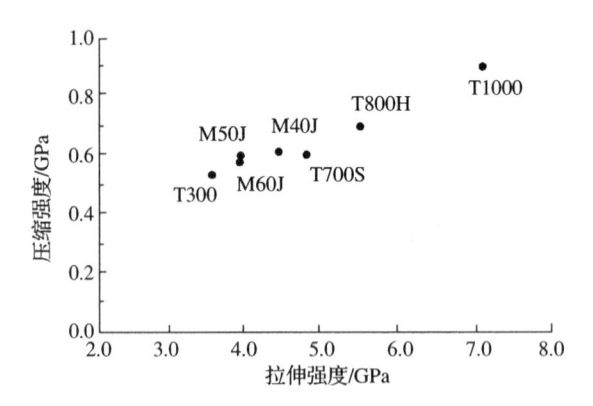

图 2-20　碳纤维的拉伸强度与压缩强度的关系

(2)碳纤维压缩强度与单丝直径的关系。一般来说,单丝直径愈小,柔韧性愈好,压缩强度也愈高。图 2-21 所示是碳纤维单丝的拉圈(Loop)实验。拉圈直径 D_{loop} 与其单丝直径有密切关系。碳纤维属于脆性材料,发生的是脆性断裂。在应力作用下,碳纤维仅产生弹性变形,不会产生塑性变形,压缩强度取决于拉伸强度和压缩应变以及单丝直径。

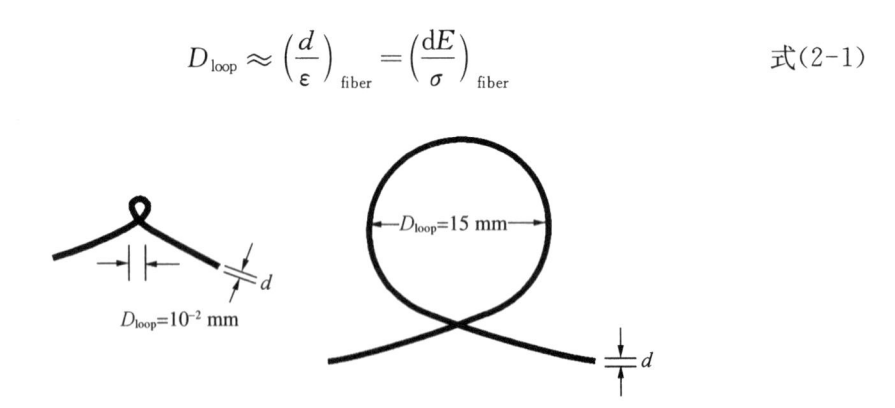

$$D_{loop} \approx \left(\frac{d}{\varepsilon}\right)_{fiber} = \left(\frac{dE}{\sigma}\right)_{fiber} \qquad 式(2\text{-}1)$$

D_{loop}—拉圈直径;d—单丝直径;σ—拉伸强度;E—拉伸模量;ε—压缩应变

图 2-21　碳纤维单丝的拉圈实验

(3)碳纤维压缩强度与微晶尺寸的关系。碳纤维的压缩强度与 L_c 成反比关系,即压缩强度随着 L_c 增大而直线下降。

(4)碳纤维压缩强度与孔隙率的关系。不同种类的碳纤维中存在的孔隙类型不同,孔隙率对其压缩强度的影响也不同。对于高强型碳纤维,孔隙增加会引起应力集中,导致压缩强度下降;对于高模型碳纤维,在高温处理过程中,纤维结构由无序向有序转化,小孔向针形孔转变,从而出现压缩强度随着孔隙率减小而降低的现象。

(5) 碳纤维压缩强度与拉伸模量的关系。一般来说,碳纤维压缩强度随着拉伸模量增加而下降。

2.3.2 热性能

碳纤维的热性能主要指热膨胀、热导率、比热容以及热氧化等。

2.3.2.1 热膨胀

当物体受热时,其长度或体积发生增大现象,称为热膨胀。热膨胀系数(CTE)是表征材料膨胀程度的指标。热膨胀系数可分为线膨胀系数和体膨胀系数两种,一般指线膨胀系数。线膨胀系数指固体受热时任何线度(如长度、宽度、厚度或直径等)的变化,并以符号 α 表示,即温度每改变 1 K 时长度的相对变量,其单位为 1/K。石墨结构具有显著的各向异性,线膨胀系数也呈现出各向异性,平行于层面的热膨胀系数为 -1.3×10^{-6}/K,而垂直于层面的热膨胀系数为 27×10^{-6}/K,两者相差 27 倍左右。不论是 PAN 基碳纤维还是沥青基碳纤维,它们的热膨胀系数都小于金属材料(表 2-3)。碳纤维的这一特性是金属材料无法比拟的。

表 2-3 各种材料的热性能

材料	热膨胀系数/($10^{-4}\cdot K^{-1}$)	热导率/($W\cdot m^{-1}\cdot K^{-1}$)	材料	热膨胀系数/($10^{-4}\cdot K^{-1}$)	热导率/($W\cdot m^{-1}\cdot K^{-1}$)
MPCF 复合材料	$-0.1\sim-1.2$	~360	铁	12	$14\sim17$
PAN·CF 复合材料	$-0.1\sim-1.0$	~50	铜	18	$340\sim420$
铝	24	$200\sim270$	玻璃	$5\sim7$	0.9

2.3.2.2 热导率

热是能量存在的一种形式。当物体内部或两种物体相互接触时,热量就由高温向低温传递,直到彼此温度相同为止。热传递与温度差有关,可用式(2-2)表示。

$$q=-\lambda A\frac{\mathrm{d}Q}{\mathrm{d}x} \quad \text{式(2-2)}$$

式中:q 为传递热量,W;λ 为热导率,W/(m·K);A 为导热面积,m^2;$\frac{\mathrm{d}Q}{\mathrm{d}x}$ 为温度梯度,K/m。

热传导(Thermal conduction)指固体介质内的热能流动而进行的传热方式。输送热能的载流子主要有声子(Phono)或电子,金属材料的热传导以电子为主,碳、石墨等非金属材料以声子进行热传导为主。声子是晶格振动波的能量量子化,因而声子具有粒子性和波动性。碳、石墨的结构具有显著的各向异性,其热导率也呈现出各向异性。

2.3.2.3 比热容

将 1 mol 物质的温度升高 1 K 所需的能量称作摩尔热容量(Heat capacity)。单位质量的热容量叫作比热容量(可简称为比热容),其单位是 J/(K·kg)。恒定压力和恒定体积条件下的热容量分别叫作恒压热容量(C_p)和恒容热容量(C_v),对于石墨等固体物质,除了温度相当高时,两者几乎没有差别,一般将恒压热容量作为研究对象。金属材料的恒压摩尔热容量在室温下几乎为 25 J/(K·mol);碳、石墨材料的恒压摩尔热容量约为金属材料的 1/3,为 8.5 J/(K·mol);金刚石的恒压摩尔热容量更小,仅 6.1 J/(K·mol)。

2.3.2.4 热氧化

碳纤维中的碱、碱土金属含量对氧化性能有重要影响,特别是 Na 等是碳的催化氧化剂,会促进碳的热氧化反应,是有害的金属杂质。碳纤维的石墨化程度愈高,抗氧化性能愈好。用无机溶剂路线(NaSCN 法、ZnCl 法)生产 PAN 原丝及碳纤维时,纤维中含 Na 或 Zn 较多,可能不适合用来制造高温材料或耐烧蚀材料。从表 2-4 列出的数据还可以看出,P 或 B 具有抑制氧化的功能,特别是其含量超过 100 ppm 时,效果更显著,如图 2-22 所示。尤其是在生产 PAN 原丝过程中引入硼或硼化物,可能在预氧化过程中抑制氧化反应而降低皮芯结构;在石墨化过程中又起到催化石墨化作用,降低石墨化温度和能耗,并可提高拉伸模量。

表 2-4 碳纤维中金属含量与氧化失重的关系

实验序号	碳纤维中金属含量/%						碳纤维的抗氧化性	
	Na	K	Zn	Ca	P	B	失重率/%	纤维性能及状态
1	0.15						99.5	灰化
2	0.18				0.15		80.0	残留纤维形状
3		0.20					98.9	灰化
4			0.11				57.5	残留纤维形状
5			0.10		0.11		11.5	保持纤维性能
6				0.15			59.4	残留纤维形状
7			0.10			0.15	8.6	保持纤维性能
8			0.08		0.05		9.8	保持纤维性能
9			0.54		0.61		11.0	保持纤维性能
10			0.10		0.11	0.05	9.5	保持纤维性能

注:空气中 500 ℃、3 h,用热失重仪进行定量实验

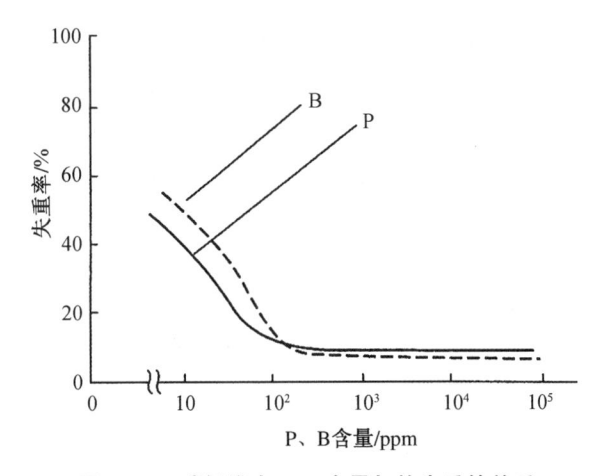

图 2-22 碳纤维中 P、B 含量与热失重的关系

2.3.3 电性能

碳纤维是电的良导体。它的导电性能虽然没有传统的金属导体银、铜、铝好,但作为非金属导体备受人们的青睐,导电较好和密度低是碳纤维的优点。此外,与基体树脂复合工艺成熟可制取导电型复合材料。就导电性能而言,金属导电主要靠电子,碳石墨材料主要靠非定域 π 电子,即大 π 键的非定域电子。

电阻率是指材料截面积为 $1\,m^2$、长度为 $1\,m$ 时的电阻,国际单位为 $\Omega \cdot m$。碳纤维的电阻率与原料有关外,还与热处理温度、石墨化程度以及结构参数密切相关。一般来说,中间相沥青基碳纤维的电阻率要比 PAN 基碳纤维小,PAN 基碳纤维电阻率要比黏胶基碳纤维小。但是,不论何种类型碳纤维,电阻率都会随着热处理温度升高而下降。

2.3.4 磁性能

碳及碳材料的磁学性质取决于它的电子行为。电子行为除电阻率以外,还包括磁化率、磁阻和霍尔系数等。同时,磁性能受石墨结构的影响,呈现出显著的各向异性,且为抗(反)磁性。

2.3.4.1 磁化率

磁化率(Magnetic susceptibility,以 x 表示)的定义是磁化强度 M 与磁场强度 H 之比,即:

$$x = M/H$$

磁化强度 M 定义为单位体积的磁矩数。一般将单位质量磁化率标记为 emu/g(emu 为电磁单位的英文简写)。当 $x > 0$ 时,为顺磁性;当 $x < 0$ 时,为抗磁性。碳石墨材料属于抗磁性物质。由于石墨结构具有各向异性,磁化率也具有各向异性。

碳纤维具有乱层石墨结构。随着炭化、石墨化温度的升高,二维乱层结构逐渐向三维石墨结构转化,石墨层平面随之增大,π电子的非定域范围也在增大,抗磁性发生变化。PAN基碳纤维的抗磁性参数与热处理温度有关,随着热处理温度的升高,石墨微晶增大,杨氏模量也得到提高,π电子的非定域流动范围增大,从而使抗磁性得到提高。

2.3.4.2 磁阻

磁阻(Magnetoresistance)表示的是有无附加磁场存在时电阻率(ρ)的变化比($\Delta\rho/\rho$)。换言之,有附加磁场存在时的电阻率为ρ_H,没有磁场存在时的电阻率为ρ,两者之差为$\rho_H-\rho=\Delta\rho$,再除以ρ的商($\Delta\rho/\rho$),称之为磁阻。磁阻随热处理温度的升高而呈线性增加,HTT与$\Delta\rho/\rho$的线性关系可用来表征石墨化度。

2.4 纤维应用

2.4.1 碳纤维在航空航天和军事领域的应用

高性能碳纤维复合材料具有比强度、比模量高、高温性能优异、耐疲劳性能好、可设计性强等一系列独特优点,作为结构、功能或结构/功能一体化构件材料,碳纤维复合材料在导弹、运载火箭和卫星等各种航天产品的轻量化、小型化和高性能化上起到无可替代的作用,其应用水平和规模已关系到航天产品的跨越式提升和型号研制的成败。

2.4.1.1 导弹武器、运载火箭

轻质、高效是航天产品追求的永恒目标。由于高性能碳纤维复合材料高比强度、高比模量、产品尺寸稳定的特点,在运载火箭和导弹武器的整流罩、弹体/箭体结构、固体火箭发动机壳体等主/次承力结构部件上得到广泛应用。通过采用复合材料,有效减轻运载火箭和导弹武器的结构质量,提高有效载荷的运载能力,具有重要的经济及军事意义,如战略导弹固体火箭发动机第三级结构质量减少1 kg,可增加射程16 km,弹头质量减少1 kg,射程可增加20 km。

导弹武器等再入飞行器在再入过程中,端头等部位将受到严酷的气动加热作用,防热材料技术是保证正常再入的关键;火箭发动机在工作时,推进剂燃烧产生的高温高压和高能粒子通过收敛、扩散从喷管以超音速喷出,喷管承受3 500 ℃高温、5~15 MPa的压力和高能粒子的冲刷,要求喷管材料需经受这一恶劣环境而不烧损并尺寸稳定。上述苛刻的热、力环境对防热材料提出了严峻的考验。碳纤维复合材料(碳/碳和碳/酚醛等)良好的耐烧蚀、侵蚀的性能和高温力学性能,使其成为导弹弹头端头和固体火箭发动机喷管、喉衬及耐烧蚀部件等重要防热部位的首选材料,在热防护系统当中起着无法替代

的重要作用，是飞行器实现小型化、机动化、强突防的必要支撑。

美国、日本、法国的固体发动机壳体主要采用碳纤维复合材料(CFRP)，如：美国三叉戟-2导弹、战斧式巡航导弹、大力神-4火箭，法国的阿丽亚娜2型火箭(图2-23)及日本的M-5火箭等发动机壳体。

图2-23 法国的阿丽亚娜火箭

2.4.1.2 卫星、飞船

随着卫星、飞船等航天器的快速发展，大型卫星公用平台技术、微小型卫星公用平台技术、新型航天器有效载荷技术等，对航天器结构材料在质量、力学性能、物理性能、空间环境等方面提出了越来越高的要求，主要包括：

（1）质量：轻质化，尽量降低航天器的结构质量比例，提高有效载荷质量。

（2）力学性能：高强、高模，延展性好，提高结构的自然频率和稳定性。

（3）物理性能：在空间温度变化条件下要保持尺寸稳定，具有较小的线膨胀系数。

（4）耐空间环境：材料具有抗辐照、抗老化等良好的空间环境稳定性。

PAN基碳纤维复合材料的比强度、比模量高，热膨胀率低，尺寸稳定性好，导热性好，因此很早就应用于人造卫星上的承力结构、太阳能电池板、天线等部位，而太空站和天地往返运输系统中的一些关键部件也往往采用碳纤维复合材料作为主要材料(表2-5)。由于复合材料的使用，卫星结构质量仅占总质量的5%～6%。

表2-5 碳纤维复合材料在国外空间飞行器上的应用

应用部位	材料	典型型号
卫星的太阳电池阵结构	碳纤维/环氧复合材料蜂窝结构面板	国际通信卫星号Ⅲ号、Ⅳ号、Ⅴ号和Ⅵ号
	碳纤维/环氧复合材料网络板	法国的电信1号和直播卫星、德国直播卫星、瑞典通信卫星

(续表)

应用部位	材料	典型型号
飞行器的天线结构	碳纤维/环氧复合材料为面板的铝蜂窝夹层结构	美国的海盗号飞行器
	碳纤维/环氧复合材料	Anik-bllntelsat-V、ERS-1 等卫星上的导波和滤波器件
卫星本体结构	碳纤维复合材料	日本 ETS-1 卫星的壳体
国际空间站的桁架结构	碳纤维/环氧复合材料管	美国为国际空间站

神舟飞船是我国自行研制,具有完全自主知识产权,达到或优于国际第三代载人飞船技术的飞船(图 2-24)。神舟载人飞船用的大尺寸、多开口推进分系统主承力薄壁加筋截锥,是我国载人航天史上首次使用的大型碳纤维复合材料制品,也是我国自主研制的大型复合材料结构件。

图 2-24 我国自行研制的神舟飞船

2.4.2 碳纤维在工业领域的应用

2.4.2.1 汽车工业

随着经济的发展,汽车工业的规模越来越大,对汽车的需求也越来越多。传统汽车选用金属作为主要生产材料,这种材料会导致车身质量不断提高,不利于汽车安全行驶。CFRP 以其密度低、抗冲击性好、吸能、减震、黏弹性好等特点应用于汽车零部件的制造,结合计算机辅助工程(CAE)对汽车结构进行优化,提高驾驶员的安全性。该材料在汽车生产领域的应用,可以达到降低油耗和排放的目的。

应用碳纤维增强聚合物,与以钢为主要制造材料相比,可使汽车总质量减少 50% 以上,与铝镁合金结构相比,可减少 30% 以上,有利于节能、加速和制动(图 2-25)。此外,CFRP 在汽车碰撞过程中的能量吸收性能是钢的 6~7 倍、铝的 3~4 倍,进一步保证了汽车驾驶过程的安全性。为了提高驾驶员的舒适性,复合材料的振动阻尼可以有效地提高车辆的噪声、振动和声学振动粗糙度(即 NVH 性能)。复合材料高集成度的优点使其自由成型,可大大减少汽车零部件的数量,有利于降低汽车质量和生产成本。CFRP 作为核心材料已广泛应用于汽车工业,为实现汽车轻量化奠定了坚实的基础。

图 2-25　碳纤维复合材料在汽车上的应用

2.4.2.2　风电叶片

叶片的不断大型化使得单支叶片的自重呈几何级数增长,带来了风机载荷的增大,影响了发电效率,同时也对风电叶片提出了轻量化的要求。针对叶片大型化、轻量化的要求,轻质高强的碳纤维成为超大型叶片的首选材料。在满足刚度和强度的前提下,碳纤维质量比玻璃纤维材质的叶片少 30% 以上,所以采用碳纤维材料制备风电叶片,在保证叶片长度增加的同时,可以明显减少叶片质量,还能提高叶片的耐气候性。

据赛奥《2021 全球碳纤维复合材料市场报告》,2021 年全球碳纤维需求达到 118 kt,其中风电领域达 33 kt,占全球碳纤维需求量的 28%;我国碳纤维需求达 62 kt,其中风电领域为 22.5 kt,已经成长为碳纤维最大的应用领域,占 36%。

图 2-26 所示为风电行业领头企业维斯塔斯(VESTAS)生产的风电叶片结构。这种设计理念把整体化成型的主梁主体受力部分拆分为高效、低成本、高质量的拉挤梁片标准件,然后把这些标准件一次组装整体成型。这种设计和工艺的优点表现为:(1)通过拉挤工艺生产方式大大提高了纤维体积含量,减轻了主体承载部分的质量;(2)通过标准件的生产方式大大提高了生产效率,保证产品性能的一致性和稳定性;(3)大大降低了运输成本和最后组装整体成型的生产成本;(4)预浸料和织物都有一定的边角废料,拉挤梁片及整体灌注极少。按这种设计和工艺制造的碳纤维主梁,兆瓦级的叶片均可使用,大大扩展了碳纤维的使用范围。

图 2-26　VESTAS 风电叶片结构

2.4.2.3　医疗器械

碳纤维经久耐用、质量轻、耐高温、耐腐蚀,可以用来制备适用于多种场合的多功能复合材料,它在医疗行业具有巨大的潜力。碳纤维在医疗领域的使用,彻底改变了医疗设备的设计和制造方式,为患者带来更高效、更有效的治疗(图 2-27)。

(1) 假肢。假肢往往需要一种坚固且能够承受重复使用的材料。碳纤维是一种很好的假肢候选材料,因为它提供了所需的强度和密度,同时质量轻、便于使用,快速的生产时间使其成为原型设计和定制工作的理想选择,它也可以根据个人需求进行定制。

(2) 医疗植入物。植入物的范围很广泛,从心脏监测仪到起搏器。植入物需要体积小、质量轻、耐用。碳纤维可以做到这一切。此外,碳纤维还有一个重要的优点:它具有生物相容性。生物相容性对于植入物而言,至关重要,因为人体会强烈排斥任何外来物质。碳纤维可以在人体内停留数年而不会引发任何免疫反应。

(3) 轮椅。轮椅必须经久耐用。要做到这一点,唯一方法是用钢或钛制造轮椅——它们很坚硬,但很重。碳纤维具有与钢相同的强度,但比钢轻得多,因此由碳纤维制备的轮椅更容易携带,更容易存放,也更容易乘坐。轮椅使用者也不会很快感到疲劳。

(4) 成像设备。碳纤维可用于制造成像设备,如 MRI 核磁共振成像仪、CT 扫描仪和 X 光机。这些机器需要能够处理强大磁场和辐射的特定部件。碳纤维既坚固又轻便,这使得设备中的放射物更容易转移。

图 2-27 碳纤维在医疗器械方面的应用

2.4.2.4 土木建筑

碳纤维不仅强度和模量高,而且耐腐蚀,可在强碱性环境中长期使用。目前,基础设施和土木建筑的主要材料仍是钢筋混凝土,水泥的强碱性是腐蚀之源。所以,利用碳纤维增强水泥(CFRC),不仅可提高土木建筑物的力学性能,而且使用寿命延长。

CFRP 构件用于桥梁等工程,能用来增强混凝土结构,用于约束混凝土、修补和加固现有结构(图 2-28)。CFRP 虽然具有比强度高、比模量高、抗疲劳、热膨胀系数小、耐腐蚀和不生锈等优异性能,但价格高,还不能普遍应用,除了在一些标志性建筑中使用,大多用于修补、加固现有建筑,例如:抗震加固,腐蚀、老化而损伤结构的修补加固,带有结构缺陷的修补加固等。

图 2-28　碳纤维复合材料加固混凝土

2.4.3　碳纤维在体育休闲用品领域的应用

碳纤维材料凭借其密度小、比强度高、比模量高等特点,普遍应用在羽毛球、网球、高尔夫、滑雪、自行车、赛艇及射箭等运动中。用 CFRP 制作的网球拍,在质量、强度、减震和手感方面,都有明显的优势。

2023 年杭州亚运会上出现的竞赛自行车将人体工学和空气动力学再次进行升级融合,整体车架采用高强度、高模量的碳纤维材料,使车架整体强度得到大大提升。将全球首创且通过国际认证的全新升级碳纤维复合材料应用到体操器材上,赋予体操器材更高的强度、轻便性和安全性,在提升器械质量的同时,有效提高运动员的比赛成绩。

为了能让"冰上 F1"高速奔驰,雪车车身所用的材料要求质量轻、强度高,而这样的材料正是航空航天领域大量应用的,因此,制造雪车瞄准碳纤维复合材料这一最先在航天航空领域应用发展的新型材料,而且采用高强度等级的国产 TG800 宇航级碳纤维复合材料。采用碳纤维复合材料后,雪车能在保证运动员安全的前提下,最大程度减轻车身质量,降低重心,滑起来更平稳。据介绍,应用碳纤维复合材料的双人雪车车身质量只有 50 kg 左右,同时,材料的高强度和独特的能量吸收性能,还能保护运动员在撞车事故中少受到伤害。

2022 年北京冬奥会采用了国产 3D 打印第一代高性能碳纤维复合材料速滑冰鞋。与中国高端速滑冰鞋相比,碳纤维冰鞋的质量减少 3%～4%,冰鞋剥离强度提升 7%。北京冬奥会还采用了碳纤维冰球杆,其基材即碳纤维复合材料采取在制作碳纤维布时混入流体成型剂的工艺方法,流体成型剂附着于碳纤维布表面,一方面增加碳纤维布的韧性,另一方面提升冰球杆整体的结构强度(图 2-29 左)。通过提供低流动性的流体成型剂,且模具的充气压力一定时,可保证碳纤维冰球杆基材表面仍然有足够的流体成型剂附着,并参与后续的成型过程。充足的流体成型剂保障了冰球杆的韧性,使得运动员在挥打冰球杆时不易发生球杆开裂或折断的情形,确保冰球杆结实耐用。

2022年北京冬奥会火炬"飞扬"一经亮相就吸睛无数。东华大学孙以泽教授团队采用碳纤维复合材料编织成型方法,制备出复杂异形结构件,并将其作为奥运火炬外飘带结构(图2-29右)。孙教授带领团队从理论推导到实验验证再到生产实践,反复调试,发明了"偏心"编织的方法,解决了大曲率、变密度编织难题;原创了双机器人协同夹持芯模控制算法,保证了大尺寸异形结构件编织在复杂受力状态下的动力学性能最优;研发了单纱张力全流程数字化调控技术,实现了恒张力精确编织;研发了高维曲面自动打磨的技能作业机器人系统,实现了火炬外飘带的三维自动化立体编织和自动化打磨。该项目技术不仅填补了国内空白,在国际上也处于领先地位。最终,孙以泽教授团队让火炬"活"起来,真正呈现出最好的"飞扬"状态。

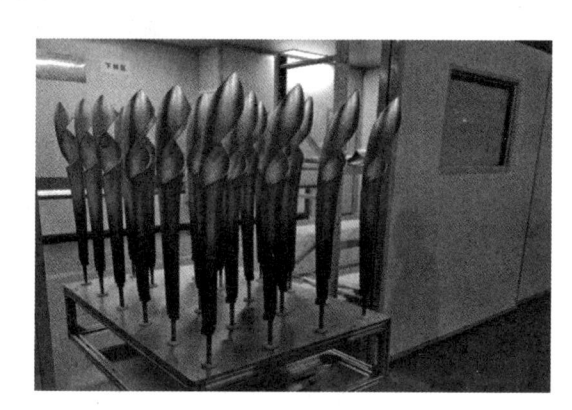

图2-29 碳纤维在体育休闲用品领域的应用

参考文献

[1] 刘姝瑞,张玮,张明宇,等.碳纤维的发展现状及开发应用[J].纺织科学与工程学报,2023,40(1):80-89.

[2] 贺福.碳纤维及石墨纤维[M].北京:化学工业出版社,2010.

[3] Ouyang Q, Chen Y S, Zhang N, et al. Effect of jet swell and jet stretch on the structure of wet-spun polyacrylonitrile fiber [J]. Journal of Macromolecular Science Part B, 2011, 50 (12): 2417-2427.

[4] Bashir Z. A critical review of the stabilisation of polyacrylonitrile[J]. Carbon, 1991, 29(8): 1081-1090.

[5] 贺福.碳纤维及其应用技术[M].北京:化学工业出版社,2004.

[6] 李向山,孟昭富,王文字.碳纤维微孔与微晶结构参数关系的研究[J].新型炭材料,1995(3):4.

[7] 《碳纤维复合材料轻量化技术》编委会.碳纤维复合材料轻量化技术[M].北京:科学出版社,2015.

[8] 李威,郭权锋.碳纤维复合材料在航天领域的应用[J].中国光学,2011,4(3):201-212.

[9] 郭玉明,冯志海,王金明.高性能PAN基碳纤维及其复合材料在航天领域的应用[J].高科技纤维与应用,2007(5):1-7+17.

[10] 付浩博.汽车轻量化的碳纤维复合材料应用分析[J].锻压装备与制造技术,2023,58(4):123-126.

[11] 林刚.构建"硬科技"优势——2021全球碳纤维复合材料市场报告[J].纺织科学研究,2022(Z1):46-66.

[12] 沈真.国产碳纤维在风电叶片产业中的机会——七论国产碳纤维产业化之路[J].新材料产业,2019(8):42-45.

[13] 李鹏飞.绿色纤维复合材料在土木建筑工程中的应用[J].信息记录材料,2022,23(1):45-47.

[14] 刘元."中国制造"体育器材登上亚运会竞技舞台[N].消费日报,2023-08-10(A01).

[15] 李磊,屠晓萍,沈志刚.聚丙烯腈预氧化纤维的制备与应用进展[J].合成纤维,2023,52(5):21-28.

[16] 钟俊俊,钱鑫,张永刚,等.不同直径的T800级高强中模碳纤维的结构对比[J].合成纤维工业,2018,41(5):5-8.

[17] 王曙中,王庆瑞,刘兆峰.高科技纤维概论[M].上海:东华大学出版社,2014.

[18] 何滨.溶液聚合法制备P(AN-AMPS)和P(AN-MA-AMPS)及其性能研究[D].上海:东华大学,2023.

[19] 党延金.丙烯腈/N-乙烯基甲酰胺共聚物的制备及流变性能研究[D].上海:东华大学,2023.

[20] 陆兆杰,曾金芳,刘新东等.T1000级碳纤维及其复合材料研究与应用进展[J].航天制造技术,2022(4):50-56.

第3章 玻璃纤维

玻璃纤维(Glass fiber,GF)是以无机非金属矿石为原料,如叶蜡石、石英砂、石灰石等,通过高温熔融拉丝制得的纤维,如图3-1所示。

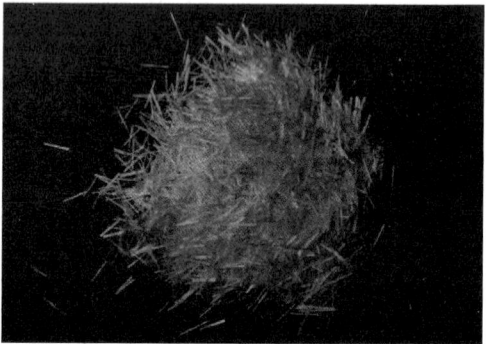

图3-1 玻璃纤维

玻璃纤维的绝缘性、耐热性、抗腐蚀性、机械强度都非常高,常用作复合材料的增强材料、电绝缘材料和绝热保温材料、电路基板等,涉及国民经济各个领域,是国家重点鼓励发展的新材料产业,在石油、化工、建筑、环保及航空、国防等领域广泛应用。表3-1比较了玻璃纤维与其他纤维的性能参数。

表3-1 玻璃纤维与其他纤维的性能参数比较

分类	直径/μm	密度/$(g \cdot cm^{-3})$	比强度/$(GPa \cdot cm^3 \cdot g^{-1})$	比模量/$(GPa \cdot cm^3 \cdot g^{-1})$	热膨胀系数/$(10^{-6} \cdot ℃^{-1})$	断裂伸长率/%
玻璃纤维	3.8~25	2.1~2.7	1.2~1.8	26~34	2~8	3.37
玄武岩纤维	7~17	2.6~2.8	—	34~38	—	—
芳纶	12	12	2.23~2.8	53~129	−0.6	2.4
碳纤维	5~12	1.7~2.18	5.6~38	2.8~21	−0.5	1.5
聚乙烯纤维	27~38	0.97	2.6~3	117~120	90	3.5
碳化硅纤维	10~20	2.55	1.1~1.56	75	3.1	1.6

玻璃纤维可按不同方法分类。

(1) 以单丝直径分类的玻璃纤维见表 3-2。

表 3-2 以单丝直径分类的玻璃纤维

类别	粗纤维	初级纤维	中级纤维	高级纤维	超细纤维
单丝直径	一般为 30 μm	大于 20 μm	10～20 μm	3～10 μm（纺织纤维）	小于 4 μm

单丝直径不同,不仅会导致纤维性能有差异,而且会影响纤维的生产工艺、产量和成本。一般而言,直径在 5～10 μm 的玻璃纤维用于纺织制品;直径在 10～14 μm 的玻璃纤维较适宜做无捻粗纱、非织造布、短切纤维毡等。

(2) 按原料分类,一般以碱金属氧化物含量区分:

① E-玻璃纤维(无碱玻璃纤维),碱金属氧化物含量≤0.8%,是一种铝硼硅酸盐玻璃。国内目前规定 E-玻璃纤维的碱金属氧化物含量不大于 0.5%,国外一般为 1% 左右。E-玻璃纤维具有良好的电绝缘性及力学性能,它的缺点是易被无机酸腐蚀,不适用于酸性环境,主要用作玻璃钢的增强材料、电绝缘材料等。

② C-玻璃纤维(中碱玻璃纤维),碱金属氧化物含量一般为 11.6%～12.4%,是一种钠钙硅酸盐玻璃。C-玻璃纤维的化学稳定性良好,耐酸性优于 E-玻璃纤维,电绝缘性能差,强度低于 E-玻璃纤维 10%～20%,主要用作过滤材料、包扎织物。

③ A-玻璃纤维(高碱玻璃纤维),碱金属氧化物含量一般为 14%～16%,耐酸性好,耐水性差,可用作蓄电瓶的隔离片、管道包扎布和毡片等防水、防潮材料。

常见玻璃纤维的强度见表 3-3。

表 3-3 玻璃纤维的强度

纤维类别	E-玻璃纤维	S-玻璃纤维	C-玻璃纤维	A-玻璃纤维	无碱1号	中碱5号
强度/MPa	3.6×10^3	4.2×10^3	3.0×10^3	3.0×10^3	3.1×10^3	2.6×10^3

(3) 按纤维外观分类:连续纤维,其中有无捻粗纱及有捻粗纱(用于纺织);短切纤维;空心玻璃纤维;玻璃粉及磨细纤维等。

(4) 按纤维特性分类:高强玻璃纤维;高模量玻璃纤维;耐高温玻璃纤维;耐碱玻璃纤维;耐酸玻璃纤维;普通玻璃纤维(指无碱及中碱玻璃纤维)。

3.1 纤维制备

3.1.1 坩埚拉丝工艺

坩埚拉丝工艺是二次成型工艺的一种,主要步骤是先把玻璃原料(砂、石灰石、硼酸等)放在1450～1550℃左右的熔炼炉中加热至熔融状态成为玻璃熔体,将其制成玻璃球;然后,玻璃球经热水清洗、去污和挑选,供拉丝加工使用;最后,将玻璃球加热至熔融,再经高速拉丝制成玻璃纤维原丝(图3-2、图3-3)。但是,这种方法有不能忽视的缺点,比如工序繁多、生产消耗大、产物不稳定、产率较低等。

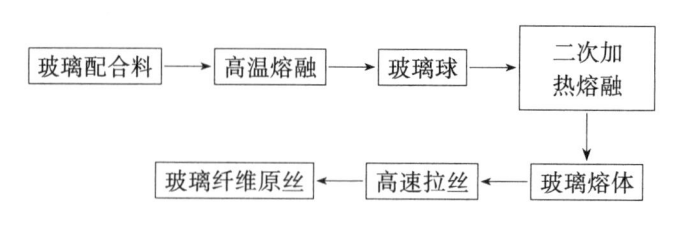

图3-2 坩埚拉丝工艺过程

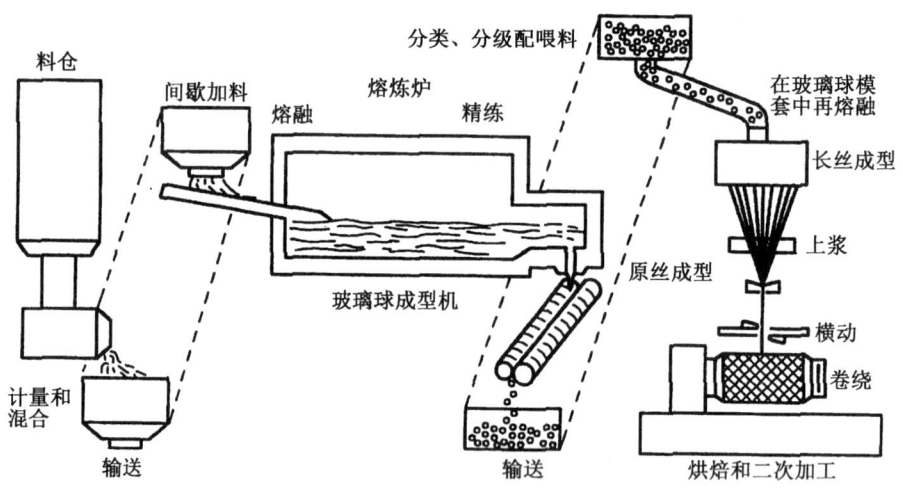

图3-3 坩埚拉丝工艺装置及流程

3.1.2 池窑拉丝工艺

池窑拉丝工艺称为一步法或直接法,主要原料是叶蜡石。把叶蜡石和其他原料放在窑炉中加热至熔融状态,制成玻璃熔体。然后,将熔体中的气泡排除,再经通路运送至多孔漏板。玻璃熔体直接流入拉丝炉,被拉制成玻璃纤维(图3-4、图3-5)。窑炉可以通过多条通路连接上百块多孔漏板同时生产。这种工艺具有工序简单、节能低耗、成型稳定、高效高产等优点,便于大规模全自动化生产,已成为国际主流生产工艺。用该工艺生产的玻璃纤维约占全球产量的90%以上。国内主要生产企业有中国巨石、泰山玻纤、重庆国际等。

与坩埚拉丝工艺比较,池窑拉丝工艺具有以下优点:

(1)省去了制球工艺,简化了工艺流程,生产效率高,易实现自动化。

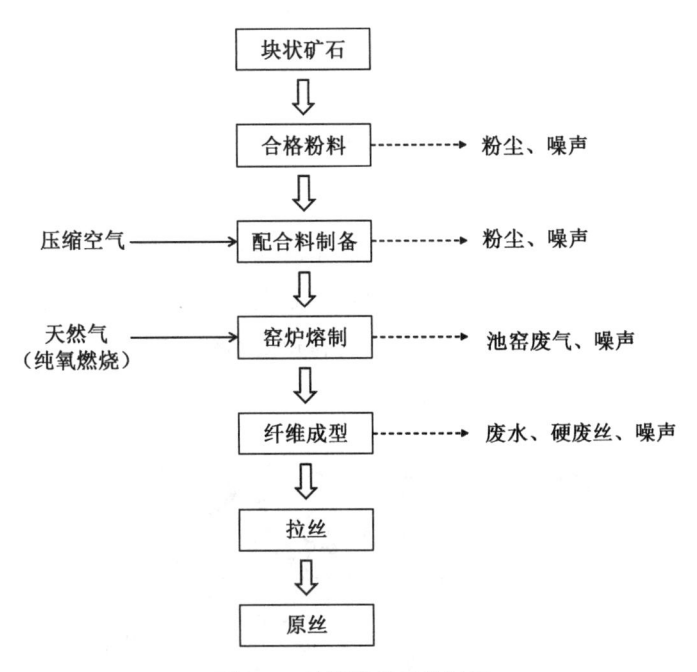

图 3-4 池窑拉丝工艺过程

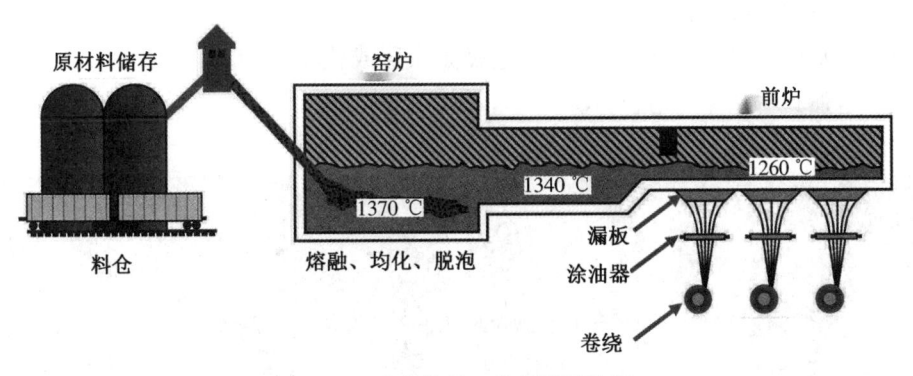

图 3-5 池窑拉丝工艺装置及流程

（2）一个窑炉可安装 10 块至上百块多孔漏板,容量大,生产能力高,能适应 800～8000 孔的大漏板拉丝成型要求,适合生产用于制备玻璃钢的粗纤维。

（3）对窑温、压力、流量和漏板温度可实现自动化集中控制,工艺稳定,断头和毛丝少,产品质量提升。

（4）避免了玻璃熔体的二次加热、二次污染,单位能耗低,产生的废纱便于回炉。

3.2 纤维结构

3.2.1 玻璃纤维结构与特点

玻璃纤维是纤维状的玻璃材料,而玻璃是无色透明且具有光泽的脆性固体。玻璃纤维是由玻璃熔融态(熔体)在过冷条件下黏度大幅增加而具有类似固体的物理力学性能的无定形物质,属于各向同性的均质材料。玻璃和玻璃纤维的共性:各向同性,无固定熔点,亚稳定性,性质变化的连续性、可逆性。

玻璃纤维的结构与块状玻璃相似,由三维空间的不规则连续网络构成。玻璃纤维包含 Si、O、Na 等元素(图 3-6),但不含碱金属或碱土金属,这使得玻璃纤维表面具有较高的化学稳定性。

玻璃纤维呈圆柱体,表面光滑(图 3-7),因此不易与树脂黏结。玻璃纤维表面可以通过化学方法进行处理,以改善其与树脂基体的结合性能。例如,通过表面涂层或化学处理,可以清除纤维表面的杂质、气泡,增强其与基体的结合力。

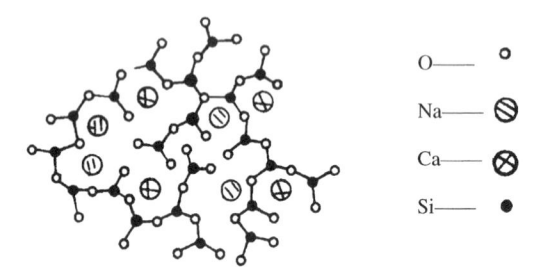

图 3-6 玻璃纤维化学结构

图 3-7 玻璃纤维扫描电镜照片

作为补强材料,玻璃纤维具有以下特点:

(1)高强度。玻璃纤维的拉伸强度通常在 1000～2000 MPa。

(2)电绝缘性。玻璃纤维具有良好的电绝缘性能,是高级的电绝缘材料,用于电磁波屏蔽领域。

(3)耐热性。玻璃纤维的耐热性很好,在温度高达 300 ℃时,纤维强度基本没有损失。

(4) 耐腐蚀性。玻璃纤维一般只能被浓碱、氢氟酸和浓磷酸腐蚀。

(5) 隔热性。玻璃纤维的导热系数较小，具有良好的隔热作用，广泛用于建筑和工业部门的保温、隔热处理。

(6) 吸声性。玻璃纤维的吸声、隔声性能优良。玻璃纤维板材的吸声系数随着其容重、厚度增加而提高。

(7) 吸湿性。玻璃纤维的吸湿率和吸水率较低，在高温高湿环境下表现良好。

(8) 化学稳定性。无碱玻璃纤维的化学稳定性和电绝缘性能都很好，主要用作电绝缘材料、玻璃钢的增强材料和轮胎帘子线。

(9) 加工性。玻璃纤维的加工性佳，可制成股、束、毡、布等不同形态的产品。

(10) 透明性。玻璃纤维透明，可透过光线。

(11) 价格低。玻璃纤维的成本较低，这使其在应用中具有较高的经济性。

3.2.2 玻璃纤维的组成

玻璃纤维的化学组成主要有 SiO_2、Be_2O_3、CaO、Al_2O_3 等，这些物质对玻璃纤维的性质和生产工艺起决定性作用（表 3-4）。

表 3-4 玻璃纤维的化学组成及作用

化学组成	作用
SiO_2	物质基础、骨架
Al_2O_3	降析晶速率和膨胀系数，提高稳定性和强度
氧化钙、氧化镁	降低高温时黏度，提高拉丝速度
氧化硼、氧化铁、碱金属	助熔，提高流动性

3.2.3 玻璃纤维中氧化物的分类及作用

玻璃纤维中的氧化物，根据其作用可分为三类：网络形成体、网络外体、网络中间体（表 3-5）。

(1) 网络形成体：单键能 >335 kJ/mol，能单独形成玻璃纤维，在玻璃纤维中能形成各自特有的网络体系的氧化物，其正离子称为网络形成离子，通常为 SiO_2、B_2O_3 等。

(2) 网络中间体：一般不能单独形成玻璃纤维，作用介于网络形成体和网络外体之间的氧化物，如 Al_2O_3、Sb_2O_3 等。

(3) 网络外体：单键能 <250 kJ/mol，不能单独形成玻璃纤维，一般不参与构成玻璃纤维结构网络，而是填充于玻璃纤维结构网络的氧化物，如 R_2O、RO 等，R^{2+}、R^+ 称为网络变性离子。

表 3-5　玻璃纤维中常见的氧化物分类

网络形成体	网络中间体	网络外体
B_2O_3	Al_2O_3	MgO
SiO_2	Sb_2O_3	Li_2O
GeO_2	ZrO_2	BaO
P_2O_5	TiO_2	CaO
V_2O_5	PbO	SrO
As_2O_3	BeO	Na_2O
	ZnO	K_2O

3.3　纤维性能

3.3.1　玻璃纤维的力学性能

玻璃纤维的力学性能是很多玻璃纤维制品,特别是作为增强材料时最重要的指标,因此研究玻璃纤维的力学性能有重大意义。表 3-6 比较了玻璃纤维与其他常见材料的主要性能。

表 3-6　玻璃纤维与其他常见材料的主要性能

材料种类	密度/(g·cm^{-3})	断裂强度/MPa	断裂伸长率/%
玻璃纤维	2.54	1370～1470	2～3
棉	1.50	255～686	7～10
蚕丝	1.25	392～520	1.3～31
锦纶	1.14	44～588	26～32
碳纤维	1.80	2790～3100	1.5～1.6
铝	2.70	127～177	4～8
钢	7.80	363～441	20～30

玻璃纤维的密度高于有机纤维,但低于金属纤维。表 3-7 列出了不同种类玻璃纤维的密度、比强度和比弹性模量。

表 3-7 不同种类玻璃纤维的密度、比强度和比弹性模量

纤维类别	密度(25 ℃)/($g \cdot cm^{-3}$)	比强度/($MPa \cdot cm^3 \cdot g^{-1}$)	比弹性模量/($MPa \cdot cm^3 \cdot g^{-1}$)
国外 E-玻璃纤维	2.57～2.6	1.42×10^3	3.04×10^4
无碱 1 号	2.54	1.22×10^3	3.02×10^4
中碱 5 号	2.51	1.04×10^3	2.91×10^4
A-玻璃纤维	2.50	1.20×10^3	2.95×10^4
S-玻璃纤维	2.49	1.61×10^3	3.33×10^4
M-玻璃纤维	2.77	1.34×10^3	3.31×10^4
D-玻璃纤维	2.10	0.95×10^3	2.29×10^4
石英玻璃纤维	2.20	0.77×10^3	3.27×10^4

玻璃纤维有较高的拉伸强度。相同质量下,玻璃纤维的断裂强度约为钢丝的 2～4 倍。玻璃纤维不会因为环境温度变化而变形,最大断裂伸长率为 3%,尺寸稳定性好。

影响玻璃纤维力学性能的因素有很多,比如:

(1) 化学组成不同的玻璃纤维,其强度不同。国际上以新生态单丝(指没有表面浸润剂的玻璃纤维)的强度来代表玻璃纤维强度,表 3-8 列出了详细数值。

表 3-8 玻璃纤维的强度

纤维类别	E-玻璃纤维	S-玻璃纤维	C-玻璃纤维	A-玻璃纤维	无碱 1 号	中碱 5 号
强度/MPa	3.6×10^3	4.2×10^3	3.0×10^3	3.0×10^3	3.1×10^3	3.6×10^3

(2) 纤维直径和长度对拉伸强度有显著影响,直径越细,拉伸强度越高,随着纤维长度增加,拉伸强度显著下降,详见表 3-9。

表 3-9 不同直径的玻璃纤维拉伸强度

纤维直径/μm	4	5	7	9	11
拉伸强度/MPa	3000～3800	2400～2900	1750～2150	1250～1700	1050～1250

(3) 化学组成。化学组成对玻璃纤维拉伸强度的影响见表 3-10。表中数据表明,含 K_2O 和 PbO 较多的玻璃纤维,其拉伸强度较低。

(4) 存放时间对玻璃纤维拉伸强度的影响。玻璃纤维存放一段时间后,其拉伸强度会降低,因为空气中的水分和氧气对纤维有侵蚀性。在一定的存放时间条件下,含碱量低的玻璃纤维,其拉伸强度的下降幅度较含碱量高的玻璃纤维小。例如,存放两年,无碱玻璃纤维的拉伸强度下降很少,而有碱玻璃纤维的拉伸强度下降幅度达 33%。

表 3-10 化学组成对玻璃纤维拉伸强度的影响

纤维名称	化学组成/%								拉伸强度/MPa
	SiO_2	Al_2O_3	BaO	B_2O_3	MgO	K_2O	Na_2O	PbO	
铝硅酸盐玻璃纤维	57.6	25	7.4	—	8.4	2.0	—	—	4000
铝硼硅酸盐玻璃纤维	54.0	14.0	16.0	10.0	4.0	—	2.0	—	3500
钠钙硅酸盐玻璃纤维	71.0	3.0	8.5	2.5	—	—	15.0	—	2700
含铅玻璃纤维	64.2	0.3	—	—	—	12.0	2	21.5	1700

（5）玻璃熔体缺陷对玻璃纤维拉伸强度的影响显著。常见的玻璃熔体缺陷包括化学组成不均匀、线道、结石、气泡等。不同的玻璃熔体缺陷对玻璃纤维拉伸强度的影响不同。相关实验表明，线道和化学组成不均匀会影响玻璃纤维制备过程的稳定性，但是对纤维拉伸强度的影响不大，但是结石和气泡会使玻璃纤维的拉伸强度降低。

（6）由不同制备方法和不同工艺条件下得到的玻璃纤维，其拉伸强度不同，尤其是成型温度对纤维拉伸强度的影响较大。

（7）测试环境和条件对玻璃纤维的拉伸强度有影响。在测试中，随着对玻璃纤维施加负荷的时间增加，得到的纤维拉伸强度降低；环境温度越高、相对湿度越大，纤维拉伸强度越低。

3.3.2 电学性能

玻璃纤维的导电性取决于化学组成、环境温度和相对湿度。无碱玻璃纤维的电绝缘性能比有碱玻璃纤维优越得多，这主要是因为无碱玻璃纤维中碱金属离子少。玻璃纤维中的碱金属离子越多，电绝缘性能越差。另外，玻璃纤维的电阻率随着温度升高而下降。

3.3.3 热性能

玻璃纤维的耐热性较高，其线膨胀系数为 $4.8 \times 10^{-6}/℃$，软化点为 550～850 ℃。在 250 ℃条件下，玻璃纤维的强度几乎不变，但会发生收缩现象。玻璃纤维的耐热性主要由化学组成决定，石英玻璃纤维和高硅氧玻璃纤维的耐热性可达 2000 ℃以上。

3.3.4 光学性能

玻璃纤维具有优良的光学性能，因而可以制成透明玻璃钢，进而制成各种采光材料、导光管以传送光束或光学物像。在一些场合，如果需要应用透明材料，就需要考虑光的吸收及界面的反射与折射。表 3-11 列出了几种玻璃纤维的折射率（n）。

表 3-11 玻璃纤维的折射率

纤维类别	国外 E-玻璃纤维(32 ℃)	无碱 1 号(20 ℃)	中碱 5 号(20 ℃)	A-玻璃纤维
n	1.549	1.551 6	1.521 4	1.542

3.3.5 化学性能

玻璃纤维的化学性能与纤维直径、化学组成和介质有关。

(1) 纤维直径对玻璃纤维化学性能的影响。玻璃具有优异的化学性能,但将其制成玻璃纤维后,其化学性能显著下降。玻璃纤维的表面积较玻璃大幅增加是造成这种现象的主要原因。例如,质量为 1 g、厚度为 2 mm 的玻璃的表面积约为 5.1 cm^2,而质量为 1 g、直径为 5 μm 的玻璃纤维的表面积约为 3100 cm^2,所以玻璃纤维受化学介质腐蚀的面积比玻璃大 608 倍,这使得玻璃纤维的化学性能明显下降。玻璃纤维直径对其化学性能的影响见表 3-12,表中数据表明,纤维直径越小,玻璃纤维在水、HCL 溶液、NaOH 溶液和 Na$_2$CO$_3$ 溶液中的失重率越大,说明玻璃纤维的化学稳定性越低。

表 3-12 玻璃纤维直径对其化学稳定性的影响

纤维直径/μm	纤维失重率/%			
	水	2 mol/L HCL 溶液	0.5 mol/L NaOH 溶液	0.5 mol/L Na$_2$CO$_3$ 溶液
6	3.37	1.5	60.3	24.8
8	2.73	1.2	55.8	16.1
19	1.26	0.4	30.0	7.6
57	0.44	—	10.5	2.2
881	0.02	—	0.7	0.2

(2) 化学组成对玻璃纤维化学性能的影响。玻璃纤维的化学性能取决于其中的 SiO$_2$ 及碱金属氧化物含量。SiO$_2$ 能大大提高玻璃纤维的化学稳定性,而碱金属氧化物会使其化学稳定性降低。在玻璃纤维中,增加 SiO$_2$、ZnO 的含量,可以提高玻璃纤维的耐碱性能;增加 Al$_2$O$_3$、TiO$_2$ 的含量,可以大大提高玻璃纤维的耐水性能。

(3) 水对玻璃纤维化学性能的影响。水对玻璃纤维的作用主要有两种:

① 吸附作用。玻璃纤维的表面积很大,吸附水的能力比玻璃大得多。玻璃纤维表面吸附的水,既会降低纤维的电绝缘性能,又会使纤维与树脂的黏结力减小,进而影响玻璃纤维复合材料的强度。

② 溶解作用。水能将玻璃纤维中的碱金属氧化物溶解,使其表面微裂纹扩展,从而降低玻璃纤维的强度。

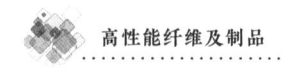

3.4 纤维应用

3.4.1 吸声领域的应用

玻璃纤维制品具有吸声系数高以及质轻、不燃、不腐、不蛀、不老化等特点,而且价格较低。因此,虽然有很多新型吸声材料不断涌入市场,但是玻璃纤维材料仍然是吸声工程中应用非常广泛的一种吸声材料。一些公共建筑,例如体育馆、音乐厅等,对声学的要求都很高,如果未进行吸声设计,会因为混响时间过长而影响使用。因此,在此类建筑中会安装吸声吊顶以及吸声墙面来消除其内的声反射,达到更好的声音效果(图 3-8)。

(a) 吸声墙面 　　　　　　　(b) 吸声板

图 3-8　玻璃纤维在吸声领域的应用

3.4.2 隔振领域的应用

玻璃纤维具有良好的弹性和阻尼性,因此它还可以作为隔振材料。与软木、泡沫塑料等隔振材料相比,玻璃纤维有更大的静态变形,而且耐腐蚀、不燃。广播、电视、电影等公司使用的播音室、录音室,为了消除环境噪声的干扰,需充分考虑结构的隔声效果,一般会采用双层结构以达到足够的隔声量。一些建筑物内安装的水管、风管等,如果是金属材质的,管道内的介质流动会使管壁振动,因此可以利用玻璃纤维隔绝管道固体声的构造(图 3-9)。

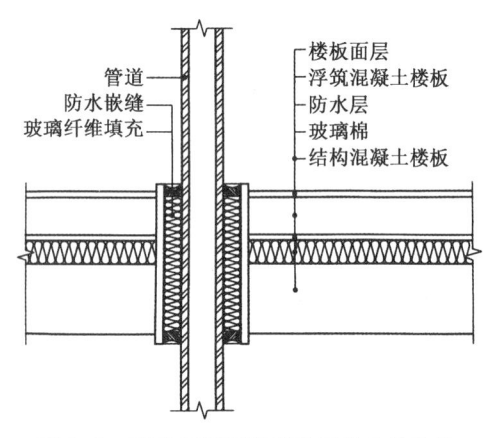

图 3-9　玻璃纤维隔绝管道固体声的构造

3.4.3 隔热领域的应用

外墙绝热饰面系统首先在欧洲出现,随着科学技术发展日益完善。此饰面系统可赋予外墙绝热、装饰及防水功能。玻璃纤维及其制品的导热系数小,因此是一种很好的隔热材料,图3-10所示为玻璃纤维在外墙绝热及饰面中的应用。

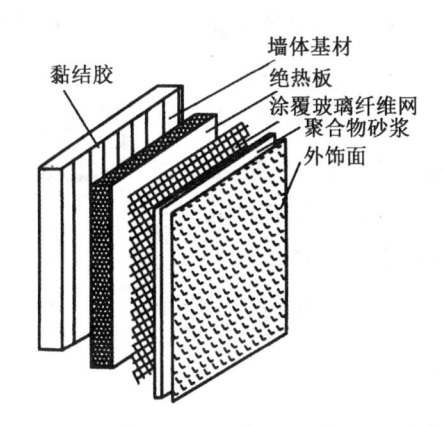

图3-10 玻璃纤维在外墙绝热及饰面中的应用

3.4.4 体育休闲领域的应用

玻璃纤维产品具有质量轻、强度高、可设计自由度大、易加工成型、摩擦因数低、耐疲劳性良好等特点,因此在体育休闲用品中获得广泛的应用,如乒乓球拍、羽毛球拍、船浆浆板、滑雪板、高尔夫球杆等(图3-11)。

(a)　　　　　　　　　　(b)

图3-11 玻璃纤维在体育休闲领域的应用

3.4.5 医疗领域的应用

玻璃纤维是一种柔韧材料,即使在弯曲状态下,光线也能透过,因此可以应用于光纤内窥镜,其主要由物镜系统、光学传像系统、观察目镜系统构成。光纤内窥镜可通过自然孔道或手术切口进入人体,实现体内组织的成像和诊断。光纤内窥镜结构见图3-12。玻璃纤维纸基于其化学稳定性和抗菌性,可用作试剂载体,与专用试剂一起做成试条,用于检查,如血液组分检查等。玻璃纤维还可用作矫形和修复材料。将玻璃纤维编织成具有延伸性的带状物并浸渍专用树脂,当作绷带缠在伤处固定骨肢,可克服敷石膏的麻烦和副作用。

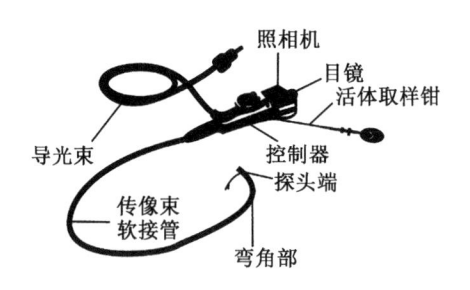

图3-12 玻璃纤维制备的光纤内窥镜结构

3.4.6 交通领域的应用

玻璃纤维的强度较高,在航空领域主要应用于飞机内外侧副翼、方向舵和扰流板,以减轻飞机质量,具体应用部位见图3-13。在航天领域,高性能玻纤复合材料作为主承力结构材料,如运载火箭和航天器上利用纤维缠绕工艺制造的玻璃纤维/环氧复合材料壳体,具有耐腐蚀、耐高温、耐辐射、阻燃、抗老化的性能。

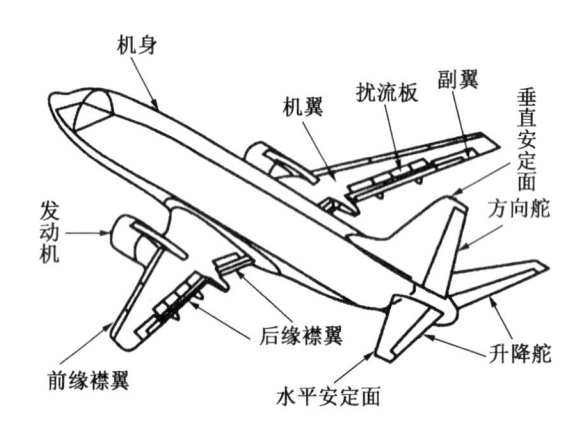

图3-13 玻璃纤维在飞机壳体中的应用

3.4.7 风力发电领域的应用

随着各国对环境恶化的关注,各国政府纷纷采取实际行动开发利用可再生能源。近年来,风力发电得到引人瞩目的发展。

目前,商品化的大型风电叶片大多采用玻璃钢,其强度和刚度可以根据风电叶片的受力特点进行设计,力学性能优良,耐腐蚀性能也好。

图 3-14 玻璃钢风电叶片

3.4.8 电子电气领域的应用

玻璃纤维增强复合材料在电子电气方面的应用主要基于它的电绝缘性、耐疲劳性、耐腐蚀性及加工成型方便、易维护等特点,主要有以下几个方面:

(1) 电器罩壳,包括电器开关盒、电器配线盒、仪表盘罩等。
(2) 电器元器件与电子部件,如绝缘子、绝缘工具、电机端盖、印刷电路板等。
(3) 输线电,包括复合电缆支架、电缆沟支架等。

图 3-15 玻璃纤维制备的印刷电路板

3.4.9 环境领域的应用

玻璃纤维过滤材料在改善废气成分、降低粉尘排放量等方面做出了相当大的贡献。一种用高硅氧玻璃纤维制成的过滤布能用于 800 ℃ 以上的高温气体中滤除固体粉尘,可直接用于工业窑炉废气的消烟除尘而无需先对废气进行冷却,从而降低了废气处理的费用。玻璃纤维在水环境和土壤环境中也有很好的应用,美国伊利诺斯大学研制的由酚醛涂层玻璃纤维织成的耐磨织物可以代替常用的活化碳粒子,有效且方便地吸收环境污染物。玻璃纤维与有机纤维材料结合加工成土工材料,可用于防水土流失工程。一家德国公司研制出一种把玻璃纤维和合成纤维用作土壤加固材料的方法,可提高土壤的强度。另外,经过玻璃纤维和合成纤维加固的土壤,可以用于制作固体废弃物的填埋坑。图 3-16 所示为玻璃纤维滤芯在液压过滤器中的应用。

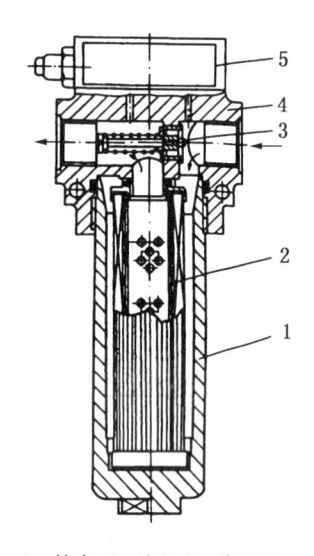

1—筒壳;2—滤芯;3—旁通阀;
4—滤壳头部;5—堵塞报警发讯器

图 3-16 玻璃纤维滤芯在液压过滤器中的应用

3.4.10 建筑材料领域的应用

以水泥为基础的建筑材料的突出特点是抗压强度高,但抗弯曲、抗拉和抗冲击强度低。利用玻璃纤维增强水泥,能提高水泥建筑材料的抗弯曲、抗拉和抗冲击强度。玻璃钢在建筑材料领域的应用主要涉及采光、采暖通风、装饰装修、卫浴、给排水、电气等方面(图 3-17)。

图 3-17 玻璃纤维制品用于采光

参考文献

[1] 赵家琪,赵晓明,李锦芳,等.玻璃纤维的应用与发展[J].成都纺织高等专科学校学报,2015,32(3):41-46.

[2] 徐凤,聂琼,徐红.玻璃纤维的性能及其产品的开发[J].轻纺工业与技术,2011,40(5):40-41.

[3] 殷勇,于小军.玻璃纤维水泥土力学性能试验研究[J].工程勘察,2007(1):23-26.

[4] 王小兵,朱平.玻璃纤维过滤材料在冶金、水泥、化工等行业中的应用[C]//中国国际过滤材料研讨会.中国技术市场协会,2000.

[5] 孔静.玻璃纤维产品的应用[J].纺织科技进展,2015(3):13-14+40.

[6] 叶鼎铨.玻璃纤维的生物医学应用[J].玻璃纤维,2003(2):9-13+16.

[7] 杜善义.先进复合材料与航空航天[J].复合材料学报,2007(1):1-12.

[8] 刘新年,张红林,贺祯,等.玻璃纤维新的应用领域及发展[J].陕西科技大学学报(自然科学版),2009,27(5):169-171+180.

[9] 姜肇中.玻璃纤维应用技术[M].北京:中国石化出版社,2004.

第 4 章 玄武岩纤维

4.1 纤维制备

4.1.1 玄武岩纤维原料

20世纪50年代初期,苏联、民主德国、捷克斯洛伐克、波兰等东欧国家,研发出由玄武岩矿石熔融拉丝制备玄武岩纤维的生产技术。乌克兰和俄罗斯在苏联解体之后,继承了玄武岩纤维的加工方法和先进的工艺。近年来,中国持续投资于玄武岩纤维制备技术和玄武岩纤维复合材料的研发,在全球范围内形成俄罗斯、乌克兰、中国"三足鼎立"的新格局,这与俄罗斯、乌克兰及中国丰富的玄武岩矿石储量有关。

玄武岩是一种火山岩,由火山喷发的岩浆在低压条件下迅速凝固于地表而形成。玄武岩矿石主要由基性岩构成,SiO_2 占 $51.6\%\sim59.3\%$,其他主要成分包括 Al_2O_3(占 $14.6\%\sim18.3\%$)、Na_2O 与 K_2O(共占 $3.6\%\sim5.2\%$)、CaO 与 MgO(共占 $10\%\sim20\%$)以及 Fe_2O_3 和 FeO(共占 $9\%\sim14\%$)。目前玄武岩纤维原材料的主要化学成分为 SiO_2、Al_2O_3、FeO、Fe_2O_3、CaO、MgO、Na_2O、K_2O、TiO_2 等化合物,其中 SiO_2、Al_2O_3 占比最大(二者含量在 70%以上),FeO、Fe_2O_3 共占 $9\%\sim14\%$(图 4-1)。

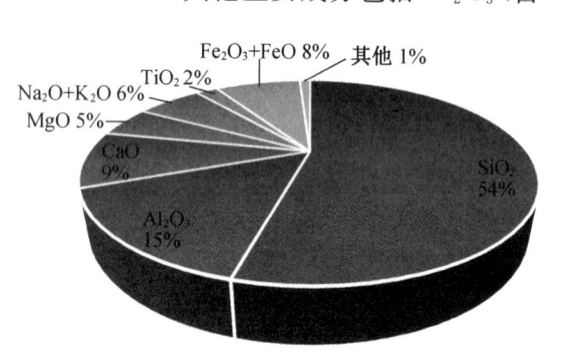

图 4-1 玄武岩纤维原料化学成分

4.1.2 玄武岩矿石熔制工艺

玄武岩熔融后迅速冷却而形成的三维网络结构无晶体材料(非晶态,即无定形态),称为玄武岩玻璃质。玄武岩玻璃熔体经铂铑拉丝漏板制成纤维状,再由拉丝机高速牵伸制备所需直径规格的连续玄武岩纤维。玄武岩的熔化温度与处理时间会影响玄武岩玻璃质的非晶结构。温度越高,处理时间越长,玄武岩玻璃质中局域有序结构占比越少,玄武岩非晶化程度越高，整体结构的均匀性越高。

玄武岩属于硅酸盐类，主要由长石（包括钠长石、钙长石等）和辉石（包括透辉石、普通辉石等）组成。玄武岩不同成分的熔融温度不同，故玄武岩组分的相对含量对熔融过程影响较大。在将玄武岩矿石投入熔融炉前，必须先测定其成分及相对含量，才能准确地控制其熔融温度。

玄武岩矿石的化学组成差别很大，其熔体的酸性系数是判定玄武岩是否能够通过拉伸成为连续纤维的关键，也是反映玄武岩熔体在高温下的黏度、熔体可熔性及化学稳定性的重要指标。针对某种玄武岩矿石，对其熔体的酸性系数进行测定，由此可初步判定该玄武岩矿石是否可以通过拉伸形成连续纤维。一般而言，玄武岩熔体的酸性系数越接近中碱玻璃，将表现出与中碱玻璃接近的性质，可通过拉伸得到连续的玄武岩纤维。

玄武岩矿石熔融时，其熔体的凝固速度依赖于玄武岩自身的黏温特性。玄武岩化学组成中铁氧化物含量越高，玄武岩熔体凝固速度越快，熔体拉丝作业越困难，将难以实现连续、稳定的拉丝过程。当玄武岩熔体具备可拉丝条件时，还需满足以下条件，才可实现连续、稳定的拉丝作业和工业化生产：

(1) 玄武岩矿石作为原料，其化学组成需相对稳定，储量大，易开采。

(2) 拉丝温度不宜太高，需满足铂铑拉丝漏板的使用要求。

玄武岩矿石经测试分析，符合玄武岩纤维拉丝要求后，被磨成粒径在5 mm以下的玄武岩粉末（图4-2左）。玄武岩粉末经磁力分选后被送入混合机，均匀混合。之后，通过自动供料器向预热池中添加玄武岩粉末，使粉末温度逐步上升至600~900 ℃，再将其送入熔融炉。利用熔融炉内电极的辐射及高温气体的对流，将热量输送给玄武岩粉末，使其受热熔化。一般，玄

图4-2 玄武岩粉末与玄武岩纤维实物

武岩粉末的软化温度约在1280 ℃，在1340 ℃以上时将产生流动性岩浆，可使用牵引棒牵引拉伸出2~3 m长的玄武岩纤维（图4-2右）。若温度过高，高于1360 ℃时，岩浆会变成液体，黏度过低，较难形成连续纤维。

4.1.3 玄武岩纤维成形工艺

利用铂铑拉丝漏板将玄武岩熔体拉成纤维状，再由拉丝机高速牵伸制备成所需直径规格的连续玄武岩纤维。玄武岩纤维成形工艺流程如图4-3所示。

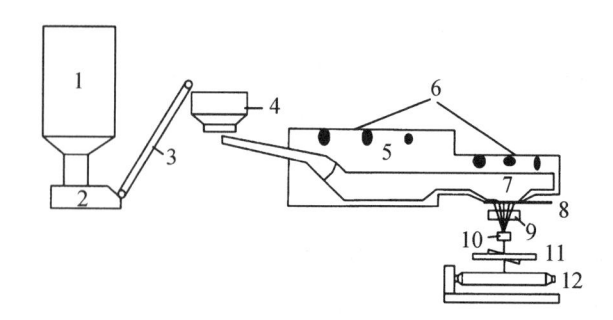

1—料仓；2—喂料器；3—提升输送机；4—定量下料器；5—原料初级熔化带；6—天然气喷嘴；
7—二级熔制带(前炉)；8—铂铑合金漏板；9—浸润剂；10—集束器；11—纤维张紧器；12—卷丝机

图 4-3 玄武岩纤维成形工艺过程

4.1.3.1 玄武岩纤维成形原理

玄武岩纤维与玻璃纤维具有同样的成形机理，均为在高温下将熔融状态的熔体以液滴形式从漏口处排出，然后在拉丝机上按规定的速率进行牵伸和固化，形成具有特定直径的连纺纤维端口。

纤维从漏嘴处到拉丝机，拉丝过程分为三部分：丝根、纤维成形线及拉丝作业线(图 4-4)。丝根位于漏嘴出口下部，受到熔体表面张力和牵伸力作用，同时纤维在牵伸作用下逐渐变细。由漏嘴出口处到纤维直径稳定区的距离，称为纤维成形线。由漏嘴出口处到卷丝机上纤维卷取点的距离，称为拉丝作业线。在纤维成形过程中，纤维成形线总是远短于拉丝作业线。

丝根部及成纤过程的稳定性是影响纤维均匀度、减少断头的重要因素。为了获得稳定的纤维成形线，必须保证熔体成分均匀、温度均匀。在此基础上，重点研究冷却条件、牵伸率、气流控制等对纤维成形的影响。

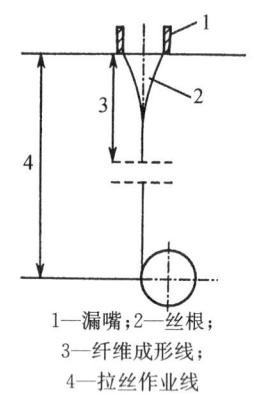

1—漏嘴；2—丝根；
3—纤维成形线；
4—拉丝作业线

图 4-4 拉丝过程

从流变角度来看，玄武岩熔体的渗流是一种受迫状态下的黏滞流体的剪切变形，而玄武岩纤维的拉拔是一种单向拉伸的黏滞自由流股的变形，该变形具有非等截面和非等温特性。玄武岩纤维拉丝过程的影响因素包括：

(1) 纤维成形线上的张力。熔体拉伸是玄武岩连续纤维成形的基础工艺。在拉伸过程中，熔体的黏度和流变力学特性都会对牵伸工艺及张力产生一定的影响。纤维成形线受力主要包括熔体断面上各部分的轴向拉应力，以及熔体形成的纤维成形线表面与空气摩擦产生的剪切应力。在拉制时，应尽可能地减少总张力，以确保拉制工艺的稳定进行。在一定条件下，可通过适当的加热、减小漏口孔径以及对纤维成形线附近的气流进行控制等方式，达到减少张力的目的。如果张力过大，纤维容易被脆性拉断，导致拉丝过程中断。

(2) 纤维成形线两侧的空气流动。玄武岩熔体从漏嘴挤出时，其温度可达 1300 ℃，在成形过程中，必须在极短的时间内将热量传递到周围环境，其传热方式有辐射和对流两种。纤维成形线附近的空气流动对成形线的应力、成形线的冷却速度和稳定程度都有很大的影响。纤维成形线两侧的空气流动不仅会影响成形线的冷却速度，还会影响成形线截面的对称性，从而对纤维结构与性能产生重要的影响。

（3）熔体的化学组成。玄武岩熔体的均质与品质的稳定性会影响熔体的可纺性和流体力学的不稳定性。流体力学的不稳定性必然造成纤维粗细不匀甚至断头。

（4）漏板温度。玄武岩纤维成形过程中，其熔体在漏板部位析出，漏板温度出现不均匀情况，以及熔体在漏板处产生"漫流"现象，均会导致玄武岩纤维的断丝、飞丝、粗细不匀等缺陷。

4.1.3.2 玄武岩纤维漏板设计

连续玄武岩纤维成形工艺过程与玻璃纤维类似，均需使用铂铑合金漏板。漏板是一种槽式容器，在它的底部底板上设有按拉丝工艺规定数量的漏口。漏口数量在一百到两千四百个左右，甚至更多（图4-5）。漏丝是玻璃纤维和玄武岩纤维工业中的一种重要拉拔工艺。玄武岩熔体通过漏板下方的漏口，经拉丝机被拉伸成一定直径的纤维。玄武岩熔体的熔点高，导热性能差，析晶温度高，析晶速率大，纤维内外层固化速率差异大，易产生断头和飞丝。在漏板设计时，必须针对玄武岩熔体的特性，设计合适的漏板样式。

图4-5 2400孔漏板拉丝玄武岩纤维直接纱

连续玄武岩纤维拉丝用漏板研究目前存在的问题如下：

（1）材料方面。目前用于制备连续玄武岩纤维的漏板材料是铂铑（PtRh）合金，一般采用铂铑PtRh-10%、PtRh-15%、PtRh-20%。因缺少适用于铂基材料高温力学性能（尤其是蠕变率）测试的设备，对相关材料高温强化机制的深入研究很少，在材料抗氧化、抗蠕变等方面的研究进展缓慢，目前还没有一种可替代的新型漏板材料。

（2）材料加工工艺方面。已有研究表明，相比于粉末冶金法，由同一组分的弥散强化铂内氧化工艺制备的漏板材料具有更好的综合性能，但关于漏板的焊接工艺及退火工艺对整体材料的高温力学性能的影响，还缺乏深入研究。

（3）漏板设计方面。现有漏板结构设计以经验计算为主，缺乏将试验数据、实际经验与计算机技术相结合的手段，因此利用计算机模拟完善漏板结构设计是很重要的研究方向，可显著优化玄武岩纤维的制备工艺。

4.1.3.3 玄武岩纤维拉丝工艺

拉丝工艺中，需将玄武岩纤维表面包覆一层由有机乳液或溶剂组成的非均相特殊表面处理材料。该涂层可高效润滑玄武岩纤维表层,并可将成百上千根玄武岩细丝整合为一束,以满足后续加工工艺要求。这些有机涂覆物统称为玄武岩纤维浸润剂,也叫作拉丝浸润剂。玄武岩纤维拉丝与浸润流程如图4-6所示。

浸润剂是一种以水或有机溶剂为媒介,以成膜剂、偶联剂、润滑剂、抗静电剂等为主要成分的水溶性有机化合物(或有机乳剂与无机物混合物)。浸润剂可将几百甚至上千根单丝聚合为一束,并保持其表面的润滑性,防止在生产中出现飞丝和断丝现象,故浸润剂对玄武岩纤维的制备与使用具有十分重要的意义。

浸润剂可有效改善玄武岩连续纤维的表面缺陷,进而影响玄武岩纤维的可加工性,优化玄武岩连续纤维的综合性能。浸润剂的主要作用概括如下:

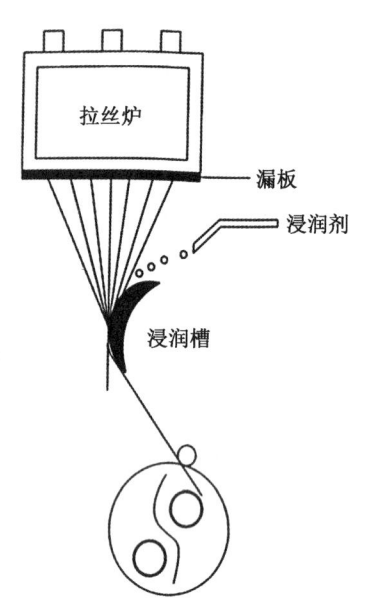

图4-6 玄武岩纤维拉丝与浸润流程

(1)集束和黏结作用。浸润剂能将玄武岩纤维中的单丝黏合在一起,并具有较好的黏结强度,从而减少松丝或断丝现象,方便合股、退解及纺织工艺。在生产短切纱线时,应保证纤维束的完整性。

(2)润滑和保护作用。浸润剂可使玄武岩纤维原丝表面具有优良的润滑性,作为保护层可有效降低原丝在拉丝、干燥、络纱、退解、织造等工序中的机械摩擦起毛。

(3)赋予纤维一定的可加工性能。浸润剂能够为连续玄武岩纤维提供后道工序所需的可加工性,如短切性、硬挺性、集束性、成带性、分散性、可纺性等。

(4)防止纤维表面产生静电。玄武岩纤维是一种非导电材料,其表面缺乏静电传导通道,导致其表面静电聚集,阻碍了玄武岩纤维的制备。在浸润剂中加入防静电剂,可有效消除静电。

(5)使纤维与基体具有良好的相容性。浸润剂可使玄武岩纤维与基材形成良好的界面相容性,在界面层有效传递应力,从而获得优异的综合性能。

4.1.4 玄武岩纤维纱线

4.1.4.1 玄武岩纤维无捻粗纱

玄武岩纤维无捻粗纱是由多股平行玄武岩纤维原丝或单股玄武岩纤维原丝不加捻并合而成的圆筒状制品,如图4-7所示。玄武岩纤维无捻粗纱分为合股无捻粗纱(也称合股纱)和直接无捻粗纱(也称直接纱)两种。GB/T 25045—2010《玄武岩纤维无捻粗纱》于2010年9月2日发布,2011年5月1日实施。

生产玄武岩纤维无捻粗纱使用的玄武岩纤维的单丝直径约3~23 μm,拉伸强度大于0.5 N/tex,弹性模量大于90 GPa,断裂延伸率大于30%。玄武岩纤维无捻粗纱是玄武岩纤维最基本的产品类别,用于生产短切原丝、织造各类织物,也可以用来制造复合材料,是喷射、拉挤、缠绕等工艺制备复合材料的原材料。无捻粗纱的重要用途之一是织造各种厚度的方格布(无捻粗纱平纹织物)或单向无捻粗纱织物,它们大多用于手糊纤维增强塑料(FRP)成形工艺,在国民经济发展的各领域具有广阔的应用市场,尤其在交通、海洋工程等领域具有独特的应用优势。

玄武岩纤维无捻粗纱的成带性和悬垂性是判断其质量好坏的主要指标。在实际应用中,单股原丝张力不匀和加捻等因素,造成纱线悬垂度、成带性下降,从而影响其在纤维增强复合材料中的增强效果。此外,在无捻粗纱中,原丝存在微捻度和张力不匀,这容易造成无捻粗纱表面不平整,从而影响产品的外观品质和力学性能。

图 4-7 玄武岩纤维无捻粗纱

原丝捻度和张力不匀的成因包括:原丝在高速退绕过程中会形成气圈,其对原丝施加额外的拉力,导致原丝产生捻度;原丝内外层存在张力差异,使原丝张力不匀,导致原丝产生卷边现象。

调整玄武岩纤维无捻粗纱成带性和悬垂性的方法如下:

一是通过调整浸润剂的配方,来提高玄武岩纤维无捻粗纱的成带性和悬垂性。

二是研究新型玄武岩纤维无捻粗纱制备工艺。例如,吴智深等人研制出一种消除原丝捻度的设备及方法,即在原丝筒上加一重物,以控制原丝的拉力,其质量与原丝的线密度成一定比例。原丝引出,缠绕到张力器上,张拉后,利用导纱器将纤维均匀地卷绕到筒子上,并利用导纱机构阻止原丝摆动,从而保证原丝的平坦性。该设备通过对原丝牵引的控制来调节原丝的张力,利用导纱器改善或消除原丝的捻度。

4.1.4.2 玄武岩纤维加捻纱

玄武岩纤维加捻纱,又称玄武岩纤维纺织纱,是由多根玄武岩纤维原丝经过加捻和并合而形成的纱线(图 4-8)。玄武岩纤维加捻纱中,单丝直径一般≤9 μm。加捻纱大体上可分为织造用纱和其他工业用纱。织造纱是以管纱、筒子纱为主,可用于织造耐酸碱、耐高温布和带;针刺毡用基布;电绝缘用纱、缝纫线等;高强高模织物;经特殊表面处理后,还可用于织造防辐射、耐高温(650~980 ℃)机织物。

在加捻过程中,纱线中的单丝按螺旋形式上升(图 4-9)。一股由多条单纤维丝并合而成的长丝,在加入捻

图 4-8 玄武岩纤维加捻纱

线以前,各单纤维丝必须彼此平行,即若在一条未捻长丝纱线上切出两条平行的断面,则该切下的长度应为相同长度。然而,加捻后每一层圆筒上的单根纤维与轴向的间距均不相同,导致长丝纱线的捻角增加,且每一根纤维丝的张力都要比内层大。单纤维丝在纱线中呈螺旋状排列,在纱线上各有一层拉力,并且这种拉力是由外向内的,外压比内压大。

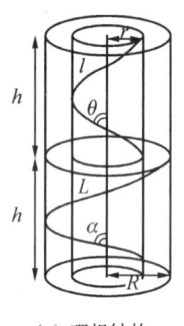

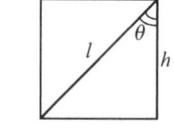

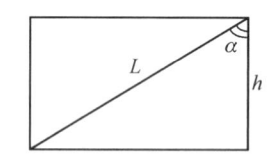

(a) 理想结构　　(b) 半径为 r 的正圆柱体展开图　　(c) 纱线表面的展开图

图 4-9　加捻纱线理想螺旋结构

4.1.4.3　玄武岩纤维短切纱

玄武岩纤维短切纱是一种由连续玄武岩纤维原丝短切而成的产品(图 4-10),可用于制造短切原丝毡、加强塑料成形等。短切纱的玄武岩纤维表面涂有硅烷偶联剂,与沥青、水泥或树脂的结合性良好,是增强树脂、沥青混凝土和水泥混凝土的力学性能的优选材料。例如,玄武岩纤维短切纱用于增强热塑性树脂,它与树脂的复合材料用作汽车、火车、舰船壳体等。此外,在混凝土结构中添加玄武岩纤维短切纱,可提高混凝土的抗裂能力 50% 以上,有利于整体材料结构的韧性、抗弯抗拉性、抗疲劳性、高温稳定性及抗水损害性等,大幅延长混凝土的使用寿命。

图 4-10　玄武岩纤维短切纱

一般采用切割机对玄武岩纤维进行短切。将玄武岩纤维从纱架中抽出,分割成多根,然后通过导纱辊送入刀辊间。在刀辊的带动下,装在刀辊上的刀片不断旋转,从而实现对无捻粗纱的连续切断,得到玄武岩纤维短切纱。在短切纱制备工艺中,需注意如下问题:

(1) 水分。针对玄武岩无捻粗纱短切加工过程中存在的水分问题,要求玄武岩纤维无捻粗纱在短切之前进行熔融脱湿,其含水率不能超过 0.1%,以确保短切质量。短切时,若含水率大于 0.1%,则在进行无捻粗纱裁切时,刀辊上的刀片很难裁断无捻粗纱,导致短切纱长短不一,将随刀辊的牵引而卷绕在刀辊和橡胶滚轮上。若含水率低于0.05%,无捻粗纱易断裂,在短切操作中易成散丝。此外,玄武岩纤维的无捻粗纱在烘干过程中,易产生静电,从而影响短切纱的正常生产,故要对烘干后的粗纱筒子进行合理处理,使其达到含水率的要求。

(2) 浸润剂。玄武岩纤维浸润剂不仅是拉丝的生产关键,而且是短切生产的重要影响因素。生产实践表明,不同浸润剂配方对短切纤维的剪切性能有很大的影响。浸润剂过硬,短切时会粘连在一起,形成硬丝束。同时,玄武岩纤维浸润剂的含量(含油率)对短切原丝的影响也很大,油脂含量太少,短切时会产生更多的断丝,且不均匀;油脂含量太高,短切时黏度大,不易散开。为了确保短切质量,切断之前玄武岩纤维束拧得非常紧密,切断之后单根原丝相互散开。

(3) 张力。生产过程中,无捻粗纱由装在刀辊上的刀片边切边拖,故对无捻粗纱的驱动要求不能过大(一般为刀辊牵引力的50%)。但张力太小,则使切割出来的短切原丝长短不齐。此外,由于纱架上无捻粗纱筒子上下距离不同,张力容易不均匀,宜在切割前加一个张力架,以调节控制无捻粗纱张力,确保短切原丝质量。

(4) 无捻粗纱根数。短切过程中,装在刀辊上的刃面比刀辊面高,因此裁切时无捻粗纱须有一定厚度和硬度,才能起到支撑作用,方便裁切和拉拔。若无捻粗纱根数过少,不够硬挺,则不易被刀片轻易切断,易卷绕于刀辊与橡胶辊轴上。若无捻粗纱根数过多,则形成的张力和硬度过大,刀片亦无法切断,容易断刀片。因此,切割机上需按实际生产条件准确地计算出无捻粗纱根数。

(5) 静电。在干燥气候条件下,或在无捻粗纱烘干过快时,纱线与被加工对象(刀辊、束带)之间存在直接摩擦与接触,易引发静电,导致刀辊上的切口间隙及沉淀壁被短切原丝填满,在张力辊、纱线收束处及无捻粗纱经过之处,均有大量的绒毛,需经常停机清理,短切纱生产效率大为下降。目前消除静电的方式包括:在浸润剂配方中加入适量的抗静电剂;在切片机上加一条地线接地;在无捻粗纱所过之处(导纱钩、切刀等)提高温度;在纱架下方切割的地板附近喷洒水,当环境相对湿度在70%~75%时,可有效消除静电。

玄武岩短切纱的技术要求包括:①集束性好;②短切分散性好;③抗静电性能好;④毛纱少;⑤浸透速度快。其中,集束性的好坏直接影响玄武岩短切纱的硬挺度、短切分散性和毛纱的多少,要保证短切纱的质量,必须保证有良好的集束性。

4.2 纤维结构

4.2.1 玄武岩纤维化学组成

玄武岩纤维元素组成取决于玄武岩矿石的化学成分。玄武岩矿石主要由 SiO_2、

Al_2O_3、Fe_xO_y、CaO、TiO_2 等多种氧化物组成。然而,玄武岩矿石中的成分是不固定的,地域不同,其成分组成也不同。玄武岩纤维中的主要化学成分含量见表 4-1,各成分的主要作用见表 4-2。

表 4-1 玄武岩纤维中的主要化学成分含量

化学成分	SiO_2	Al_2O_3	Fe_xO_y	CaO	MgO	Na_2O	TiO_2	其他杂质
质量分数/%	45~60	12~19	5~15	4~12	3~7	2.5~6.0	0.9~2.0	2.0~3.5

表 4-2 玄武岩纤维中各化学成分的作用

化学成分	作用
SiO_2、Al_2O_3	提高纤维的化学稳定性
FeO、Fe_2O_3	使纤维呈古铜色,提高纤维的使用温度
TiO_2	提高纤维的化学稳定性、熔体的表面张力和黏度
CaO、MgO	属于添加剂范畴,有利于原料软化熔融,制备细纤维

SiO_2 是玄武岩的主要成分,负责形成主要的网络型骨架。若玄武岩矿石中的 SiO_2 含量过大,将提升玄武岩矿石的熔融温度,熔体黏度也相应提高,这会加大拉丝成形过程的难度,但有利于玄武岩纤维的化学稳定性和热稳定性。

Al_2O_3 在各类硅酸盐矿石中也是较常见的化学成分,铝离子通常存在于铝氧四面体处,可以与硅氧四面体形成统一均匀的网络结构。Al^{3+} 具有很强的夺取非桥氧的能力,可使断网结构重新连接起来,增加网络结构的致密度。Al_2O_3 通常可提高玄武岩纤维的化学稳定性、力学性能等,但和 SiO_2 一样,若其含量过高,纤维的拉丝成形过程会变得异常困难。

Fe_2O_3 和 FeO 存在于玄武岩纤维中,它们会影响熔融温度、拉丝温度、熔体黏度、纤维化学稳定性等。首先,氧化铁质量分数过高将导致熔体顶层形成晶壳,此时需要降低黏度,使析晶温度更接近熔点。其次,氧化铁含量过大会引起熔体迅速硬化,影响熔体通过漏板时的流动均匀性和稳定性,不利于纤维的稳定成形。Fe_2O_3/FeO 比值对纤维的热稳定性有一定影响,比值大于 5 时,玄武岩纤维具有较高的热稳定性。同时,玄武岩纤维的外观颜色也会随此比值不同而略有不同。

TiO_2 中的金属以 Ti^{4+} 离子的形式存在。由于该阳离子所带电荷多、半径小,作用力较大,有利于形成复杂巨大的阴离子团,使黏滞活化能变大,从而使熔体的黏度变大,有利于形成长纤维,而且在一定浓度范围内该氧化物还能起到提高材料密度、电阻率、折射率和降低材料热膨胀系数等作用。

MgO 和 CaO 两种碱土金属氧化物也存在于玄武岩纤维中。碱性金属氧化物的存在有利于形成稳定的玄武岩熔体。此外,MgO 与 CaO 的作用类似,均会降低玄武岩熔体黏度,有利于制备细纤维。

除上述主要成分以外,玄武岩中还存在少量稀土元素,它们对降低玄武岩熔体的黏度起到部分促进作用,还可以提高玄武岩纤维的使用温度和热稳定性。

4.2.2 玄武岩纤维形态结构

玄武岩纤维直径分布较均匀,横截面呈圆形,内部晶格主要由硅、铝、氧连接而成,纤维纵向表现出高强度,这与其内部结构紧密、纤维表面光滑有关,如图 4-11 所示。

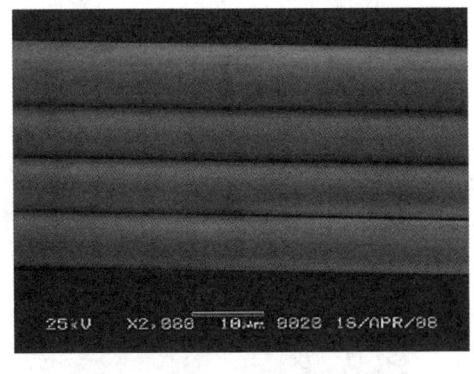

(a) 纵向结构　　　　　　　　　　(b) 横向结构

图 4-11　玄武岩纤维的纵向及横向结构

4.2.3 玄武岩纤维晶体结构

玄武岩纤维是一种非晶态结构的物质,对其微观结构的研究目前处于定性阶段。利用分子动力学模拟研究玄武岩纤维的非晶结构,难度较大,其原因是玄武岩纤维成分复杂,相互作用力较大。

图 4-12 是玄武岩纤维的 X 射线衍射(XRD)图谱。由此图可见,玄武岩连续纤维在 XRD 谱图中没有明显的衍射峰,仅在 20°~30°之间有一个明显的馒头峰,这是玻璃态物质的典型特征,说明玄武岩连续纤维本体结构呈非晶态。但是玄武岩纤维在拉丝过程中,因其导热性较差,可能会形成少量局域结晶。

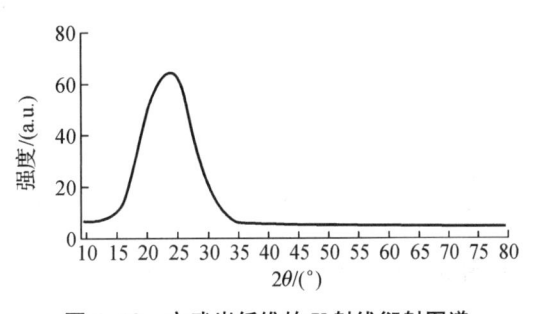

图 4-12　玄武岩纤维的 X 射线衍射图谱

4.3　纤维性能

玄武岩纤维、碳纤维、芳纶、超高相对分子质量聚乙烯纤维被称为 21 世纪"新材料",

并称为"四大高新技术纤维"。玄武岩纤维属于新型环境友好材料,其制备过程只利用一种天然矿石原料,无任何添加剂。玄武岩纤维的化学成分对材料性质有很大影响,其在力学性能、热稳定性方面表现出独特的优势。

4.3.1　玄武岩纤维表面特性

由于玄武岩纤维中铁元素含量较高,因此其外观通常呈深棕色。玄武岩纤维是在极高温条件下经过熔融纺丝拉伸工艺制造的连续纤维。在拉伸过程中,纤维受到表面张力的影响,导致其横截面呈圆形。因此,玄武岩纤维的表面形貌与其他化学纤维相似,具有光滑的圆柱形状,如图 4-13 所示。

玄武岩纤维的表面粗糙度相对较小,因此纤维之间的抱合力非常小。这种特性在与树脂复合作为增强材料时,会对复合效果产生显著影响。为了改善玄武岩纤维与树脂的复合效果,通常需要对其进行表面改性处理,如化学处理、等离子体处理,以增加其粗糙度。然而,光滑的表面对气体和液体的阻力较小,这意味着玄武岩纤维产品在过滤材料方面具有优异的应用性能,如环境保护、空气净化、水处理等。

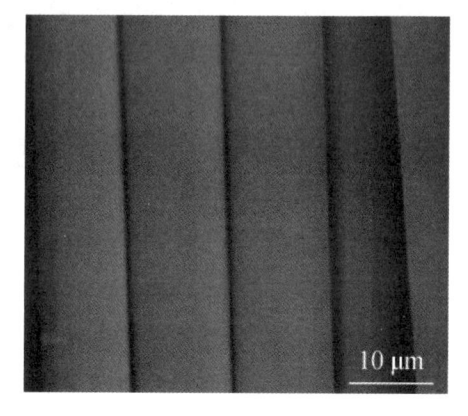

图 4-13　玄武岩纤维扫描电镜照片

4.3.2　玄武岩纤维密度

玄武岩连续纤维的密度一般在 2.6～2.8 g/cm³,比大部分有机纤维和无机纤维高,见表 4-3。玄武岩纤维密度高于芳纶,略大于 E-玻璃纤维和碳纤维,分析其原因可能是玄武岩连续纤维的化学组成不同于玻璃纤维,其中铁、铝氧化物含量更高。

表 4-3　常用纤维的密度

纤维名称	玄武岩纤维	E-玻璃纤维	碳纤维	芳纶
密度/(g·cm⁻³)	2.6～2.8	2.5～2.6	1.7～2.2	1.49

4.3.3　玄武岩纤维力学性能

玄武岩纤维是一种脆性材料,其理论抗拉强度为 3000～4840 MPa,弹性模量为 90～110 GPa,断裂伸长率为 3.2% 左右,莫氏硬度为 6.5～7.5,还具有较高的断裂比强度,其抗拉强度是 E-玻璃纤维的 1.4～1.5 倍,与 S-玻璃纤维的抗拉强度相当,明显优于芳纶、聚丙烯纤维、氧化铝纤维等,见表 4-4。目前,市场上的玄武岩纤维抗拉强度普遍在 2000～2500 MPa,明显低于其理论抗拉强度,因此研究优化玄武岩纤维的力学性能至关重要。

表 4-4　玄武岩纤维与其他纤维的力学性能比较

纤维类别	抗拉强度/MPa	弹性模量/GPa	断裂伸长率/%
玄武岩纤维	3000～4840	79.3～110	3.1
E-玻璃纤维	3100～3800	72.5～75.5	4.7
S-玻璃纤维	4020～4650	83～86	5.3
碳纤维	3500～6000	230～600	1.5～2.0
芳纶	2900～3400	70～140	2.4

影响玄武岩纤维力学性能的主要因素总结如下：

(1) 化学成分。玄武岩纤维的力学性能受到其空间网络结构的影响。纤维空间网络结构的紧密程度由 SiO_2 和 Al_2O_3 的含量决定，而碱金属元素（如 Mg、Ca、Na、K 等）会破坏该网络结构，导致纤维的致密度降低。此外，高含量的 Fe^{3+} 会增加玄武岩纤维表面缺陷的数量，降低其力学性能。玄武岩纤维表面相对光滑，但仍存在大小和形状不同的凸起缺陷。凸起缺陷的化学成分与纤维本体结构基本一致，但具体含量存在差异，尤其是 Fe 元素的含量明显升高。

(2) 矿物组分。玄武岩是由斜长石、辉石、石英、正长石和橄榄石等硅酸盐矿物以及其他杂质组成的。从理论上来说，硅酸盐矿物的含量越高，玄武岩纤维的空间网络结构会更加紧密，从而提高纤维的抗拉强度。然而，矿物成分对玄武岩的熔融温度、熔体黏度和析出晶体温度等都会产生影响，进而使玄武岩纤维的制备工艺难度增加。例如，不同矿物成分的玄武岩的熔点不同（斜长石、辉石、石英和长石等矿物熔点较低，橄榄石熔点较高），在高温条件下，熔点较高的矿物很难完全熔融，这将导致熔体的不均匀性，影响纤维的内部结构，导致应力集中现象，从而降低纤维的力学性能。

(3) 浸润剂涂层。浸润剂可以修复玄武岩纤维表面的缺陷，从而改善其力学性能。由于玄武岩纤维是一种无机纤维，具有脆性特点，浸润剂涂层可以改变纤维的团聚性和柔韧性，从而改善其力学性能。力学性能测试证明，涂覆浸润剂后，玄武岩纤维的抗拉强度可提高 25%，这是因为浸润剂涂层能有效降低玄武岩纤维表面冲击裂纹尖端的延展，从而大大提高纤维的抗拉强度。此外，涂覆浸润剂可增强纤维的表面粗糙度，这有助于增强玄武岩纤维复合材料中纤维与基体之间的界面相互作用，从而提高玄武岩纤维增韧复合材料的力学性能。

4.3.4　玄武岩纤维耐温特性

玄武岩纤维是一种非晶态无机硅酸盐材料，没有固定的熔点，具有出色的耐温性和绝热性能，不会出现热收缩现象，在极端温度条件下能保持稳定性。玄武岩纤维可以在 -269～$800\ ℃$ 的温度范围内应用，其软化点高达 $960\ ℃$。

如图 4-14 所示,玄武岩纤维在低于 300 ℃时断裂强度高于 E-玻璃纤维,低于 S-2 玻璃纤维,而且随着温度升高,断裂强度先增大后减小,在 200 ℃时达到最大。当温度持续升高时,玄武岩纤维的内部结构和性能可能会发生变化。尽管如此,它的温度使用上限远超其他常见的纤维材料,如聚丙烯纤维、E-玻璃纤维、芳纶和石棉等。与硅酸铝纤维、硅纤维和陶瓷纤维相比,玄武岩纤维在高温下的性能也相当接近。即使是与成本较

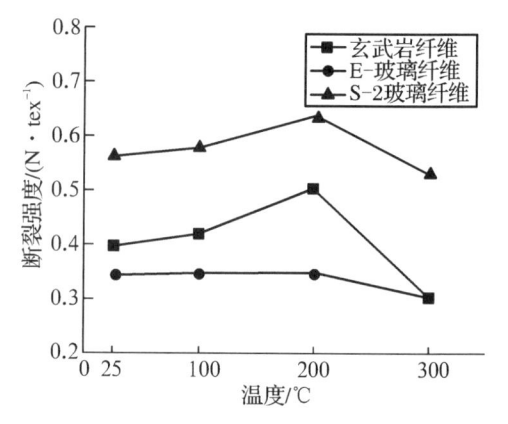

图 4-14 纤维断裂强度随热处理温度变化对比

低、性能优良的碳纤维相比,玄武岩纤维在耐温性方面也具有显著的优势。碳纤维的最高使用温度只能达到 500 ℃,而玄武岩纤维在 600 ℃的工作环境下仍能保持其初始强度的 90%。玄武岩纤维经过 780~820 ℃的高温操作后,仍能在 860 ℃下保持纤维形态继续应用。玄武岩纤维的耐热性显著优于 E-玻璃纤维和矿棉,其耐热性接近石英玻璃纤维。因此,玄武岩纤维作为一种耐高温材料的优良替代品,在制造业中具有广泛的应用前景(图 4-15)。

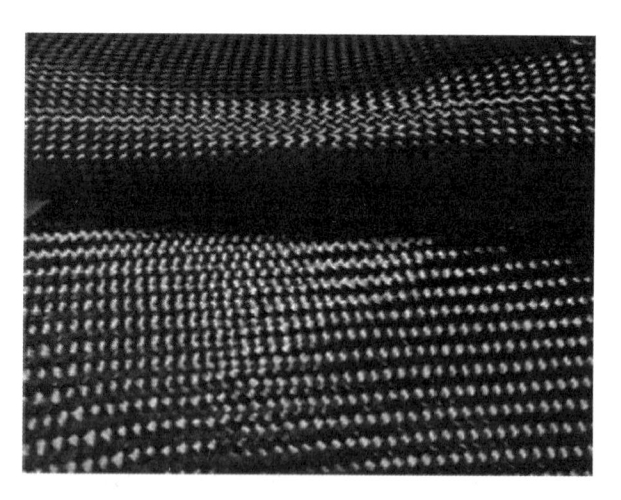

图 4-15 玄武岩纤维防火布

与仅能承受 −60 ℃低温的 E-玻璃纤维相比,玄武岩纤维展现出卓越的耐低温性能。这种性能使它成为制造储存液氮(−196 ℃)等低温介质容器的理想材料。此外,玄武岩纤维的热传导系数极低,仅为 0.034~0.050 W/(m·K),远低于芳纶、硅酸盐纤维、E-玻璃纤维、硅纤维和碳纤维等。

4.3.5 玄武岩纤维化学稳定性

玄武岩纤维比传统无机纤维更耐化学腐蚀,主要表现为优良的耐酸性、耐碱性、耐水

性和低吸湿性。玄武岩纤维中的硅氧化物、铝氧化物等硅酸盐矿物,在一定程度上影响其耐酸碱性。温度和化学试剂的浓度对玄武岩纤维的耐腐蚀性也有影响,如图 4-16 所示。强酸、强碱浓度越高,处理温度越高,纤维强度损失越明显。如表 4-5 所示,玄武岩纤维在水、酸和碱的溶液中,其质量损失率均显著低于 S-玻璃纤维和 E-玻璃纤维。玄武岩纤维在水、氢氧化钠溶液、盐酸溶液中分别煮沸 3 h 后,其质量损失率均低于 3%,显示出优越的化学稳定性。

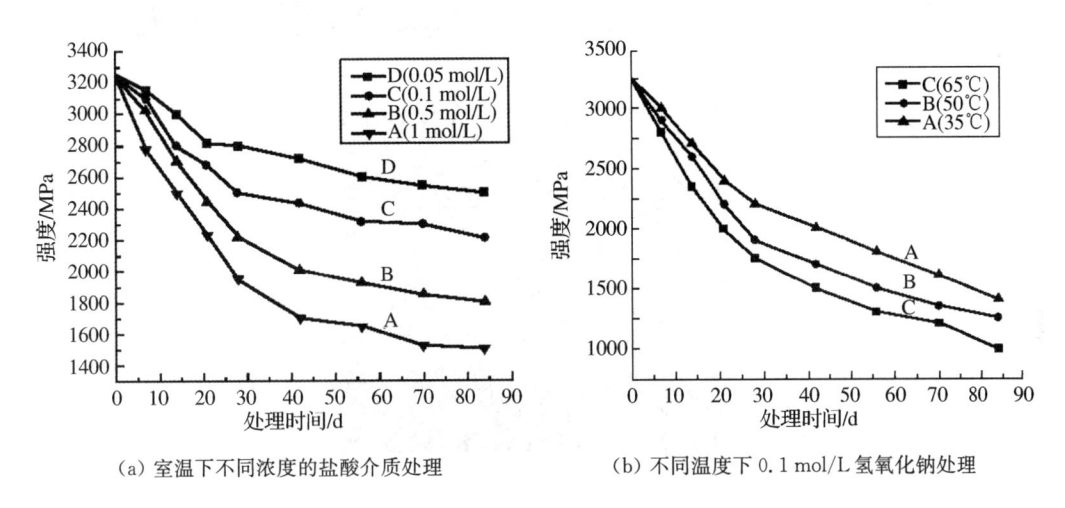

(a)室温下不同浓度的盐酸介质处理

(b)不同温度下 0.1 mol/L 氢氧化钠处理

图 4-16 经酸碱介质处理后玄武岩纤维的强度变化

表 4-5 玄武岩纤维与其他纤维的耐化学腐蚀性能比较

纤维类别	在水中煮沸 3 h 质量损失率/%	在 NaOH 溶液中煮沸 3 h 质量损失率/%	在 HCl 溶液中煮沸 3 h 质量损失率/%
玄武岩纤维	1.60	2.75	2.20
S-玻璃纤维	5.00	5.00	15.70
E-玻璃纤维	6.20	6.00	38.90

图 4-17 所示为玄武岩纤维经盐酸腐蚀后的形貌变化:第一阶段,由于纤维表面的碱性氧化物与盐酸发生反应,生成水和可溶盐,玄武岩纤维表面出现裂缝,形貌遭到轻微破坏;第二阶段,纤维表面裂缝处被经盐酸进一步腐蚀的玄武岩纤维所生成的难溶物附着而得到部分愈合;第三阶段,由于纤维内部物质溶于盐酸而出现表面片状物脱落,纤维表面腐蚀加剧。纤维断裂强力的变化与形貌变化一致,呈现三阶段变化,先急剧下降,后缓慢提升,到达峰值后断裂强力因纤维遭到不可逆腐蚀而再次下降。经强碱腐蚀的玄武岩纤维,由于其主要成分与碱反应,生成可溶于强碱溶液的偏铝酸盐和硅酸盐,因此纤维表面在腐蚀过程中不断有层状脱落物产生,且脱落后又有碱液渗入,继续腐蚀,形成坑状结构,相比于酸腐蚀,碱腐蚀的破坏程度更严重,单丝拉伸强度下降更迅速。

(a) 玄武岩纤维　　　　　　　　　(b) 经酸处理 1 h

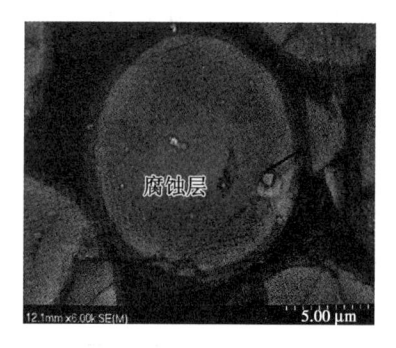

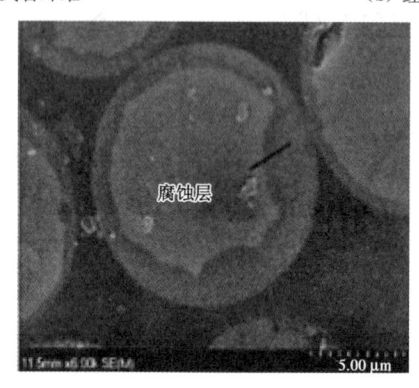

(c) 经酸处理 3 h

图 4-17　酸处理后玄武岩纤维截面的 SEM 照片

玄武岩纤维因其优异的化学稳定性,被广泛用于高湿度、多介质环境条件下的工程建设,成为目前混凝土领域常用的补强材料。

玄武岩纤维的表面比较光滑且无极性基团,吸水性特别差,耐水性特别好,回潮率仅为 0.12%～0.3%,属低吸湿纤维,而且吸湿能力不随时间变化。例如,在 70 ℃ 热水中,其他高性能纤维,如玻璃纤维,经过 200 h 后基本上失去强度,但玄武岩纤维在其 6 倍时间后才失去部分强度。

4.3.6　玄武岩纤维介电性能及电绝缘性能

玄武岩纤维的介电性能与绝缘性能较为优异,体积比电阻高达 $1×10^{12}$ Ω·m,远超 E-玻璃纤维。玄武岩纤维的介电损耗正切角比一般玻璃纤维还低 50%;玄武岩纤维的介电系数低于玻璃纤维、凯夫拉纤维(芳纶)及石英纤维等,而且介电损耗较小。因此,玄武岩纤维在绝缘材料和电气印制等方面有着广泛的应用前景。

4.3.7　玄武岩纤维环保性

相较于其他高性能纤维,玄武岩纤维展现出显著的环保优势。首先,玄武岩矿石来源于天然的火山岩,是非人工合成的原料,不含有对人体健康有害的成分。其次,在熔融过程中，玄武岩纤维不会产生各类有毒有害物质，如硼和其他碱金属等。此外，玄武岩纤维的化学性质稳定，不会燃烧或爆炸，与空气和水接触时不会产生有害气体。更重要的是，玄武岩纤维在废弃后能够自然降解为土壤母质，或者直接用于路桥等其他建筑材料，这种对生态环境的友好性使得玄武岩纤维成为一种新型的环保型纤维。

4.4 纤维应用

玄武岩纤维在民用方面，可用于制作皮包、腰带等(图 4-18)；在建筑消防方面，可用于防火门、防火窗，建筑物外墙体保温(图 4-19)；在汽车军工方面，可用于发动机罩、车身内隔墙、货车板簧(图 4-20)等；在电工电子方面，可用于绝缘材料及防静电复合材料；在航天航空方面，可用于高温气密性材料等。这些领域的应用不仅为玄武岩纤维带来了巨大的市场空间，也使其成为世界各国争相发展的尖端材料。下面具体介绍其中几种特殊应用。

图 4-18 玄武岩纤维皮包

仿石漆　　仿砖板材　　氟碳涂料

图 4-19 玄武岩纤维保温装饰复合板

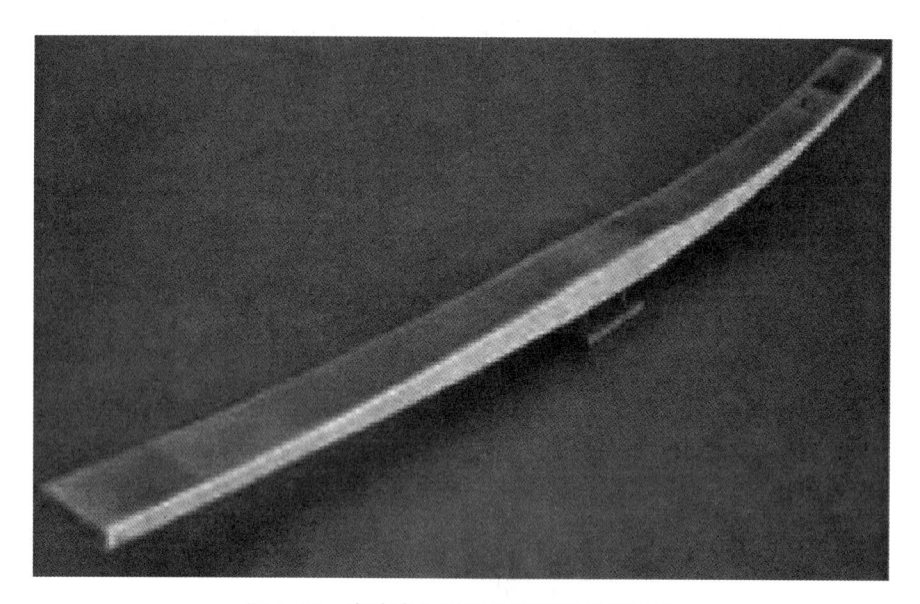

图 4-20 玄武岩纤维制备的轻型货车板簧

4.4.1 吸波透波、吸声方面的应用

玄武岩纤维中含有氧化铁和氧化镁等成分,这些成分赋予它优良的透波性和一定的吸波性。玄武岩纤维具有高电磁波透过性,并可以通过成分设计实现对电磁波的吸收或反射。在建筑物的混凝土墙体中添加玄武岩纤维织物,可以实现墙体对各种电磁波的良好屏蔽(图 4-21)。

图 4-21 利用玄武岩纤维制作混凝土建筑结构的增强材料

同时,玄武岩纤维具有无规则的排列和多孔结构,其吸声系数高于大多数高性能纤维,吸声隔声性能优异,可用于制作吸声毡或吸声板,作为生产设备的隔声材料,见表4-6。

表 4-6 直径为 1～3 μm 的超细玄武岩纤维的声绝缘特性

频段/Hz	100～200	300～900	1200～1700
法向吸声系数	0.15	0.876～0.990	0.74～0.99

4.4.2 阻燃应用

玄武岩纤维具有优异的阻燃性能。纤维燃烧性能由两个条件决定:一是纤维的组成和结构,它们会直接影响纤维的热分解温度和形成 HO·及 H·的速度;二是供氧情况。国际上一般使用极限氧指数即 LOI 来表征纤维的燃烧性能。常见纤维的 LOI 如表 4-7 所示。当纤维的 LOI 达到 26%～34% 时为难燃纤维,LOI 大于 35% 时为不燃纤维。玄武岩纤维的 LOI 大于 68%,阻燃性能较芳砜纶和芳纶更为优异。因此,玄武岩纤维可以用于阻燃防护面料、热防护服、汽车内饰等多个领域(图 4-22)。

表 4-7 常见纤维的 LOI

纤维名称	棉	黏胶纤维	羊毛	芳纶1313	芳砜纶	涤纶	玄武岩纤维
LOI/%	18	19	25	25—28	33	20	>68

图 4-22 玄武岩防火阻燃遮光窗帘

参考文献

[1] 齐风杰,李锦文,李传校,等. 连续玄武岩纤维研究综述[J]. 高科技纤维与应用,2006,31(2): 42-46.

[2] 吴智深,刘建勋,陈兴芬. 连续玄武岩纤维工艺学[M]. 北京:化学工业出版社,2017.

[3] 张碧栋,吴正明. 连续玻璃纤维工艺基础[M]. 北京:中国建筑工业出版社,1988.

[4] 洛温斯坦 K L. 连续玻璃纤维制造工艺[M]. 3版. 高建枢,钱世准,王玉梅,等,译. 北京:中国标准

出版社,2008.

[5] 曹海琳,晏义伍,岳利培,等. 玄武岩纤维[M]. 北京:国防工业出版社,2017.

[6] 吴智深,陈兴芬,稻垣广人,等. 一种消除纤维原丝捻度的方法及装置[P]. ZL 201410089711.0.

[7] 汪昕,吴智深,朱中国,等. 一种提升纤维增强复合材料力学性能的纤维纱合股装置及方法[P]. ZL 2013107452607.

[8] 林庆泽,吴宇,胡旭东. 空气捻接器纤维加捻机理的仿真与实验研究[J]. 现代纺织技术,2012(1):20-23.

[9] 王慧. 浅谈无捻短切纱与喷射纱的要求标准[J]. 玻璃纤维,1999(4):14.

[10] 赵霖青,李林萍,李米雪. 玄武岩纤维复合材料在低碳环保方面的应用研究[J]. 建材技术与应用,2023(4):56-60.

[11] 陶永亮,李翔. 连续玄武岩纤维在复合材料中应用[J]. 橡塑技术与装备,2021,4(6):48-51.

[12] 涂当正. 旧水泥路面加铺玄武岩纤维增强型超粘精罩面的应用研究[D]. 广州:华南理工大学,2022.

[13] 崔毅华. 玄武岩连续纤维的基本特性[J]. 纺织学报,2005(5):120-121.

[14] Militky J, Kovacic V. Ultimate mechanical properties of basalt filaments[J]. Textile Research Journal,2007,66(4):225-229.

[15] 王广健. 玄武岩纤维复合过滤材料的研究[D]. 天津:河北工业大学,2004.

[16] 崔淑玲. 高技术纤维[M]. 北京:中国纺织出版社,2016.

[17] 宋平,高欢,汪灵,等. 玄武岩纤维基本特征及应用前景分析[J]. 矿产保护与利用,2022,42(4):173-178.

[18] 张建伟,佘希林,刘嘉麒,等. 连续玄武岩纤维新材料的制备、性能及应用[J]. 材料导报,2023,37(11):234-240.

[19] 魏晨,郭荣辉. 玄武岩纤维的性能及应用[J]. 纺织科学与工程学报,2019,36(3):89-94.

[20] 羊静怡,麦伟健,李丽,等. 玄武岩纤维性能及其在造纸和纺织中的应用[J]. 造纸装备及材料,2023,52(4):4-8+21.

[21] 陈鹏,张谌虎,王成勇,等. 玄武岩纤维主要特性研究现状[J]. 无机盐工业,2020,52(10):64-67.

[22] 许星,张金才,王宝凤,等. 玄武岩纤维表面改性的研究进展[J]. 硅酸盐通报,2023,42(2):575-586+606.

[23] 张玮,谭艳君,刘姝瑞,等. 玄武岩纤维的性能及应用[J]. 纺织科学与工程学报,2022,39(1):85-89.

[24] 张清华. 高性能化学纤维生产及应用[M]. 北京:中国纺织出版社,2018.

[25] 李年华,刘元坤,崔正浩,等. 玄武岩纤维的性能及其应用[J]. 合成纤维,2022,51(12):16-23.

[26] 郭昌盛,杨建忠,赵永旗. 连续玄武岩纤维性能及应用[J]. 高科技纤维与应用,2014,39(6):25-29.

[27] 郎海军. 玄武岩连续纤维及其复合材料的性能研究[D]. 哈尔滨:哈尔滨工业大学,2007.

[28] 刘嘉麒. 玄武岩纤维材料[M]. 北京:化学工业出版社,2021.

[29] 吕海荣,杨彩云. 玄武岩纤维在阻燃防护领域中的应用[C]//2009年中国阻燃学术年会论文集,2009.

[30] 杨成春. 玄武岩纤维复合板及其在节能建筑中的应用优势[J]. 墙材革新与建筑节能,2015(7):60-62.

第 5 章　芳　纶

凡大分子主链由芳香环和酰胺键构成，且其中至少85%的酰胺基直接键合在芳香环上，每个重复单元的酰胺基中的N原子和羰基均直接与芳香环中的C原子连接并置换其中的一个H原子的聚合物纤维，均称为芳香族聚酰胺纤维，我国定其名为芳纶。

5.1 纤维制备

5.1.1 概述

芳纶包括全芳香族聚酰胺纤维和杂环芳香族聚酰胺纤维两大类。全芳香族聚酰胺纤维中，已经实现工业化的主要是间位芳纶（Poly-m-phenylene isophthalamide，PMIA）和对位芳纶（Poly-p-phenylene terephthalamide，PPTA）。这两大类芳纶的主要区别是酰胺键与苯环上的C原子连接的位置不同，其分子结构式如图5-1所示。芳纶纤维可以采用干纺、湿纺或干喷湿纺等方法制备。

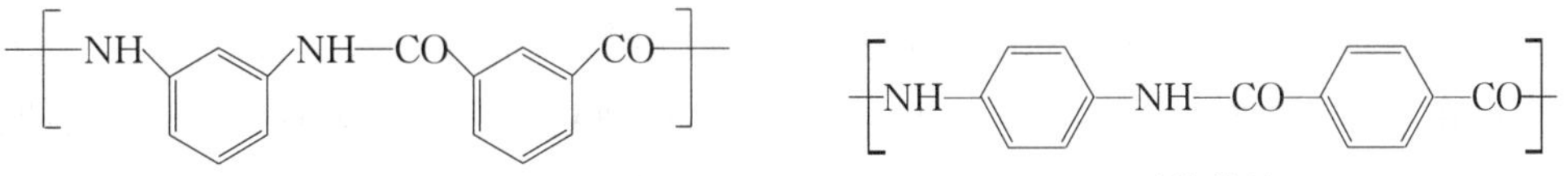

图 5-1　芳纶分子结构式

5.1.2 聚合物制备

间位芳纶以我国的芳纶1313为例，其缩聚物由间苯二甲酰氯（ICL）和间苯二胺（MPD）缩聚而成，其反应式如图5-2所示。

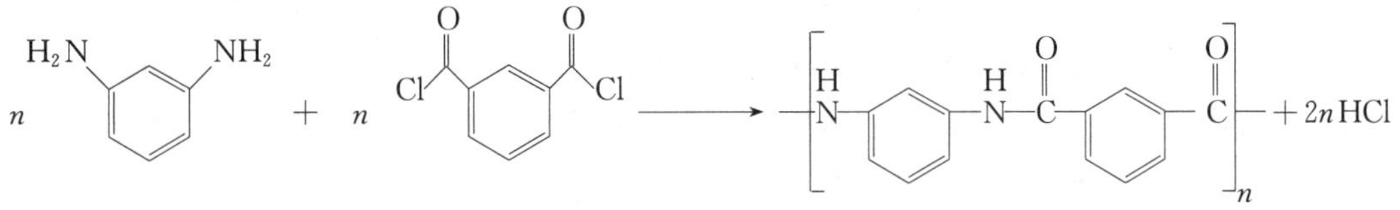

图 5-2　间位芳纶缩聚反应式

目前,据文献介绍,生产缩聚物的方法主要有以下三种:

(1)界面缩聚法。把配方量的 MPD 溶于定量的水中,再加入少量的酸吸收剂,成为水相(即 MPD 水溶液)。再将配方量的 ICL 溶于有机溶剂中,然后边强烈搅拌边把 ICL 溶液添加到 MPD 水溶液中,在水和有机相的界面上立即发生反应生成聚合物沉淀,其经过分离、洗涤干燥,便得到固体聚合物。

(2)低温溶液缩聚法。先把 MPD 溶解在 N,N-二甲基乙酰胺(DMAc)溶剂中,在搅拌下加入间苯二甲酰氯,反应在低温下进行,并逐步升温到反应结束。然后加入氢氧化钙进行中和反应生成氯化氢,使溶液成为 DMAc-$CaCl_2$ 酰胺盐溶液系统。该溶液系统经过浓度调整,可直接用于湿法纺丝。

(3)乳液缩聚法。将 ICL 溶于与水有一定相溶性的有机溶剂(如环己酮),MPD 溶于含有酸吸收剂的水中,高速搅拌,使缩聚反应在搅拌时形成的乳液体系的有机相中进行。此方法有利于热量传递。

对位芳纶,是先将对苯二胺对苯二甲酰氯通过低温溶液缩合聚合制备成聚合物,其再溶解在浓硫酸中进行液晶纺丝而制得的。对位芳纶以我国的芳纶 1414 为典型代表。

5.1.3 纺丝工艺

5.1.3.1 间位芳纶的纺丝工艺

间位芳纶可溶解于酰胺类溶剂和二甲基亚砜中。加入氯化锂和氯化钙之类的盐,可以有效提高溶解度。目前,间位芳纶常用的纺丝方法有以下几种:

(1)干法纺丝法。将界面缩聚产物重新溶解在二甲基酰胺或二甲基乙酰胺中形成溶液,其过滤后进入喷丝组件进行纺丝,得到的初生纤维因带有大量无机盐,需经多次水洗,然后在 300 ℃左右的条件下进行 4~5 倍的拉伸;或卷绕后先进入沸水浴进行拉伸、干燥,再于 300 ℃下张紧 1.1 倍。干法纺丝产品有长丝和短纤维两种。

(2)湿法纺丝法。将纺丝液温度控制在 22 ℃左右,进入密度为 1.366 g/cm^3 的含二甲基乙酰胺和 $CaCl_2$ 的凝固浴中,浴温保持 60 ℃,得到的初生纤维经水洗后,在热水浴中拉伸 2.73 倍,接着在 130 ℃下进行干燥,然后在 320 ℃的热板上再拉伸 1.45 倍而制得成品。图 5-3 所示为间位芳纶的湿法纺丝和干法纺丝工艺过程。

(3)干喷-湿纺法。干喷-湿纺工艺的主要特征是纺丝液由喷丝孔喷出后,不是立即进入凝固浴,而是先经过一小段空气层,然后进入凝固浴进行双扩散、相分离,形成初生纤维,再经过后处理,制得纤维。日本帝人公司提出的干喷-湿纺工艺使用了两个凝固浴,纺丝液出喷丝头后经过空气层,然后进入含有机溶剂的水溶液(即第一个凝固浴),再进入 $CaCl_2$ 水溶液(即第二个凝固浴),之后经过水洗、热水拉伸、干燥和干热拉伸,制得纤维。

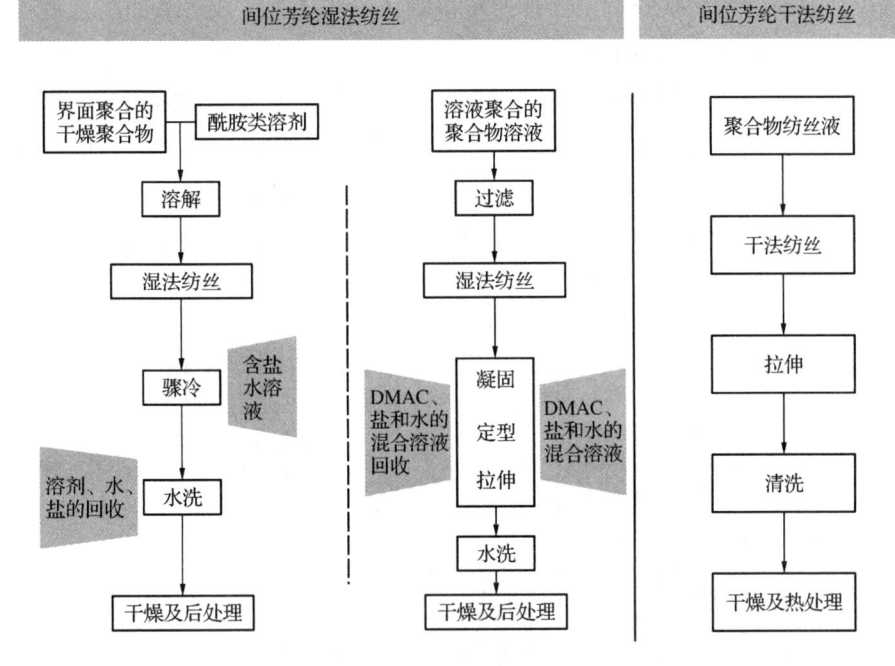

图 5-3　间位芳纶的湿法纺丝和干法纺丝工艺过程

相较于湿法纺丝,采用干喷-湿纺工艺得到的纤维,在纺丝过程中受到的拉伸倍数大,因此定向效果好,耐热性高。将一种低温无盐的有机溶剂水溶液作为凝固浴,使纺丝加工中60%的拉伸过程在低温的拉伸浴中进行,制得的纤维性能不仅可满足使用要求,同时可以降低能耗,有利于降低成本。

5.1.3.2　对位芳纶的纺丝工艺

对位芳纶可通过液晶纺丝法、直接成纤法、干喷-湿纺工艺进行制备。

(1) 液晶纺丝法。此法的工艺过程主要包含以下步骤:

① 溶解。将特性黏度为 $4.5\sim8.5$ dL/g 的 PPTA 树脂和浓度大于99%的浓硫酸,在混合筒中混合均匀作为纺丝液,其固含量为14%~24%。

② 熔融。将纺丝液加热到85℃(即纺丝温度),此时形成液晶溶液。

③ 挤出。液晶溶液经过滤,之后通过齿轮泵从喷丝口挤出。

④ 拉伸。挤出液在高度为8 mm左右的空气层中进行5~10倍的拉伸,制得液态丝条。

⑤ 凝固。液态丝条进入温度为5~20℃、含5%~20%(质量分数)硫酸的凝固浴中凝固成形。

⑥ 水洗/热处理。丝条从凝固浴中出来后经水洗,并在160~210℃条件下加热干燥。

⑦ 卷绕。干燥后的纤维在卷筒上进行卷绕,卷绕速度大于200 m/min。

(2) 直接成纤法。对位芳纶短纤维可通过直接成纤法制备,即不通过纺丝加工,将低温溶液缩聚后获得的树脂凝胶直接处理便可得到短纤维。直接成纤法的工艺过程主要包括：①低温溶液缩聚；②沉析成纤；③水洗；④烘干。

（3）干喷-湿纺工艺。早期对位芳纶的制备是将包含酰胺和盐的溶液溶解形成纺丝液，然后利用常规湿纺工艺进行纺丝而完成的。然而，聚合物在这类纺丝液中的含量较低，最终制得的纤维虽然具有较高的模量，但强度很低。之后，通过技术改进，采用干喷-湿纺工艺，使聚合物溶液在进入凝固浴之前受到拉伸，达到较高的拉伸比。对位芳纶的干喷-湿纺工艺过程如图 5-4 所示。

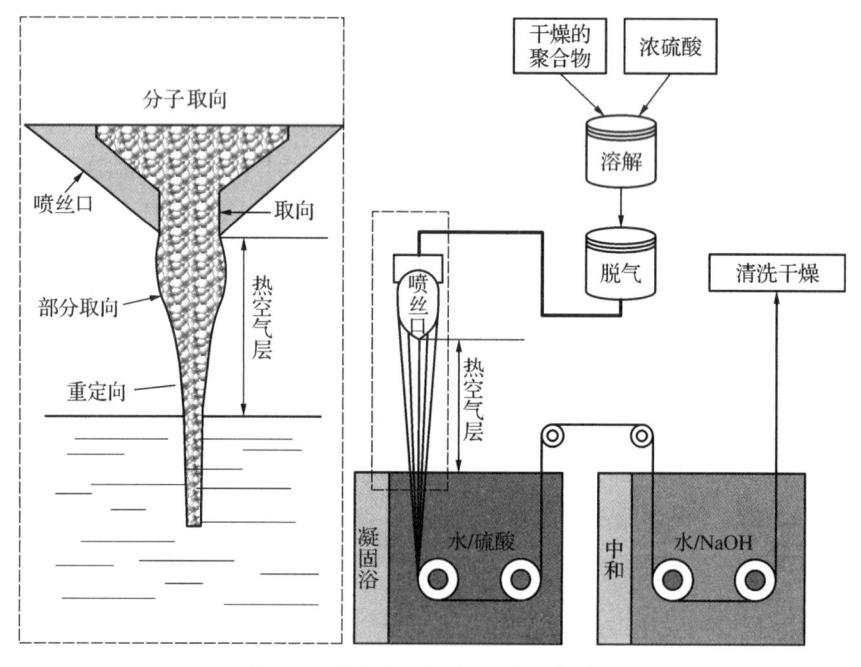

图 5-4 对位芳纶干喷-湿纺工艺过程

在该工艺过程中，干燥的聚合物溶解在浓硫酸中形成各向异性溶液，溶液经脱气后从喷丝口挤出，先通过高度大约为 1 cm 的热空气层形成初生纤维，再进入 0～4 ℃冷水浴中除去酸，清洗后的纤维被缠绕在滚筒上进行干燥。通过改变纺丝工艺条件，比如采用不同的溶剂、添加剂和热处理工艺参数，可以对纤维性能进行调控。

5.2 纤维结构

5.2.1 概述

从纤维结构角度来讲，芳纶是由酰胺键互相连接芳香环而构成的线型高分子聚合物。下文主要围绕聚间苯二甲酰间苯二胺(PMIA)及聚对苯二甲酰对苯二胺(PPTA)两种常用芳纶的结构进行阐述。

5.2.2 化学结构

(1) 间位芳纶,即聚间苯二甲酰间苯二胺(PMIA),我国称其为芳纶1313。间位芳纶是有机耐高温纤维中发展最快的品种,纤维分子由酰胺基团相互连接间位苯基构成,分子链呈线性锯齿状,分子结构式如图5-5所示。由于分子间具有较强的氢键作用,芳纶1313具有优异的阻燃性、热稳定性、耐辐射性等。

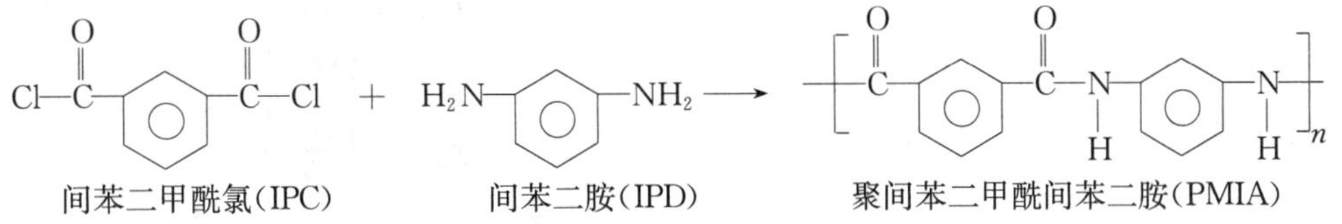

图5-5 间位芳纶分子结构式

(2) 对位芳纶,即聚对苯二甲酰对苯二胺(PPTA),我国称其为芳纶1414,其结构式如图5-6所示。对位芳纶是世界上首例采用高分子液晶纺丝液制得的纤维,开创了高性能合成纤维的新时代。

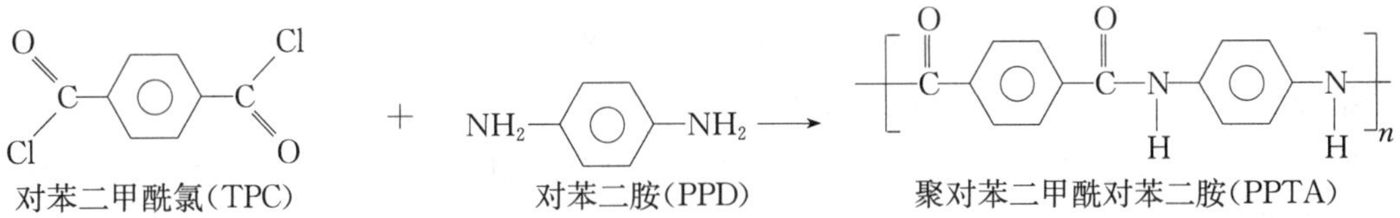

图5-6 对位芳纶分子结构式

5.2.3 超分子结构

(1) 间位芳纶。特殊的聚合纺丝方法造就了间位芳纶特殊的结构。间位芳纶因受纺丝工艺影响,纤维具有不同厚度的皮芯结构,皮层结构相对松散,结晶度低,芯层结构较为致密,包括次晶结构和微纤结构等不同形态的超分子结构。

PMIA纤维芯层的柱状微晶是沿纤维轴向排列,大分子的纵向取向也近乎与纤维轴向平行,横向是与氢键片层平行并呈辐射状。部分研究者认为间位芳纶的这种纤维结构是因为在纺丝过程中,纤维经过凝固浴时,纤维的表层最先凝固成形,中心层随着应力降低而出现松弛,从而导致结晶过程中形成周期性皱褶,每个皱褶的长度约为250~400 nm,相邻皱褶间角度约为170°。因此,间位芳纶在轴向以分子内共价键连接,在横向以分子间氢键连接,氢键键能远低于共价键,因而间位芳纶在纵向及横向的力学性能不同,横向的强度低,纵向的强度高。当纤维受纵向拉力时,纤维断面会有劈裂现象,当纤维受横向拉力时,纤维断面会有分层现象。

（2）对位芳纶。对位芳纶具有明显的多重宏观与微观组成的次级结构，包括原纤结构、皮芯结构、褶皱结构、链端缺陷结构和形变缺陷结构。

① 原纤结构（Fibrillar structure）。Panar 等人与 Roger 等人认为 PPTA 纤维由多重原纤结构组成，原纤的直径约为 600 nm，长度达微米级，纤维轴向缺陷区域尺度约为 35 nm，并且沿着纤维长度方向产生一定的取向。朱才镇等人利用 2DSAXS 验证了 PPTA 纤维中存在微孔和微纤：微纤长度约为 100 nm，直径约为 20 nm；微孔长度约 15 nm，直径约为 4 nm。另外，由于 PPTA 分子链呈刚性及其分子间氢键作用，PPTA 分子链容易排列成片层结构，片层之间堆积形成类晶体结构，如图 5-7 所示。杨斌提出芳纶的原纤结构实质上是由于纤维轴向与径向的化学键合方式与取向不同而产生的纤维纵横向强度的差异，纤维径向主要为范德华力与分子间氢键，使得更细微的微纤维、原纤维在摩擦作用下沿着纤维轴向产生剥离。

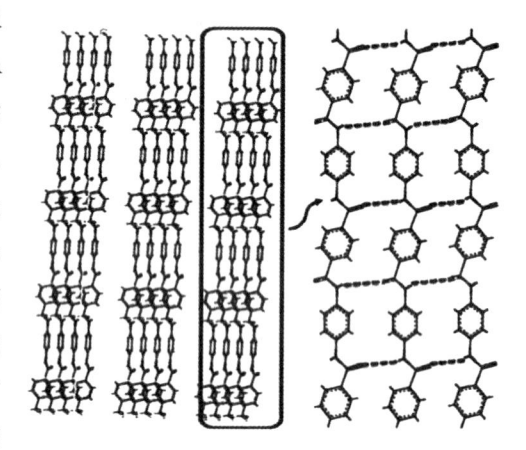

图 5-7　PPTA 纤维内氢键及片层结构

② 皮芯层结构（Skin-core structure）。皮芯结构是湿法纺丝制备纤维的典型结构，纤维表面在纺丝过程中快速冷却形成致密的皮层，传质传热受阻后形成具有一定缺陷的芯层。Langueranda 和 Graham 等人关于 PPTA 纤维的研究中指出，PPTA 纤维在纺丝凝固阶段，由于形成的纤维皮层最先接触到凝固浴并快速冷凝，皮层产生的取向迅速冻结；而此时芯层仍处于黏流状态，纺丝张力主要作用于纺丝线表面的冻胶层，从而使得表层的纤维均匀地沿着轴向排列，而芯层的纤维排列规整性较弱，呈现一定的解取向，由此产生了皮芯层结构，皮层的厚度在 $0.1\sim1~\mu m$。PPTA 纤维的皮层与芯层的取向结构具有显著的差异，高模量 PPTA 纤维的皮层、芯层取向度基本一致，而低模量 PPTA 纤维的芯层取向度低于皮层取向度。

③ 褶皱结构（Pleated sheet structure）。Dobb 等人认为 PPTA 纤维在凝固浴处理过程中，沿着纤维轴向产生了规则排列的褶皱层结构，褶裥层间夹角约为 170°。芳纶的褶皱层结构赋予纤维固有的弹性模量与伸长率。

④ 链端缺陷结构（Chain-end defect）。PPTA 分子链的链端在纤维皮层结构中基本上是随机排列的，但它们在纤维芯层逐渐聚集，沿着纤维轴向形成间隔约 220 nm 的横向平面结构。在 PPTA 纤维皮层与芯层结构中，沿着纤维轴向的分子链的链端浓度与分布会很大程度地影响纤维的形变、失效与纤维本体的强度。此外，链端缺陷结构可能会导致分子链发生断裂行为，有利于实现 PPTA 侧链的功能化。

⑤ 形变缺陷结构（Deformation defect）。PPTA 分子链结构及分子间氢键如图 5-8

所示，由于分子链之间氢键的断裂，很容易沿着纤维轴向发生裂纹扩展。纤维皮层与芯层中分子链取向与排列的差异决定了不同的裂纹扩展路径。当PPTA纤维产生形变与失效时，纤维皮层呈现出更加连续的结构完整性，而芯层由于链端缺陷的存在更容易受到横向裂纹扩展的破坏。

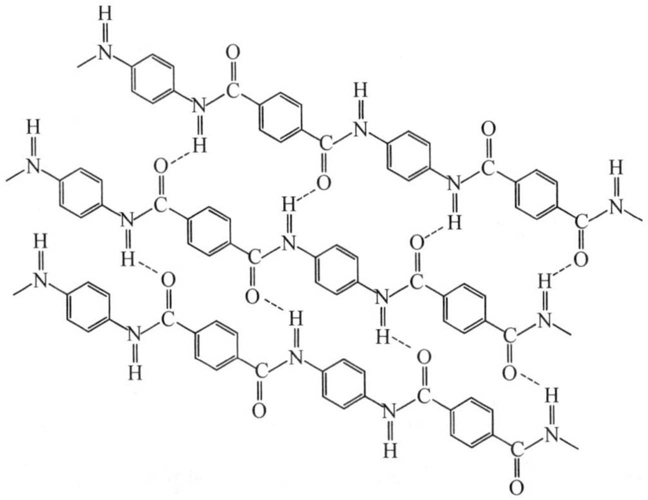

图 5-8　PPTA的高分子链结构及分子间氢键

对位芳纶高度伸直的刚性链构象、高结晶度与高取向度、强的分子间氢键、高度有序的微纤结构与较低程度的结构缺陷，赋予其高强度、高模量、耐高温、抗腐蚀等优异性能。

5.3　纤维性能

5.3.1　概述

芳纶具有高强度、高模量、高韧性、耐高温和密度低等特性，以及良好的抗冲击性、化学稳定性、阻燃性和绝缘性。它作为一种性能优异的增强纤维，在高性能复合材料中的用量仅次于碳纤维。间位芳纶具有比较优异的阻燃、绝缘、化学稳定性和耐高温性能，还具有超高强度、高模量和超长生命周期，主要应用于高温防护、电器器件等领域。对位芳纶具有较高的强度和模量，其密度低、绝缘性好、热稳定性强、化学性质稳定，广泛应用于防护服、防弹、装甲、体育制品及增强橡胶、塑料制品，是应用广泛的增强材料。

5.3.2　物理特性

5.3.2.1　力学性能

间位芳纶不熔融，直接炭化分解。间位芳纶大分子中的酰胺基团以间位苯基连接，其共价键没有共轭效应,内旋转位能较对位芳纶低一些,大分子链呈柔性结构,因此有超高的强度和模量。间位芳纶的强度及模量和通常的涤纶、锦纶相当,断裂强度为3.5~6.1 cN/dtex,断裂伸长率在22%~45%,如表5-1所示。间位芳纶具有一般纺织纤维的机械加工特性,其长丝可以采用普通的长丝织造设备加工成多种纯纺织物和混纺织物,其短纤可以使用一般毛棉纺织设备加工成多种织物和无纺布。

表5-1 间位芳纶和几种常用纤维的物理力学性能比较

指标	间位芳纶	锦纶	涤纶	棉纤维
断裂强度/(cN·dtex^{-1})	3.5~6.1	3.96~6.60	4.14~5.72	2.64~4.31
模量/(cN·dtex^{-1})	53.4~124.2	8.80~26.4	22.0~61.6	61.6~79.2
断裂伸长率/%	22~45	25~60	20~50	6~10
密度/(g·cm^{-3})	1.38	1.14	1.38	1.54
LOI/%	29~32	20~22	20~22	19~21
炭化温度/℃	400~420	250(融化)	255(熔化)	140~150

芳纶为轴向伸展的聚合物,分子链的构象给予纤维高的纵向弹性模量,苯环与酰胺基团的共轭效应决定了对位芳纶高强度、高模量的优异性能,其密度仅是钢丝的1/5,但拉伸强度是钢丝的5~6倍。芳纶横向以氢键结合,氢键使酰胺基具有稳定性,但它比纤维轴向的共价键弱得多。因此,芳纶的纵向强度较高,而横向强度较低。对位芳纶的力学性能,以美国杜邦公司的Kevlar®纤维为例,列于表5-2。

表5-2 对位芳纶的力学性能

品种	Kevlar®						
	29	49	69	100	119	129	149
特征	标准型	高模量	高模量	有色丝	高伸长型	高强度	超高模量
拉伸强度/(cN·dtex^{-1})	20.3	19.6	20.6	18.8	21.2	23.4	15.9
模量/(cN·dtex^{-1})	499	750	688	419	380	671	989
环扣强度/(cN·dtex^{-1})	9.9	9.2	9.9	9.6	10.6	—	5.5
断裂伸长率/%	3.6	2.4	2.9	3.9	4.4	3.3	1.5
标准回潮率/%	7.6	4.5	6.5	7.0	7.0	6.5	1.5
密度/(g·cm^{-3})	1.44	1.45	1.44	1.44	1.44	1.44	1.47

5.3.2.2 耐热性与热稳定性

芳纶的热稳定性能是由其特殊的化学结构决定的,分子主链上刚性的芳香环与酰胺基团形成共轭相互作用,从而提高了纤维的热稳定性,并且不受纤维使用时间和洗涤次数的影响。

间位芳纶最重要的特性是它的耐热性。间位芳纶具有优越的耐热性能,其玻璃化转变温度约在 270 ℃(涤纶的玻璃化转变温度为 80~90 ℃),热分解温度在 400~430 ℃。200 ℃时,20 000 h 的强度保持率为 90%;260 ℃时,1000 h 的强度保持率 65%~70%。聚间苯二甲酰间苯二胺是排列规整的锯齿型大分子,其突出的特点是优异的耐高温性,它在熔融前已经分解,玻璃化温度约为 270 ℃,在 260 ℃温度下连续使用 1000 h,能保持原强度的 65%;在 350 ℃以下,不会发生明显的分解和炭化;在 300 ℃高温下使用一周,能保持原强度的 50%;当温度超过 400 ℃时,纤维逐渐发脆、炭化直至分解,但是不会产生熔滴。

与间位芳纶相比,对位芳纶具有更好的耐高温性。与其他合成纤维相比,比如聚丙烯腈(PAN)纤维、聚酯(PET)纤维、间位芳纶(如 Nomex® 纤维),对位芳纶表现出更优异的热稳定性,其在氮气氛围下的热分解温度高达 540 ℃以上,且没有明显的玻璃化转变温度;在 200 ℃下,强力几乎保持不变;即使升高至一定的温度,也不会发生熔融而直接炭化分解。对位芳纶的热收缩能力很小,有自熄性,极限氧指数为 28%~30%。对位芳纶燃烧时产生的有害气体很少,其和几种常规纤维燃烧时产生的有害气体量比较列于表 5-3。

表 5-3 对位芳纶和几种常规纤维燃烧时产生的有害气体量比较

纤维类别	气体					发烟系数(CA)
	CO	CO_2	NH_3	HCN	H_2S	
对位芳纶	536	370	0	0	0	6
涤纶	1166	510	0	0	0	18
锦纶	1030	135	12	0	0	27
腈纶	1633	0	499	250	0	70
羊毛	1000	1500	600	130	480	—

对位芳纶在 160 ℃条件下能长期使用,其强度无明显损失,在短时间内(几分钟)能承受 300 ℃的高温,在极冷环境中(−196 ℃)也不会发生脆化或降解,表现出优异的耐高、低温性。在 150~250 ℃条件下,热膨胀系数为非常小的负值。

5.3.2.3 耐紫外线性

间位芳纶对日光的稳定性较差。由于纤维大分子链上的酰胺键在紫外光的作用下会发生断链形成发色基团,因此纤维物理力学性能会变差。将间位芳纶长时间暴露在紫外线下,会使纤维从白色或近似白色的原色变成深青铜色,有色纤维也会褪色或变色。

在吸收光谱中,对位芳纶在紫外线区间约 250 nm 处有一个强的吸收峰,低而宽的吸收峰集中在 330 nm 周围,这造成对位芳纶使用上的缺陷。芳纶不仅需防止紫外线照射,而且不可暴露于阳光中。对位芳纶在空气中吸收来自太阳光的波长在 300~400 nm 的辐射,导致其强度严重下降。

5.3.2.4 电绝缘性

间位芳纶介电常数较低,使其在各种环境条件下都能保持高的电气绝缘强度。用间位芳纶制备的绝缘纸耐击穿电压可达到 100 kV/mm,被广泛应用于绝缘材料的制造。

对位芳纶纤维不导电,对位芳纶的结构决定了其低介电常数,在常温、高温下的绝缘性能均十分优异,常用来制备高绝缘功能材料。

5.3.2.5 耐辐射性

间位芳纶耐 β、α 和 X 射线的辐射性能十分优异。例如以 50 kV 的 X 射线辐射 100 h,其强度保持原来的 73%,而此时涤纶和锦纶已变成粉末。

5.3.2.6 染色性

间位芳纶由于自身分子结构的规整性,且具有较高的结晶度、取向度和玻璃化转变温度,染料分子不易进入,因此其染色性能较差,特别是深色的染色牢度差。对于高结晶度的湿法纺丝纤维,此问题尤为突出。芳纶织物载体染色可以改善其染色困难并节约能源。

5.3.2.7 高阻燃性

间位芳纶具有较好的阻燃性,极限氧指数为 29%~32%,在火焰中不会延燃,也不助燃,离开火焰后具有自熄性。因此,有"防火纤维"之美称。

5.3.2.8 蠕变性

在低应力水平下,芳纶表现出非线性黏弹性,蠕变应变可达到 10^{-4} 数量级。这一现象是由于分子内键长和键角的变化引起立即的、完全可回复的变形。与其他纤维相比,对位芳纶的蠕变性低,接近钢的蠕变性。

5.3.2.9 耐疲劳性

对位芳纶的结晶构造存在氢键,横向作用力弱,片晶之间容易滑移,所以纤维弯曲压缩性能较差,对纤维弯曲加压后,纤维上能观察到倾斜的扭折褶带,纤维强度降低,耐疲劳问题较突出。长时间的周期性载荷往往会引起纤维疲劳和强度下降,这对产业用纺织品的影响较大。选择纤维/橡胶复合材料为试样,进行弯曲、拉伸、压缩及剪切的疲劳试验,然后测定帘子线的强力保持率,结果显示,锦纶帘子线为 100%,而芳纶帘子线为 70%~78%,芳纶/锦纶复合帘子线为 85%,显然芳纶帘子线的耐疲劳性能较差,但其耐疲劳性也在钢丝帘子线之上,生命周期长,因而赢得"合成钢丝"的美誉。

5.3.3 化学特性

间位芳纶是由酰胺桥键互相连接的芳基构成的线型大分子。其晶体中,氢键在两个平面内排列,形成氢键的三维结构。由于氢键作用较强,间位芳纶结构稳定,具有优异的耐化学腐蚀性,能耐大多数酸的作用,只有长时间和盐酸、硝酸或硫酸接触,纤维强度才有所降低。间位芳纶对碱的稳定性亦好,但是不能与氢氧化钠等强碱长期接触,在高温强碱中也容易分解。此外,它对漂白剂、还原剂、有机溶剂等的稳定性也很好。

对位芳纶具有良好的耐化学药品性能,但不耐强酸、强碱,在高温下,纤维强度下降非常大,而大部分有机溶剂对它的强度几乎无影响。不同温度下对位芳纶的耐化学药品性能列于表 5-4。

表 5-4 不同温度下对位芳纶的耐化学药品性能

指标		质量分数/%	温度/℃	时间/h	强度保持率/%		
					Kevlar-29	Kevlar-49	共聚对位芳纶
化学药品	硫酸	20	95	20	13	50	99
				100	2	29	93
	苛性碱	10	95	20	15	38	93
				100	4	18	75
	甘油	100	95	300	96	92	94
耐热性		—	200(干热)	100	75	75	100
				1000			75
			120(饱和蒸汽)	400	20	—	100

5.3.4 其他特性

在相同质量下,芳纶比玻璃纤维和石棉具有更好的热绝缘性。另外,芳纶有较好的纺织加工性和突出的吸振性,而且它的尺寸稳定性比任何有机纤维都高,还具有低密度、耐磨、质量轻、耐冲击、低膨胀、低导热等突出性能。

间位芳纶由于构成纤维的单分子具有特殊芳香环空间结构,亲水性官能团少,因此吸湿性较差,在 21℃、相对湿度 65% 时,间位芳纶织物的回潮率为 5%~5.5%。此外,间位芳纶制备的织物具有尺寸稳定性良好、手感和舒适性好等特点。

对位芳纶由于纤维表面活性基团较少,其结晶度高,表面光滑,与树脂、橡胶等基体的界面黏合性能较差,且溶解性不够好。

5.4 纤维应用

5.4.1 概述

全芳香族聚酰胺纤维中已经实现工业化的纤维,主要是对位芳纶和间位芳纶,其产业链条如图 5-9 所示。

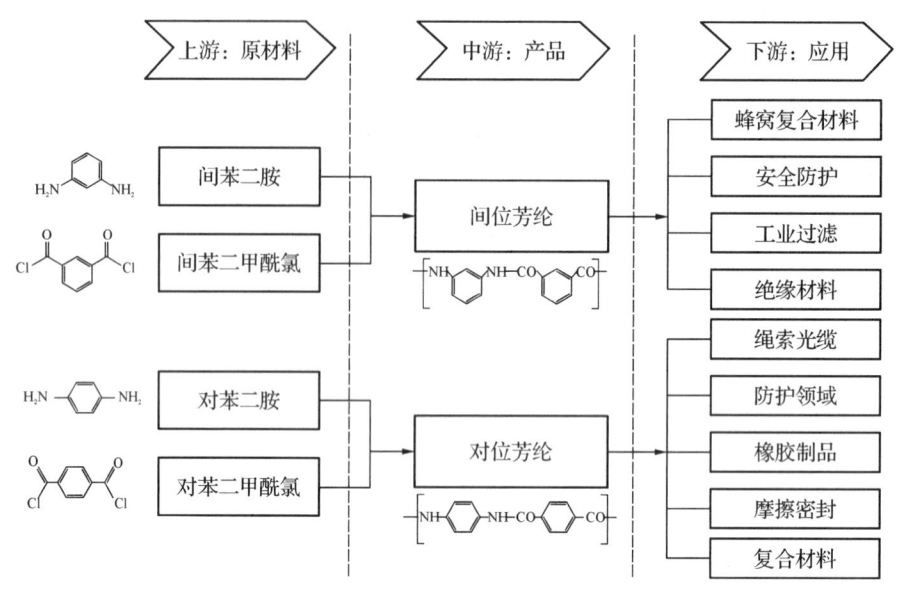

图 5-9 芳纶产业链条

芳纶生产主要集中在美国、欧洲和亚洲地区,美国杜邦公司 1967 年实现间位芳纶工业化生产,1972 年实现对位芳纶产业化,同年日本帝人公司实现间位芳纶的工业化,两家公司率先在全球实现芳纶量产,拥有显著的技术和产能优势。我国芳纶的生产和商业化均起步较晚,20 世纪 70 年代我国开始芳纶的研究工作,2004 年泰和新材实现了间位芳纶产业化生产,2011 年泰和新材在国内率先实现对位芳纶商业化运营。

芳纶性能优异,是材料界重要的高科技材料,有着"全能纤维"的称号,芳纶纤维及其制品得到广泛应用,主要得力于其高强度、高模量、耐高温等特性。芳纶复合材料最初用于火箭发动机壳体、航空气瓶、航空结构件及军用产品,随着芳纶生产技术的成熟化,成本的降低,其应用逐渐从航空航天、军用领域扩展到民用领域。

间位芳纶鉴于其优异的阻燃、耐高温、绝缘和化学稳定性等,被广泛应用于航空航天、高速列车、消防服、作训服、耐热工装、大气环保、工业耐温材料、汽车胶管、高级音响弹波、电气绝缘等领域。间位芳纶的全球需求领域及占比主要为:电气绝缘纸领域约占 34%,安全防护领域约占 29%,高温过滤材料领域约占 20%,电气设备领域约占 11% 和橡胶增强领域约占 6% 等。我国间位芳纶主要应用于相对低端的高温过滤材料领域约占 63%,其次是安全防护领域约占 26%,绝缘纸领域约占 5%。

对位芳纶具有高强度、高模量的优异性能(强度≥20 cN/dtex,模量≥700 cN/dtex),其密度仅是钢丝的 1/5,但拉伸强度却是钢丝的 5~6 倍,同时对位芳纶具有优异的耐磨性、耐切割性和防弹性能。对位芳纶的各项优异性能使其主要应用于防弹、光缆、绳缆、体育用品、汽车等领域。全球对位芳纶市场中,约 30% 的产品应用在车用防摩擦以及安全防护领域,其次主要应用于轮胎、光纤增强、橡胶等领域。国内厂商对位芳纶的突破时间相对较晚,多数国内厂家布局的产品品质与海外龙头企业之间仍有差距,因而国内芳纶企业主要集中于中低端产品的布局,而国内的中高端应用仍以采购海外龙头企业的产品为主。目前,国内光纤增强领域,对位芳纶的需求占下游总需求的40%;其次是安全防护,占比约30%。

5.4.2 安全防护领域

间位芳纶具有优异的热性能和热湿舒适性,与对位芳纶相比,手感较好,阻燃的同时不会产生熔化、滴落的现象,具有较好的阻燃性,极限氧指数为29%~32%,综合性能极佳。因此,芳纶织物常用于制备工业、军事、消防、汽车赛车等领域的隔热阻燃防护服。阻燃隔热防护材料往往通过隔热、反射、吸收热能,或者材料自身发生炭化隔离热量等方式,来实现阻隔火焰的目的。防火服通常是由多种材料混纺或者多层织物制成的特殊面料,以同时达到阻燃隔热、防止体液蒸发等作用。间位芳纶尽管具有较高的玻璃化转变温度和熔点,但在火焰中纤维会发生收缩,从而造成织物的紧密程度降低,纱线之间空隙过大,影响阻隔性能,可以通过将其与对位芳纶或其他纤维共纺来减少这种情况的发生。

对位芳纶在军事领域主要用于制作防弹衣、防爆毯、头盔、装甲防爆内衬垫等,有硬式结构和软式结构,具有良好的抗冲击、耐腐蚀和抗疲劳性能,被誉为"防弹纤维"。目前,国产 Taparan®629T 高强型对位芳纶已经成功应用于弹道防护领域,实现了国产对位芳纶防弹衣在国内军队上批量装备,并少量出口国外。国产对位芳纶搜排爆服头盔通过打靶测试,达到国军标 GJB 5115A—2012 规定的Ⅱ级标准(V_{50}>610 m/s),并批量生产。国产对位芳纶武警头盔实现批量应用,在朱日和沙场阅兵中,武警特警方队首次装备完全由国产 Taparan®629T 对位芳纶材料制备的新型防弹头盔进行阅兵展示,防弹头盔核心防护性能评价 V_{50} 达到 680 m/s,其防弹性能优异,远远超过现役 03 式头盔的 610 m/s 的防护要求。

对位芳纶还具有优良的耐切割性、耐热性和耐磨性,在工业上可以作为防护服装。对位芳纶制成的手套可以防止在工业操作过程中切割、摩擦、高温和火焰对人体造成伤害。将芳纶织物与防刺材料(如金属、树脂等)复合,可制备既耐切割又防刺穿的防割、防刺手套。对位芳纶/金属复合织物与防割、防刺手套的截面如图5-10所示。

(a) 对位芳纶/金属复合织物

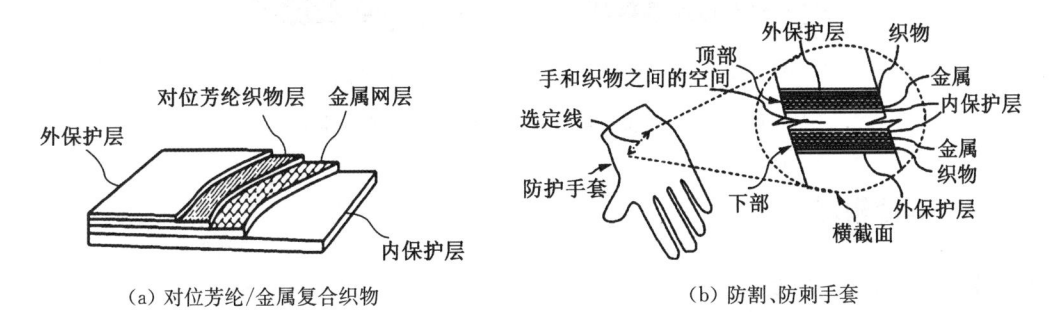

(b) 防割、防刺手套

图 5-10 对位芳纶/金属复合织物与防割、防刺手套截面

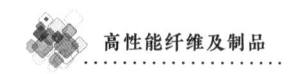

5.4.3 复合材料领域

芳纶常用作复合材料增强体，也可以与碳纤维、玻璃纤维混编使用。复合材料需要考虑在较低的质量下有较好的性价比。玻璃纤维因其低廉的成本成为应用广泛的增强纤维。碳纤维具有更高的强度和模量及较低的伸长率，但是制备成本较高。芳纶结合了碳纤维和玻璃纤维的优势，同时具有高强度、高模量、低密度的特征，用在增强材料中可大幅提高材料的耐冲击性。目前，对位芳纶增强复合材料已在航空航天部件、汽车零部件、船舶、运动产品和压力容器等领域广泛应用。对位芳纶增强船体可大幅减轻船身质量，还能提供比玻璃纤维复合材料更高的撕裂强度和抗穿刺性。由碳纤维和芳纶混编增强复合材料制备的钓鱼杆兼有单向碳纤维提供的纵向刚度和芳纶提供的横向刚度，质量轻，而且结构稳定、性能好。芳纶增强的管材可用于石油、天然气管道，替代原有的钢制管道，避免腐蚀引起的泄漏；管道质量的降低也简化了运输安装过程。

芳纶浆粕是一种高度原纤化的纤维，具有较高的比表面积和独特的高抗拉强度及低密度，可以作为特殊的增强材料分散到树脂、橡胶等不同基体中。目前，在制造制动器衬片和离合器面片的耐磨增强材料中，芳纶浆粕已成为新型有机材料的首选。对位芳纶浆粕具有高抓附能力，可提高摩擦材料的"生强度"。芳纶浆粕增强刹车片在成坯时能提高预坯的强度，在刹车片硫化之前能有效提高加工工艺性。芳纶浆粕增强摩擦材料可有效提高摩擦材料的使用寿命，降低刹车鼓或盘的磨损及制动过程中的噪声。芳纶浆粕还有极高的化学稳定性和热稳定性，由芳纶浆粕增强的密封垫片具有优良的强度和耐磨性。

小型化、轻量化和高效化是现代机械传动的发展方向，随着带传动的应用越来越广泛，对带传动的要求也越来越高。芳纶帘子线保证所需的抗张强度，芳纶本身的高模量可以保证垂直于帘子线方向的刚性要求，皮带与带轮之间的摩擦性能通过提高纵向柔性得以改善；另外，与几种常用骨架材料相比，芳纶的滞后损耗低，且高温下能很好地保持性能。因此，芳纶因其优异的综合性能成为高性能输送带的理想骨架材料。对位芳纶在输送带增强中的织物形式如图5-11所示。

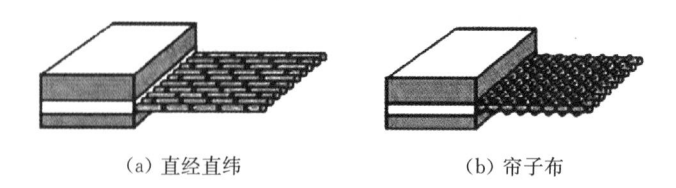

(a) 直经直纬　　　　　　(b) 帘子布

图5-11 对位芳纶在输送带增强中的织物形式

5.4.4 其他领域

5.4.4.1 电子电气领域

对位芳纶因其优异的化学稳定性被广泛应用于电子电气材料中，如制作天线结构件、特种印刷电路基板、芳纶绝缘纸、光纤等,它可以为线缆提供有效的结构支撑,保护内部导线,提高线缆整体的抗拉强度和抗弯折性能。国产 Taparan®539 高模型对位芳纶长丝已成功应用于电缆、光缆的生产,产品各项指标均达到国外同类产品水平,进入批量应用阶段。利用芳纶介电系数低及电磁波透过率好的特点,可制作雷达天线防护罩,再加上芳纶的密度低,将其加入后,复合材料的整体厚度降低 30%,电磁波透过率提高 10%;结合芳纶线膨胀系数低的优势可与陶瓷匹配,将芳纶与环氧、酚醛、聚酰亚胺等树脂复合制成层压基板,抗热胀冷缩效果较好。

5.4.4.2 绝缘纸领域

间位芳纶蜂窝纸是采用间位芳纶短切纤维和间位芳纶沉析纤维为原材料,通过造纸湿法成形技术抄造,再经高温辊压而成的特种纸,具有良好的热稳定性、阻燃性、抗张强度、抗撕裂性和无毒等优点。用间位芳纶蜂窝纸制备的间位芳纶蜂窝材料,具有质轻、刚性较大、阻燃、绝缘、隔声、隔热等优异特点,广泛应用于国防军工、航空航天、轨道交通和船舶等高端装备领域,是重要的减重材料。芳纶蜂窝纸芯材在航空航天领域的部分应用如图 5-12 所示。在电工绝缘领域,芳纶蜂窝纸用作变压器中线圈、电动机和发电机中线圈绕组、电缆和导线绝缘、核动力设备的绝缘材料等。

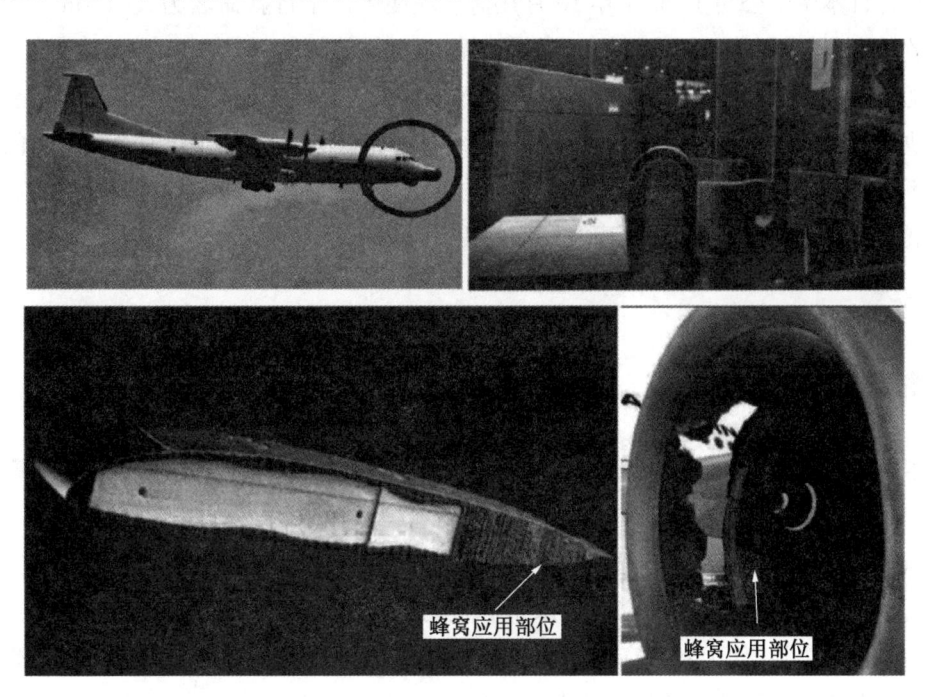

图 5-12 芳纶蜂窝纸芯材在航空航天领域的部分应用

间位芳纶沉析纤维是由间位芳纶树脂溶液在高剪切作用下,以细流的形式注入沉析液中析出而得到的颗粒物,一般呈膜状或纤条状,具有优良的力学性能、化学稳定性、阻燃性及突出的耐高温性和绝缘性能。间位芳纶沉析纤维作为高性能纸基材料的关键原材料,在间位芳纶纸中起着填充短切纤维和黏结作用,其质量分数通常在50%以上,它的结构和性能对纸页成形、纸张品质至关重要。作为黏结纤维,在聚酰亚胺短切纤维中添加少量的间位芳纶沉析纤维,可提高聚酰亚胺纸的强度、可抄造性,减少抄造时的断纸现象;在云母中加入间位芳纶沉析纤维,可增强云母纸的力学性能,提高生产效率。

5.4.4.3 高温过滤领域

间位芳纶热稳定性好,高温下难老化,可在220℃工况下长期使用,耐磨、耐碱性良好耐酸性稍逊。用间位芳纶制成的各种滤材已广泛用于化工厂、电厂、水泥厂、石灰厂、炼焦厂、以及电弧炉、油锅炉、焚化炉等高温烟道和热空气过滤,抵抗有害烟雾的化学腐蚀,不仅有效除尘还可回收贵重金属。

5.4.4.4 染色芳纶

由于芳纶结构规整、玻璃化转变温度高,染色较困难,限制了其在纺织和复合材料领域的应用。目前对位芳纶主要通过特殊的染色方法进行染色,如载体染色法、等离子体处理、超声波技术和接枝改性等技术。通过上述方法进行染色的对位芳纶存在力学性能差、色牢度低等缺点。随着国防和工业的快速发展,对对位芳纶原液着色纤维的需求日益增长。日本帝人公司于2011年10月在荷兰埃曼生产了首款命名为Twaron Black的全黑芳纶,产品主要用于帆布、消防员服装、绳索、电缆等领域。

随着国民经济的快速发展,芳纶的应用逐步扩大,需求量与日俱增,我国芳纶行业进入了快速发展阶段,但是能够规模化生产芳纶的厂商仅集中在少数几家企业,芳纶的需求得不到满足,很大部分还依靠进口,尤其是对位芳纶。大力发展芳纶,确保国内需求,是发展高性能材料满足国防、军事及民用的重要手段。

5.5 芳砜纶

芳砜纶(Polysulfonamidefibre,PSA)是我国具有自主知识产权的科研成果和高技术纤维产品,属于对位芳纶系列,学名为聚苯砜对苯二甲酰胺纤维。它是一种高分子主链含有砜基(—SO_2—)的芳香族聚酰胺纤维,属于芳香族有机耐高温材料,类似的纤维只有少数发达国家才能生产,是国家科技水平和实力的象征。据悉,作为我国具有独立知识产权的原创性项目,作为制造高性能防护材料和结构材料的基础原料,芳砜纶已被列为我国耐高温产业领域的一项核心技术。

芳砜纶由对苯二甲酰氯和$4'$,4-二氨基二苯砜及$3'$,3-二氨基二苯砜为主要原料聚合制成成纤聚合物后,按3∶1∶4的比例溶解于二甲基乙酰胺中,再经湿纺工艺和干纺工艺加工而成。它的成纤高聚物是由酰胺基和砜基相互连接对位苯基和间位苯基所构成的线型大分子。由于芳砜纶大分子主链上存在强吸电子的砜基,通过苯环的双键共轭作用,芳砜纶具有十分优异的耐热稳定性。芳砜纶在 250 ℃和 300 ℃时的强度保持率分别为 70%、50%,比芳纶 1313 高 5%～10%。

芳砜纶的主要应用有防护制品如消防服、防辐射工作服及化学防护服等,如图 5-13 所示。芳砜纶在常用的高温高压条件下即可染色,十分适合在防护服领域应用。芳砜纶也可以用于制作过滤材料,尤其适用于制作耐高温滤料。由于芳砜纶具有良好的电绝缘性,它也非常适合用作电绝缘材料。由芳砜纶纸浸酚醛树脂制成的蜂窝材料,在航天航空结构、船舶制造中具有广泛的应用领域。

图 5-13 芳砜纶在防护领域的应用

参考文献

[1] 孔海娟,张蕊,周建军,等. 芳纶纤维的研究现状与进展[J]. 中国材料进展,2013,32(11):676-684.

[2] 邹振高,王西亭,施楣梧. 芳纶 1313 纤维技术现状与进展[J]. 纺织导报,2006(6):49-52+94.

[3] 崔晓静,孙潜,张华川,等. 中国芳纶 1414 纤维及其复合材料的发展[J]. 塑料工业,2017,45(9):12-14+23.

[4] 王丽丽,陈蕾,胡盼盼,等. 芳纶 1313 纤维的研制[J]. 上海纺织科技,2005(1):12-14+21.

[5] 宋欢. 间位芳纶树酯合成及纺丝[D]. 长沙:国防科学技术大学,2016.

[6] 李明专,王君,鲁圣军,等. 芳纶纤维的研究现状及功能化应用进展[J]. 高分子通报,2018(1):58-69.

[7] Shimada K, Aoki A, Mera H, et al. Process for preparing wholly aromatic polyamide shaped articles: US19800201701[P].

[8] Krasnov E P, Lavrov B B, Zakharov V S, et al. Orientation and structurization of poly-m-phenyleneisophthalamide fibre [J]. Fibre Chemistry, 1972, 3(1):66-69.

[9] 盛丹. 间位芳纶纤维表面结构调控及其颜色构建[D]. 无锡:江南大学,2020.

[10] 邱召明,刘晓丽,王忠伟,等. 对位芳纶在复合材料领域的应用[J]. 高科技纤维与应用,2016,41

(6):31-34.

[11] Panar M, Avakian P, Blume R C, et al. Morphology of poly(p-phenylene terephthalamide) fibers [J]. Journal of Polymer Science：Polymer Physics Edition, 1983, 21(10):1955-1969.

[12] Morgan R J, Pruneda C O, Steele W J. The relationship between the physical structure and the microscopic deformation and failure processes of poly(p-phenylene terephthalamide) fibers [J]. Journal of Polymer Science：Polymer Physics Edition, 1983, 21(9):1757-1783.

[13] 朱才镇,吴博超,李书乡,等.PPTA纤维的制备及其结构和性能研究[J].化工新型材料,2015,43(7):22-24.

[14] 杨斌.芳纶纳米纤维高效制备及其在纸基绝缘材料中的应用[D].西安:西北工业大学,2019.

[15] Languerand D L, Zhang H, Murthy N S, et al. Inelastic behavior and fracture of high modulus polymeric fiber bundles at high strain-rates [J]. Materials Science and Engineering a-Structural Materials Properties Microstructure and Processing, 2009, 500(1-2):216-224.

[16] Graham J F, Mccague C, Warren O L, et al. Spatially resolved nanomechanical properties of Kevlar® fibers [J]. Polymer, 2000, 41(12):4761-4764.

[17] Young R J, Lu D, Day R J, et al. Relationship between structure and mechanical-properties for aramid fibers [J]. Journal of Materials Science, 1992, 27(20):5431-5440.

[18] Dobb M G, Johnson D J, Saville B P. Supramolecular structure of a high-modulus polyaromatic fiber (Kevlar 49) [J]. Journal of Polymer Science：Polymer Physics Edition, 1977, 15(12):2201-2211.

[19] 尚润玲,李松波.间位芳纶织物的载体深色染色[J].毛纺科技,2023,51(3):52-56.

[20] 陈辉,杨维维,王海峰,等.氧化对高强对位芳纶纤维复合材料力学性能的影响[J].印染,2023,49(10):76-79.

[21] 何建新.新型纤维材料学[M].上海:东华大学出版社,2023.

[22] 白琼琼.高性能纤维的发展现状及展望[J].毛纺科技,2021,49(6):91-94.

[23] 孙晋良.纤维新材料[M].上海:上海大学出版社,2007.

[24] 郭大双.芳纶纤维增强丁腈橡胶复合材料性能的研究[D].青岛:青岛科技大学,2021.

[25] 翟福强.高性能纤维基本原理及制品成形技术[M].北京:化学工业出版社,2022.

[26] 阮浩鸥,律方成,孙凯旋,等.短切纤维特性对间位芳纶纸电气绝缘性能的影响[J/OL].绝缘材料,1-10[2023-11-23].

[27] 司帅.芳纶纤维的表面改性及其性能研究[D].武汉:武汉理工大学,2018.

[28] 关振虹,李丹,宋金苓,等.易染间位芳纶的制备及其性能[J].纺织学报,2023,44(6):28-32.

[29] 尹文娅.抗蠕变芳纶经编柔性复合材料设计与制备[D].无锡:江南大学,2023.

[30] 西鹏.高技术纤维[M].北京:化学工业出版社,2004.

[31] 刘明远,尉霞,董晓宁,等.织物结构对间位芳纶织物舒适性的影响[J].合成纤维,2020,49(10):20-24.

[32] 李杨.高性能芳纶纤维的表面修饰及特性对复合材料性能影响的研究[D].贵阳:贵州大学,2022.

[33] 高欢,田会双,王玉萍,等.从专利角度分析全球芳纶产业发展趋势[J].合成纤维,2023,52(10):43-46.

[34] 沈逍安,王晓映,夏光美,等.芳纶的发展现状及其表面改性研究进展[J].合成纤维,2021,50(1):20-25.

[35] 董永昭,朱世杰,刘娜,等.阻燃防护服及其阻燃技术进展[J].安全、健康和环境,2022,22(11):1-5.

[36] 刘震,孙宇,林威宏,等.国产对位芳纶研发进展[J].合成纤维,2019,48(1):21-24.

[37] 张浩,李婷,曹煜彤,等.对位芳纶表面改性及应用技术[J].产业用纺织品,2021,39(3):1-8+14.

[38] Andresen L P. Protective garment:US10060708B2[P].2018-08-28.

[39] Andresen L P. Composite, protective fabric and garments made thereof:US9644923B2[P].2017-05-09.

[40] 于安军,范志平,靳高岭,等.对位芳纶浆粕纤维的应用研究进展[J].高科技纤维与应用,2021,46(2):62-67.

[41] 马千里,刘震,林威宏,等.对位芳纶增强橡胶复合材料产业发展现状[J].中国橡胶,2018,34(2):28-32.

[42] 王习文,詹怀宇,周雪松,等.造纸用高性能合成纤维浆粕性能的表征[J].中国造纸学报,2005(1):18-20.

[43] 罗玉清,宋欢,陆志远,等.芳纶蜂窝复合材料的制备及性能研究[J].高科技纤维与应用,2018,43(4):5-11.

[44] 罗玉清,陆志远,王萌,等.间位芳纶纸蜂窝芯与铝蜂窝芯的性能对比研究[J].高科技纤维与应用,2019,44(1):29-33+24.

[45] 宋翠艳,宋西全,邓召良.间位芳纶的技术现状和发展方向[J].纺织学报,2012,33(6):125-128+135.

[46] Morgan P W, Pa W C. Synthetic polymer fibrid paper:US2999788[P]. 1961-09-12.

[47] 丁娉,宋欢,杨清,等.间位芳纶沉析纤维的制备、表征及应用[J].合成纤维,2021,50(2):33-38.

[48] 陆照情,花莉,丁孟贤,等.一种间位芳纶沉析纤维增强聚酰亚胺纤维纸的制备方法:102953290 A[P].2013-03-06.

[49] 孙茂健,江明,王志新,等.一种间位芳纶纤维云母纸及其制备方法:105544258 A[P].2016-05-04.

[50] 费有静,裴小兵.论芳纶纤维的应用与发展趋势[J].新材料产业,2019(4):35-38.

[51] 井沁沁,沈兰萍.芳砜纶纺纱研究进展及其应用[J].纺织科学与工程学报,2018,35(4):142-147.

[52] 陈哲,汪晓峰.芳砜纶的阻燃性及热稳定性[J].合成纤维,2011,40(11):5-7+32.

[53] 韩竞.芳砜纶倾心民用化[J].纺织科学研究,2012(7):42-43.

第6章 超高相对分子质量聚乙烯纤维

超高相对分子质量聚乙烯(Ultra-high molecular weight polyethylene, UHMWPE)纤维,又称高强高模聚乙烯纤维,由平均相对分子质量100万以上的超高相对分子质量聚乙烯树脂通过溶液纺丝方法制备而成,其强度≥39 cN/dtex,模量≥1550 cN/dtex,是目前世界上比强度和比模量最高的纤维材料,其比强度分别是高强碳纤维的2倍和钢材的14倍。另外,UHMWPE纤维还具有很强的抗酸、碱和一般的化学试剂腐蚀能力,优异的耐热、耐光老化等环境稳定性能,以及塑料中最高的耐冲击强度。

6.1 纤维制备

6.1.1 概述

UHMWPE纤维常见生产工艺为凝胶纺丝(又称冻胶纺丝),将少量UHMWPE树脂原料分散于大量溶剂中,在加热条件下混合,形成纺丝溶液(一般UHMWPE的浓度在10%左右),溶剂分散在UHMWPE分子链之间,使分子链之间的缠结现象减少。纺丝溶液通过喷丝板挤出,淬冷、除去溶剂并干燥,得到UHMWPE凝胶原丝,之后经过高倍热拉伸,将无序的大分子链充分伸直,以得到排布规整、高取向度的结构,制得UHMWPE纤维。

除凝胶纺丝法,UHMWPE熔融纺丝具有工艺简单、生产效率高、能耗小、环境污染小等明显优势,因此其技术开发受到学术和工业界长期关注。然而,由于原料和加工技术问题,UHMWPE纤维熔融纺丝关键技术尚未彻底突破,目前仅有少数企业开展相关技术尝试。但该方法有望在UHMWPE纤维市场中占有一席之地。

6.1.2 凝胶纺丝法

凝胶纺丝法分为干法和湿法,区别在于溶剂的选择。干法凝胶纺丝使用的溶剂具备低沸点、高挥发性的特性,且需要对UHMWPE有较好的溶解性,常见为十氢萘。干法凝胶纺丝的工艺中,首先将UHMWPE原料溶于十氢萘,在双螺杆挤出机中混炼成浓度(质量分数)不超过10%的溶液,随后通过喷丝板挤出,进入通热氮气的甬道以除去溶剂,冷却后形成干态凝胶原丝,接着通过多级的高倍热拉伸制成高强高模的 UHMWPE 纤维。湿法凝胶纺丝则使用沸点高、低挥发性的溶剂,如石蜡油(LP),高温下使 UHMWPE 原料在溶剂中溶解或溶胀,在双螺杆挤出机中混熔后通过喷丝板挤出,预拉伸后进入水浴或乙醇等溶剂中冷却。此刻的原丝中还含有大量的油性溶剂,称为湿态凝胶原丝,需要使用高挥发性的萃取剂,如氟利昂、二氯甲烷、二甲苯等,将湿态凝胶原丝中的溶剂萃取,接着将萃取剂挥发,得到干态凝胶原丝,进行高倍热拉伸制得 UHMWPE 纤维。干法凝胶纺丝的流程更短、生产效率高且成本更低,溶剂可直接回收、更利于环保,然而工艺的技术难度大,对于回收系统的密闭要求高。以同样的 UHMWPE 树脂为原料,由干法制备的纤维,结晶度更高,力学性能更佳,密度更大,热稳定性也更好,在高端 UHMWPE 纤维的生产研究领域有更广的应用前景。

6.1.2.1 UHMWPE 原料

聚乙烯原料品质对凝胶液制备、纺丝、超拉伸等加工工艺和最终产品性能均有重要影响。在很长一段时间里,国内纤维级 UHMWPE 树脂原料及其制备技术受制于德国、荷兰、美国等国外大公司,上述国家对中国实行严密技术封锁和高端产品禁售。2000 年以来,中国石化北京燕山石油化工有限公司、北京东方石油化工有限公司、上海化工研究院、上海联乐化工科技有限公司等单位,根据高性能聚乙烯纤维对原料的要求,开展了纤维级 UHMWPE 专用树脂研究,掌握了聚合高效催化剂制备和相对分子质量分布精准调控等方法,以及 UHMWPE 相对分子质量在 100 万~800 万且其分布可调控的规模化生产关键技术,形成了万吨级纤维专用树脂产业化生产能力。上述公司还开发了适用于 UHMWPE 凝胶干法纺丝路线的纤维级专用树脂产品。

6.1.2.2 凝胶纺丝溶剂

UHMWPE 属于结晶性非极性高聚物,根据高聚物溶解动力学,此类高聚物的溶解包括结晶部分的熔融和高分子与溶剂的混合两个过程,对于 UHMWPE 而言,上述过程均需在高温下完成。因此,用于 UHMWPE 溶解的溶剂,即使溶解度参数与其接近,也须具有很好的高温稳定性。可用于 UHMWPE 的溶剂有四氢萘(Tetralin)、十氢萘(Decalin)、萘(Naphthalene)、矿物油(白油)(Mineral oil)、石蜡油(Paraffin oil)和石蜡(Paraffin wax)等,目前国内多数 UHMWPE 纤维生产企业采用矿物油,个别企业采用十氢萘作为凝胶纺丝溶剂,纺丝工艺流程如图 6-1 所示。由于溶剂对纺丝溶液品质和纤维加工工艺影响极大,故相关企业在更换溶剂体系问题上十分慎重,因此,除矿物油和十氢萘外,国内企业对 UHMWPE 新型溶剂的尝试很少。

6.1.2.3 纺丝凝胶液的制备及其纺丝

高品质凝胶液的制备技术是整个高性能聚乙烯纤维制备技术的核心。作为 UHMWPE 纤维的纺丝原液,凝胶液的质量与原料相对分子质量、相对分子质量分布、溶剂种类、浓度、溶胀溶解温度、溶解时间、外加剪切场等因素紧密相关。超高相对分子质量是高性能

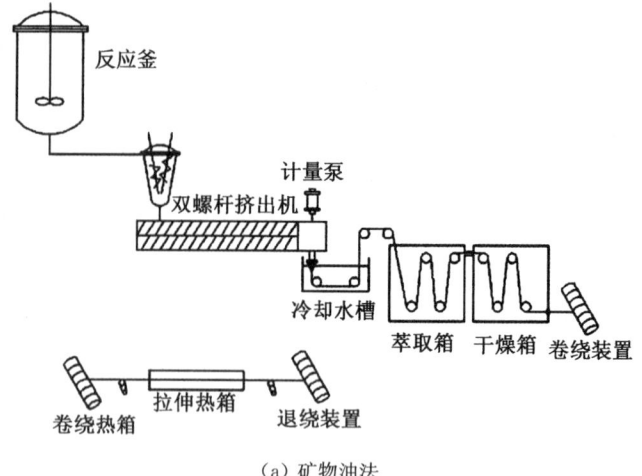

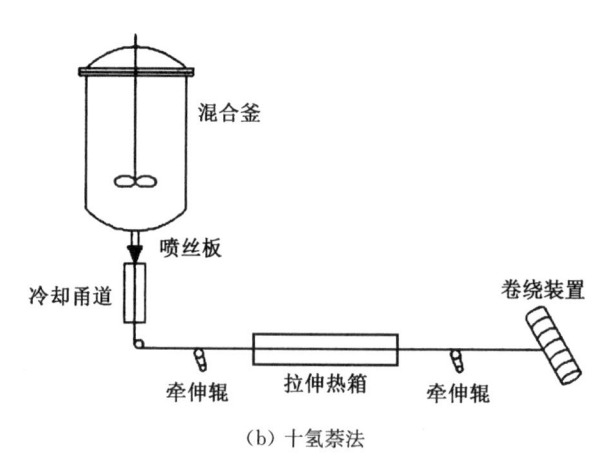

图 6-1 UHMWPE 凝胶纺丝工艺流程

聚乙烯纤维拥有高强高模特性的基础,然而,随着相对分子质量的提高,聚乙烯大分子缠结加剧,凝胶液流动性能下降,为提高溶解性能和凝胶液流动性能,必须提高溶解温度,而这必然加速聚乙烯大分子热降解,使相对分子质量降低,最终影响 UHMWPE 纤维力学性能。大量研究表明:凝胶溶液浓度对随后的萃取和超倍拉伸有重要影响。目前在工业界多数企业采用 UHMWPE 半稀溶液纺丝。

6.1.2.4 凝胶纤维的溶剂的脱除

初生凝胶纤维中含有大量溶剂,在进行超拉伸之前须将其脱除。凝胶纺丝溶剂脱除方式是凝胶湿法纺丝和干法纺丝的主要区别之一。

(1)湿法纺丝的溶剂脱除。湿法纺丝采用萃取的方法对溶剂进行脱除,即,凝胶初生纤维经冷却进入萃取机中萃取池,与逆流萃取剂接触,逐步将溶剂脱除;与此同时,UHMWPE 凝胶纤维逐渐致密,进入干燥工序。经实验室和工业实践,目前工业界使用的萃取剂主要聚焦于二甲苯、二氯甲烷、己烷、氟碳化合物及碳氢化合物等。由于二甲苯对环境污染严重,易燃易爆,有逐渐被其他萃取剂取代的趋势。二氯甲烷的安全性好,萃取效率高,但极易挥发,因此,对萃取设备密闭性要求很高。萃取温度、时间、设备结构等因素,都会影响萃取效果。萃取温度选择与萃取剂沸点和挥发性有关,过高的萃取温度会造成萃取剂严重挥发,影响操作环境,造成萃取剂流失,成本增加;过低的萃取温度,会造成萃取不完全,残留溶剂(如白油)会影响拉伸有效性,进而影响最终产品力学性能。

(2)干法纺丝及其溶剂脱除。UHMWPE凝胶干法纺丝的最早研究是在荷兰DSM公司中心实验室进行的。20世纪80年代,该公司实现了干法纺丝技术的工业化,其干法纺丝以十氢萘为溶剂,经纺丝、气相溶剂脱除、超拉伸,制备出在当时力学性能最佳的UHMWPE纤维。与湿法工艺相比,干法纺丝具有十氢萘溶解效果好,工艺流程短,纺丝速度快,产品质量好,溶剂可直接回收,纺丝与溶剂回收系统密闭一体化、经济环保等优点;但干法纺丝中十氢萘刺激性气味强烈,价格昂贵,纺丝过程对生产设备要求高,特别是溶剂回收与纺丝系统密闭难度大。因此,即便目前UHMWPE纤维企业扩产迅速,但尚无现有湿法纺丝企业更换流程的报道。

6.1.2.5 UHMWPE凝胶纤维的超拉伸

纤维的高强高模特性来源于其较少的大分子链端、极高的分子取向和完善的伸直链结晶。从分子结构看,UHMWPE大分子具有平面锯齿形结构,无庞大侧基,结晶度高,虽在一定条件下可形成折叠链结晶,但因其分子内无强结合键,分子间无强次价键,故在拉伸条件下可使折叠链结晶塌陷、滑移,转变成伸直链结晶。因此UHMWPE纤维应最有望接近其理论强度的(20~60 GPa)。然而,目前UHMWPE纤维的最大强度也仅为4 GPa左右,远低于其理论强度。这一方面由于实际上UHMWPE相对分子质量是有限的,"链端效应"造成了纤维结构缺陷,另一方面由于目前制备工艺尚未实现UHMWPE大分子充分伸直和完善结晶。大量研究表明,聚乙烯相对分子质量、凝胶液浓度、溶剂脱除工艺、拉伸温度、拉伸速度和拉伸比等因素均影响UHMWPE凝胶纤维充分拉伸,进而影响最终产品力学性能。通过调控凝胶纤维中大分子缠结密度,调节拉伸速度、拉伸温度、拉伸倍数,可以对纤维进行充分拉伸。因此,UHMWPE纤维的拉伸效果更多地取决于进入拉伸工序时待拉伸纤维的品质。

6.1.3 熔融纺丝法

与凝胶湿法和干法纺丝相比,UHMWPE熔融纺丝具有工艺简单、生产效率高、能耗小、环境污染小等明显优势,因此其技术开发受到学术界和工业界长期关注,纺丝工艺流程如图6-2所示。

强大的次价键作用和大分子缠结,使得

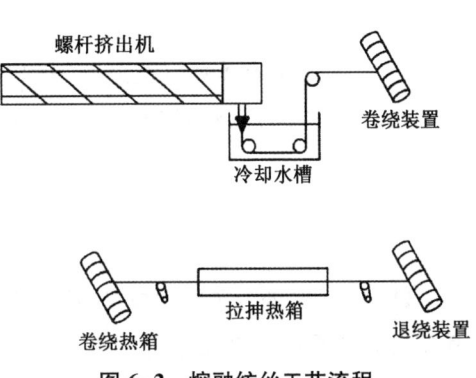

图6-2 熔融纺丝工艺流程

UHMWPE几乎无熔融流动性。因此，实现UHMWPE熔融纺丝的关键是克服分子间作用，减少大分子缠结，改善其熔融流动性。改善UHMWPE熔融流动性最常用方法是外增塑，通过在UHMWPE中加入一定比例具有良好流动性的添加剂，改善其熔融流动性能。从相容性考虑，很多研究者采用LDPE、LLDPE、HDPE或石蜡等作为添加剂，经熔融共混后纺制UHMWPE纤维。针对上述体系，有人还提出了添加剂对UHMWPE熔融流动的"裹挟"模型，描述了低分子聚烯烃等成分促使UHMWPE被动流动的机理。另有部分研究人员，通过在UHMWPE中添加蒙脱土等纳米流动改性剂来制备熔纺UHMWPE纤维。由于聚乙烯熔融流动性与其分子间次价键和大分子缠结密切相关，而随着相对分子质量增大，上述因素对聚乙烯流动的阻碍作用必然加大，因此，熔纺UHMWPE纤维时所用聚乙烯相对分子质量一般较小，多为10^5左右。在熔纺UHMWPE纤维过程中，设备改造有时是必要的。特定结构的螺杆、熔体流道及喷丝板设计，有助于增强切力变稀效应、加大剪切取向作用、减小分子缠结和熔体弹性效应等。目前，采用熔融纺丝方法制备的UHMWPE纤维在力学性能上明显劣于凝胶纺丝方法制得的纤维，然而，由于加工成本低，中强纤维具有一定市场需求，因此，熔纺UHMWPE纤维制备技术仍具有实际意义。

6.2 纤维结构

6.2.1 概述

UHMWPE纤维是一种由亚甲基（—CH_2—CH_2—）连接而形成的高取向超分子链状聚合物，无侧基，微观结构对称且规整，单键内旋位垒低，柔性好，结晶度较高，具有典型的串晶结构，其独特的结构决定了它具有许多优异的性能。

6.2.2 化学结构

UHMWPE纤维的分子链呈线型结构，取向度较高，而且对称、规整，只包含亚甲基（—CH_2—），不带有苯环以及羟基等侧链基团，是一种经乙烯基聚合而形成的长链线型聚合物。UHMWPE纤维分子结构式如图6-3所示。

$$\{CH_2—CH_2\}_n$$

图6-3　UHMWPE纤维分子结构式

UHMWPE的分子结构与普通线型聚乙烯完全相同，主链链节均为（—CH_2—CH_2—），其相对分子质量比普通聚乙烯大得多，目前最高相对分子质量可以达到1000万以上。从分子结构看，UHMWPE纤维的大分子链由高度对称的亚甲基结构连接而成，没有庞大的侧基。在凝胶纺丝过程中,UHMWPE 纤维经过数十倍的热拉伸后,大分子链沿纤维轴向充分伸展,平行排列的伸直链结构得以形成,纤维的内部缺陷大大减少,从而使 UHMWPE 纤维具有远高于常规聚乙烯(PE)材料的高结晶度和高取向度,通常结晶度高达 85%,取向度则接近 100%。UHMWPE 纤维的伸直链结构如图 6-4 所示,从此图可以看出,常规 PE 纤维分子链存在大量的链缠结,呈现折叠链状态,而 UHMWPE 纤维大分子链则呈现高度取向的伸直链结构。

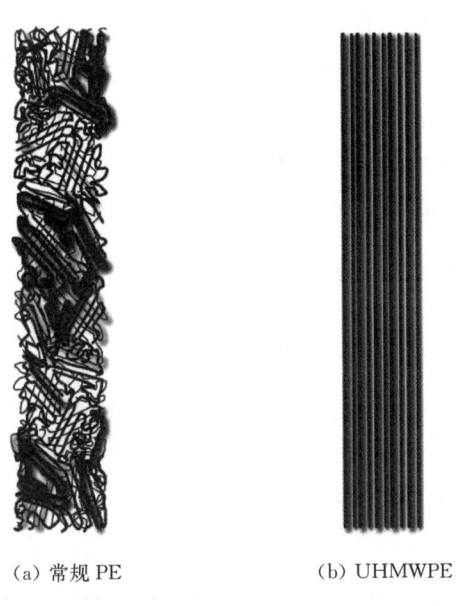

(a) 常规 PE   (b) UHMWPE

图 6-4　纤维分子链排列结构

6.2.3　超分子结构

作为半结晶聚合物,UHMWPE 由正交结晶相、非晶相及中间相组成。其中,排列有序的大分子是结晶相的主要组成成分,而相互纠缠、连接的分子则形成 UHMWPE 分子结构中的无定形区域。半结晶聚合物分子链的运动扩散、分子结晶顺序和熔体黏弹性,都被无定形区域中的缠结控制。

20 世纪 30 年代,Staudinger 教授指出高强度、高模量纤维的理想结构应该是大分子链无限长且以伸直链结晶存在。据此结构模型,按照分子链断裂机理,纤维的断裂强度相当于大分子链的极限强度的加和,分子链的极限强度可由分子链中 C—C 键的强力(0.61 N)和分子截面积计算得到:

$$极限强度 = \frac{0.61\,\text{N}}{分子截面积} = \frac{60.86}{密度 \times 分子截面积} \tag{6-1}$$

式(6-1)中,极限强度单位为 cN/dtex,分子截面积单位为 nm^2,密度单位为 g/cm^3。按计算,聚乙烯晶体拉伸强度和结晶模量理论值分别为 32 GPa 和 362 GPa。从分子结构看,UHMWPE 纤维是接近理论极限强度的最理想的高聚物。

这种模型在刚性的分子和非常柔性的分子这两种极端情况下才能实现。据此,高强高模高分子纤维可通过两种方法制备得到:以刚性链聚合物经液晶纺丝法制备得到,比如芳纶纤维;或以柔性链聚合物经凝胶纺丝法制备得到,比如聚乙烯纤维。UHMWPE 是分子结构简单的理想高聚物,没有大的侧链,链内没有强结合键,结晶度高。这样,当纤维中晶区和非晶区中的大分子链都充分伸展时,将沿纤维轴平行取向。纤维强度即大分子链极限强度之和,理论上最能接近极限强度。

聚乙烯的分子结构还决定了其优异的柔韧性、耐磨性以及分子间自润滑性。一般通过均方末端距或大分子链段长度来表示大分子链的内旋转受阻程度或柔性。均方末端距或链段长度越小,说明主链内旋转受阻程度越小,大分子链中独立运动的单元越多,柔性越好。表 6-1 列出了几种常见高聚物的均方末端距及链段长度。

表 6-1 几种常见高聚物的均方末端距及链段长度

高聚物名称	均方末端距/nm	链段长度/nm
聚乙烯	0.183	2.13
聚丙烯	0.24	2.18
聚丙烯腈	0.26~0.32	3.26
聚氯乙烯	—	2.96
乙基纤维素	—	20.0

由表 6-1 可见,聚乙烯的均方末端距和链段长度均最小,分别为 0.183 nm 和 2.13 nm。因此,聚乙烯分子链具有优异的柔韧性。当然,聚乙烯柔韧的分子链决定了它具有较低的玻璃化转变温度和熔点及较大的蠕变。其蠕变主要为分子间滑移导致的黏流形变,由于纤维具有高取向度和高结晶度结构,纤维蠕变中普弹和高弹的形变部分很少。

与其他几种高性能纤维不同,UHMWPE 纤维中的分子链并非"预先形成"以构筑高强度高模量纤维。在芳香族聚酰胺纤维及其他的刚性高性能纤维中,分子会形成类棒结构,并且它们只需沿一个方向取向便可形成高强纤维。聚乙烯分子链长且柔曲,只有采用物理机械方法处理,才能使分子链以伸直链形态沿纤维轴向定向排列。聚乙烯的所有物理和化学性质均完整保存于纤维中,所不同的是聚乙烯分子链在纤维中呈现为高度伸展、高度取向和高结晶性的结构。

UHMWPE 最早由卡尔·齐格勒于 20 世纪 50 年代早期合成,并于 1955 年投入商用,该反应利用活性高的有机钛酸酯催化剂将乙烯气体作为原料聚合而成。在结构上,UHMWPE 与高密度聚乙烯(HDPE)和低密度聚乙烯(LDPE)相似,是由"—CH_2—CH_2—"组成的线性结构,主要的不同是其分子链的平均长度。根据国际标准组织(ISO),

UHMWPE 的黏均相对分子质量至少为 1×10^6 g/mol，聚合度为 36 000；根据美国材料与试验学会（ASTM）的规定，其质均相对分子质量超过 3.1×10^6 g/mol，聚合度为 110 000。因此，UHMWPE 天生拥有极长的线性直链结构，使得分子链极易存在大量类似物理交联的缠结和交叠(图 6-5)，每条分子链的柔性较好。这种结构使得 UHMWPE 纤维在受到载荷时能够有效地将应力传递到整个聚合物骨架上，因此 UHMWPE 纤维拥有强而韧的拉伸性能以及热塑性材料中最高的冲击强度。

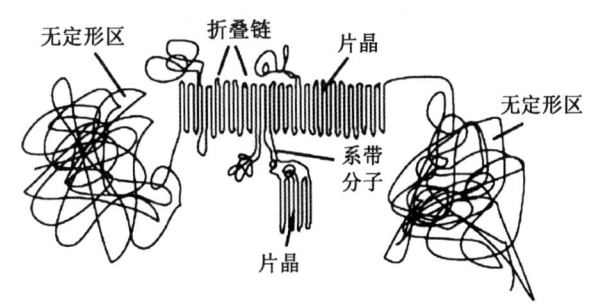

图 6-5　UHMWPE 聚集态模型

UHMWPE 作为半结晶聚合物，由结晶相和无定形相相互贯穿而成。在结晶相中，微晶特定层状形状归因于熔融结晶时碳链的旋转和折叠。在无定形相中，分子链通过偶尔的交联和随机缠结而相互连接，非晶相和结晶相由束缚分子连接。与其他低相对分子质量 PE 不同之处在于，高缠结密度和较低的分子链运动能力导致 UHMWPE 的结晶度较低，其熔融结晶的结晶度较低相对分子质量 PE 的 70%～80% 低，但 UHMWPE 结晶区为局部规整的薄片状结构而不只是球状结构。通常认为，UHMWPE 的高韧性和耐磨性与连接相邻薄片晶区的连接分子有关，因此 UHMWPE 具有卓越的摩擦磨损性能和较强的自润滑性。

除此之外，UHMWPE 也拥有与 HDPE 一样优秀的耐腐蚀性和稳定的化学性能，以及其化学惰性带来的优异的生物相容性和电气性能等。作为烯烃，UHMWPE 分子结构中没有极性基团，较难与水结合，这也为其提供了低的吸湿性和高疏水性。

6.3　纤维性能

6.3.1　概述

UHMWPE 纤维具备优异的物理化学性能，包括低密度、高强度、耐低温、耐紫外线辐射和抗化学腐蚀等特点，以及突出的抗冲击、抗切割等优异的使用性能，是除碳纤维、芳纶等纤维材料之外又一种重要的可规模化生产的高性能纤维材料。

6.3.2　物理特性

UHMWPE 纤维的高分子链由碳氢原子组合而成，具有很多优良性能，例如力学性能、耐化学腐蚀性能等，其比强度和比模量在目前工业化高性能纤维材料中较为突出。

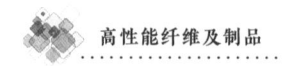

（1）低密度。UHMWPE 纤维的密度仅为 0.97 g/cm³，比其他无机、有机高性能纤维都要小，使其成为轻量化材料的理想选择，特别是在需要降低结构负担的应用中。

（2）高强高模。UHMWPE 纤维结构分子间距很近，可形成较多的三维有序排列。加之分子的高度取向，使纤维具备高强高模的特征，强度达 25～30 cN/dtex，模量达 80～100 GPa。表 6-2 列出了 UHMWPE 纤维等常见高强高模纤维的主要物理力学性能。

表 6-2　高强高模纤维的主要力学性能

纤维名称	拉伸强度/GPa	拉伸模量/GPa	密度/(g·cm^{-3})
氧化铝纤维	2.5	250	4.0
碳化硅纤维	2.9	196	2.6
玻璃纤维	2.1	73	2.5
碳纤维（M40）	2.4	292	1.8
对位芳酰胺纤维	3.0	132	1.5
UHMWPE 纤维	6.2	232	1.0

（3）耐低温性。UHMWPE 纤维有着熔点低、易蠕变等缺陷，相对于芳纶和碳纤维，UHMWPE 纤维的耐热温度更低。UHMWPE 纤维对于加工环境中的温度有着严格的要求，有学者研究发现，UHMWPE 纤维的最高熔点为 169 ℃；在超过纤维最高熔点的温度进行热加工时，即使在很短的时间内都会导致纤维表面融化并使纤维间产生黏结卷曲现象，图 6-6 所示为 UHMWPE 纤维及丝束经过热压处理前后的表面形貌。在 UHMWPE 纤维的高熔点处及以上的温度进行加工时，热压温度及时间对纤维力学性能影响较大。

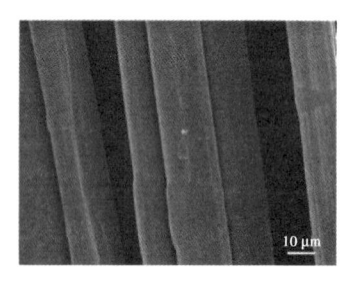

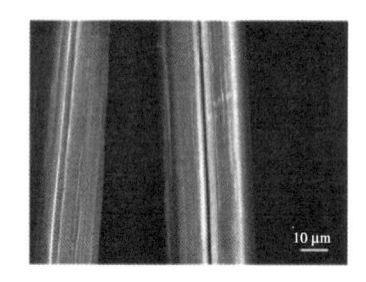

(a) 原样　　(b) 160 ℃热压 10 s

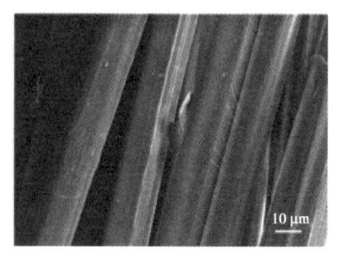

(c) 160 ℃热压 60 s　　(d) 170 ℃热压 10 s　　(e) 180 ℃热压 10 s

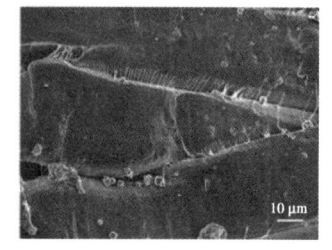

图 6-6　热压处理前后 UHMWPE 纤维的扫描电镜照片

（4）耐冲击性好。UHMWPE 纤维具有优良的耐冲击性能，它在变形和塑形过程中的吸收能量的能力和抵抗冲击的能力比同为"世界三大高科技纤维"的芳纶纤维、碳纤维都高。与聚酰胺、芳族聚酰胺、玻璃纤维、碳纤维、芳纶相比，UHMWPE 纤维比冲击总吸收能量还要高。UHMWPE 纤维单位质量的冲击能量吸收高，即使在极低的温度下（-70 ℃），仍保持较高的抗冲击强度。

（5）耐磨性能好。纤维材料的磨损性能会随着摩擦性能的改变而改变，甚至失效，纤维的耐磨性也影响应用。纤维的耐磨性随着模量增加而增大。一方面，UHMWPE 纤维作为高分子材料，其相对分子质量越高，模量越大，同时该纤维较小的密度、较高的结晶度也决定了它具有良好的耐磨性能。另一方面，由于 UHMWPE 纤维的摩擦因数低，所以它的耐磨性强。因此，在纤维增强复合材料方面，UHMWPE 纤维被广泛应用，例如降落伞、特种手套等领域。

（6）耐疲劳、耐弯曲性能好。UHMWPE 纤维有着良好的抗弯曲疲劳能力，具有长挠曲寿命，这与其低压缩屈服应力有关。用 UHMWPE 纤维制成的绳索重复加载 7 000 次，强力保持 100%。

（7）自润滑性优异。UHMWPE 纤维的自润滑性能与聚四氟乙烯（PTFE）纤维相当。由表 6-3 可以看出，与其他工程塑料相比，UHMWPE 纤维具有极低的摩擦因数，这使得它的自润滑性能较好。在没有润滑剂的条件下，UHMWPE 纤维是塑料材料中最好的润滑材料。因此，UHMWPE 纤维材料在工程中应用广泛，具有极高的使用价值。

表 6-3 UHMWPE 纤维与其他工程塑料的摩擦因素比较

材料名称	动摩擦因数		
	自润滑	水润滑	油润滑
UHMWPE 纤维	0.10～0.22	0.05～0.10	0.05～0.08
聚四氟乙烯	0.04～0.25	0.04～0.08	0.04～0.05
尼龙 66	0.15～0.40	0.14～0.19	0.06～0.11
聚甲醛	0.15～0.35	0.10～0.20	0.05～0.10

（8）透波性能好。UHMWPE 纤维对各个波段的电磁波都有很好的透波率。由图 6-7 可以看出，UHMWPE 纤维的介电常数和损耗角正切优于芳纶、高强玻纤、石英等复合材料，其介电常数为 2.09，损耗角正切为 0.004，该指标是影响天线罩透波性能主要因素之一，可用来衡量电磁波信号在穿过同等厚度材料的损耗大小，当其他参数一致时，其损耗角正切越低，信号衰减越小，所以，UHMWPE 纤维对信号的影响较小，适合用于制作天线罩。

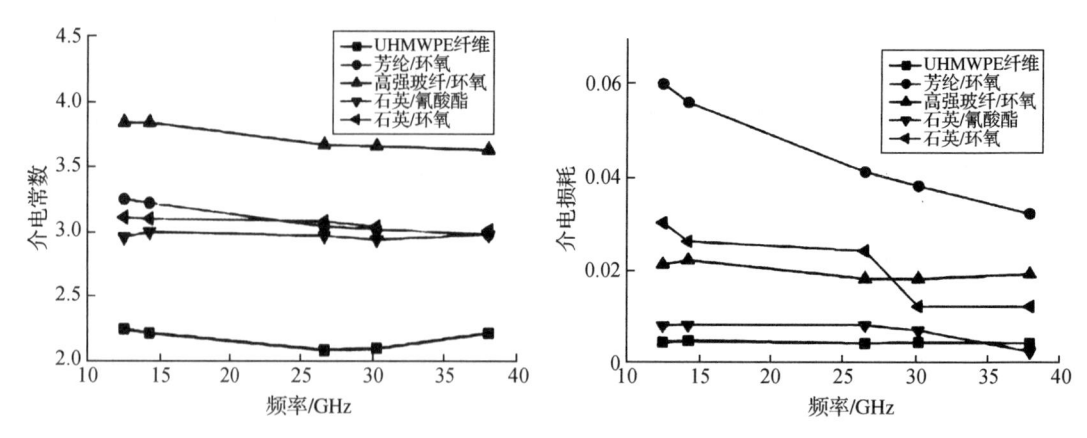

图 6-7　UHMWPE 纤维和纤维/树脂复合材料五种材料的介电常数和损耗角正切

（9）抗紫外线性能强。UHMWPE 纤维具有较强的抗紫外线能力，其抗紫外线能力优于芳酰胺、聚酯和聚酰胺。然而，当纤维连续暴露或长时间暴露时，抗紫外线能力可能会受到限制。在紫外线照射后，UHMWPE 纤维的韧性和断裂时的伸长率均有所下降，随时间的变化大致呈线性变化，而模量几乎没有变化。对于其他类型的聚乙烯，UHMWPE 纤维的主要紫外降解机制是光氧化。在氮气气氛中进行的加速风化实验不会显示出纤维强度的下降。此外，已知聚合物只在非晶相中降解，因此在高结晶度UHMWPE 纤维类型下可以预期最高的紫外稳定性。

6.3.3　化学特性

UHMWPE 纤维具有优良的化学耐腐蚀性，其表面没有活性基因，取向度和结晶度较高，达到了 99% 以上，导致其很难与化学物质发生反应。高分子链主要为 C—C 单键，碳链高分子的化学结构单一，特性稳定，在高倍拉伸后，具有规整致密的结构，从而使纤维具有优异的耐化学腐蚀性。UHMWPE 纤维表面光滑，与其他材料的黏结性能较差，容易出现掉色、掉漆等现象。为了改善 UHMWPE 纤维的表面性能，国内外学者进行了大量研究，总结出许多表面改性的方法，包括化学试剂浸蚀法、电晕放电处理、等离子体辐射、紫外线接枝、光氧化表面改性处理以及光致交联处理等。

6.4　纤维应用

6.4.1　概述

UHMWPE 纤维具备一系列突出性能，具备极高的强度和比强度，耐氧化、耐光、耐老化性能优异，及适合编织成高强高模的绳索使用；不与酸碱盐和几乎所有有机溶剂发生反应,还是当前密度最小、唯一一种可以漂浮在水上的高性能纤维,适合应用于海洋渔业等民用领域;UD(Unidirectional)布和织物抗冲击、弯曲性能和抗剪切能力强,对于能量的吸收和传递能力强,在软式防弹防刺材料领域及硬质防护材料背板等军事领域具备突出的应用价值。本节对 UHMWPE 纤维及其复合材料在力学特性方面的应用进行总结。

6.4.2 民用领域

UHMWPE 纤维在民用领域的应用基本可以归为四大类:高性能特种绳缆、民用防护领域、服饰家纺领域和海洋领域,大部分使用方式为直接将纤维编织成绳索或织物,仅使用极少量的树脂添加以改进其性能,只有少部分使用 UHMWPE 纤维增强复合材料,如海洋用防水耐腐蚀的箱体、轻便船体构件等。UHMWPE 纤维具备高强高模量的突出性能,并具备多种环境下的适应性,耐腐蚀、水解、紫外线等,适合制作高性能绳索。且 UHMWPE 纤维的低密度,在使用相同功率和设备的条件下,可以使用更多、更长的绳缆,围网更加大型化,提高效率并降低能耗。UHMWPE 纤维具备较好的耐磨性、防刺性和柔软度,使用周期长,直接接触各种危险品也不会损伤性能,编织成的织物十分适合制作民用的防护手套,用于手术、实验和机械加工等方面。

6.4.2.1 绳缆

使用 UHMWPE 纤维编制的绳缆,自重下的断裂长度是钢绳的 8 倍、芳纶的 2 倍,避免了以往使用钢缆遇到的锈蚀以及尼龙、聚酯缆绳遇到的腐蚀、水解、紫外线降解等问题,因而无需经常更换。在海洋工程方面(如海洋操作平台、灯塔的固定锚绳),UHMWPE 纤维一直有广泛的应用。随着纤维抗蠕变性能的改进及价格的下降,除了系泊缆、海洋操作平台固定缆、灯塔固定缆、大型轮船的锚绳、降落伞绳索等应用外,又开发出牵引绳、起吊绳、风筝线、球拍网线等应用,充分发挥了其强度高、密度低、耐磨损、手感柔软的特点,图 6-8 所示为使用 UHMWPE 纤维编制的高强绳缆。

图 6-8 高强绳缆

6.4.2.2 防护材料

UHMWPE 纤维在防护材料领域的主要应用产品为防弹衣、防弹装甲、防刺服装、防切割服装、防切割手套、头盔、货箱防护等。上述产品的防护效果与其中纤维强度高低密切相关。UHMWPE 纤维的高强高模特性使其成为制备上述产品的重要选材之一。

绝大多数防护制品的基础材料是由 UHMWPE 长丝单向片组合而成,制备时先使纤维在单向排布,由树脂黏合形成片材,即无纬布(也称 UD 片),后将上述 UD 片以垂直或

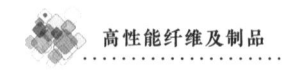

米字型交叉叠合,经热压,制成具有一定厚度防弹插板、防护装甲板,或在模具上压制成防弹头盔等。研究表明,UD片中纤维铺展均匀性、UD片叠合形式、树脂种类、防弹板结构设计、热压成型工艺等均影响防护材料的防护性能。近年来,防切割面料需求逐渐增加,如:防割手套、速度滑冰运动服等。据报道,一些企业采用UHMWPE纤维混合氨纶、涤纶等经针织工艺制成的手套具有良好耐磨和防切割性能,可达到EN388标准规定的3级防切割要求(即防切割指数达到5),图6-9所示为UHMWPE纤维制成的防切割手套。

防切割手套通常应用于金属加工、玻璃加工、军队警察等特殊职业。随着价格下降,防切割手套的应用有望进一步扩大至建筑工人、出租车司等职业。

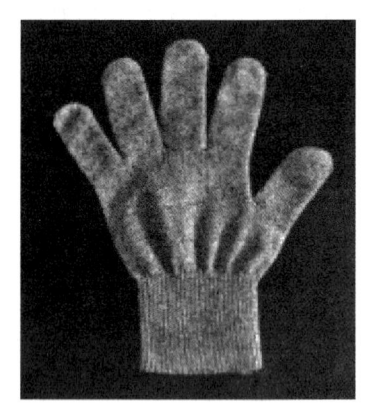

图6-9 防切割手套

6.4.2.3 服装及家纺

目前,UHMWPE纤维有逐渐进入民用纺织服装领域的趋势。据报道,DSM公司Dyneema纤维已用于织造牛仔布等面料,产品耐磨性和抗撕破强度等大幅提升。UHMWPE纤维与涤纶、棉等混纺后,可制成T恤、上衣、裤子等夏装,该类服装具有耐磨、耐切割、不吸汗、不发臭、穿着凉爽等特点。UHMWPE纤维用于家用纺织品领域时,可制成窗帘、座套、床垫、凉席、被罩、桌布、帐篷等,其中床垫、凉席等产品,具有明显的冰凉感,接触时体感温度可较环境温度低5℃左右,且经久耐用,具有很好的市场前景。由于服装和家纺产品直接与人体接触,因此上述纺织品服用安全性和舒适性必须满足相关要求。对于UHMWPE凝胶纺丝过程中使用的溶剂、萃取剂残留,必须严格控制。用于生产服装和家纺产品的UHMWPE复丝纤度分别是100~200 D和50~350 D,远低于用于防弹材料和绳索用纤维线密度,故生产该类产品的效率较低。然而,由于服装家纺产品市场巨大,因此上述应用一旦被市场接受,对纤维的需求量将很大。在服装家纺领域应用时,UHMWPE纤维的染色是需要突破的关键技术之一。在此方面研究人员进行了大量工作,通过等离子体处理、接枝处理、染料和载体选择、染色工艺改进等提高UHMWPE纤维可染性能,以满足服装家纺应用要求。

6.4.2.4 渔具

基于UHMWPE纤维强度高、密度低及耐磨、耐水解、抗紫外线、抗撕咬等特点,其在渔业方面也有不少应用,可制作渔线、渔网和网箱等。用该纤维制作的钓鱼线,相同线径下,其强度是尼龙渔线的4倍以上,且不易缠结,不怕鱼类撕咬,使用寿命长;编织成渔网后,在同等大小的情况下,其质量是尼龙渔网的80%、聚酯渔网的70%,但强度远高于二者,且长期浸泡于水中或在阳光下曝晒,也不易降解损坏。在水产增养殖技术领域,普通合成纤维材料无法满足大型(深远海)增养殖设施的抗风浪要求。采用UHMWPE纤维的水产增养殖设施的安全性与抗风浪性能大幅提高,同等绳网强度条件下,水产增养殖设施用网具的原材料消耗明显降低。部分新型 UHMWPE 纤维增养殖设施如图 6-10 所示。

图 6-10 新型 UHMWPE 纤维增养殖设施

6.4.3 军事防护领域

据统计,全球约 60% 的 UHMWPE 材料用于军事防护装备的制造,20% 用于绳缆,10% 用于渔业和劳动防护等民用领域,剩余的 10% 用于其他领域。在军事防护领域,UHMWPE 纤维主要用于制造 UD 布,作为软式防弹衣、防弹头盔的关键防弹层,或者与陶瓷或金属面板黏结,作为硬质防弹板的背板。作为防护材料,UHMWPE 纤维最重要的性质为高冲击强度和高能量吸收,其比冲击总吸收能量分别是碳纤维、芳纶纤维和 E-玻璃纤维的 1.8、2.6 和 3 倍。UHMWPE 纤维具备质量轻的重要优势,在防弹效果相同的情况下,UHMWPE 纤维头盔的质量只有芳纶头盔的 2/3,同时具备较好的柔软性,穿着较舒适,在个体防护领域十分重要。

6.4.3.1 软质防弹防刺衣

常见的防弹衣结构包含外衣罩和内部的防弹层。衣罩一般为化纤织物,起到整体的造型作用,同时依照使用需求设计口袋、绑带等,几乎无防弹防刺功能;防弹层一般为软质的纤维复合材料,将袭来的子弹刀具等弹开或锁住,降低冲击能量,高等级的防弹层还包括可取出的防弹插板或缓冲层,起到消除冲击能量,减轻非贯穿损伤的作用。与硬度大但韧性较差、受到横向应力易破碎的碳纤维和玻璃纤维相比,UHMWPE 纤维和芳纶具备柔性的分子链,伸长率大,屈服强度低,受到冲击时横向的变形较明显,但仍能保留其大部分拉伸承载能力,因此这类纤维材料适合与韧性、抗穿刺性能和能量吸收性能较强的热塑性树脂复合,制造软质防弹防刺材料。图 6-11 所示为 UHMWPE 纤维制成的防弹衣。与芳纶相比，UHMWPE纤维在防弹领域的优点主要是较高的力学性能，同时具备较好的环境适应性，如耐光、耐水、耐氧化等，可以较稳定地长期使用，且在低温下也具备良好的防弹性能；劣势在于耐热性差，子弹高速击中时的摩擦生热可能导致纤维熔融，且纤维与树脂的界面结合力低，受冲击时易发生结合面分层现象，影响复合材料的整体结构和二次抗冲击能力。

图 6-11　防弹衣

6.4.3.2　硬质防弹板

除常见的软式防弹层，UHMWPE纤维还可以用于制造硬质防弹板的背板，作为特种车辆、武装直升机和战机等的防护装甲，如图6-12所示。国内目前大部分航空装甲为合金、防弹玻璃，而国外已经使用陶瓷纤维增强复合材料的轻质高性能装甲，能抗大口径穿甲燃烧弹，实现军事装备现代化、轻型化，提高部队战斗力。硬质防弹板的迎弹面一般为氧化铝、碳化硼、碳化硅等硬度大的陶瓷材料，常见数块正六边形陶瓷块黏结而成，以提高多次弹击的防弹性能。由于陶瓷材料的韧性较差，易破碎，需要抗冲击性能和拉伸性能好的纤维增强树脂复合材料作为背板，降低陶瓷面板在受到冲击时的碎裂、飞溅风险，进一步消减防弹板受到的冲击能量。UHMWPE纤维复合材料背板与陶瓷面板通过树脂材料黏结，该树脂材料需要具备较高的剪切强度和断裂韧性，同时需要对UHMWPE纤维复合材料有较好的黏结性能，因此最好选择与复合材料所用树脂基体相同或结构相似的树脂。

图 6-12　防弹盾牌

6.4.4　其他领域

UHMWPE纤维除在力学特性方面的应用外，在其他领域同样具有广阔的应用前景。UHMWPE纤维具备良好的介电性能，可以应用于锂离子电池隔膜、透波雷达罩等；具备良好的自润滑性、生物相容性，可以用于医用生物关节；表面具备疏水性，能够在低温下保持良好的力学性能，有望应用于防结冰的结构部件。

参考文献

[1] Lemstra P J. Chapter 1：High-performance polyethylene fibers[J]. Advanced Industrial and Engineering Polymer Research，2022,5(2)：49-59.

[2] 王萍,王新威,张玉梅,等.干法与湿法凝胶纺丝UHMWPE纤维的结构与性能[J].合成纤维工业,2014,37(4)：67-70.

[3] 张博.超高分子量聚乙烯纤维概述[J].广州化工,2010,38(4)：28-29.

[4] 肖明明,于俊荣,朱加尖,等.纺丝溶液浓度对UHMWPE冻胶纤维萃取及拉伸性能的影响[J].合成纤维工业,2011,34(4)：1-4.

[5] 于俊荣,张燕静,刘兆峰.UHMWPE冻胶纤维萃取剂的选择[C]//2002年全国高分子材料工程应用研讨会论文集.北京：中国化学会,2002.

[6] 于俊荣,张燕静,刘兆峰.UHMWPE冻胶纤维的萃取干燥方式[J].合成纤维工业,2002,25(6)：32-33.

[7] 张燕静,于俊荣,刘兆峰.UHMWPE冻胶纤维萃取及干燥工艺研究[J].合成纤维,2002,31(6)：16-18,24.

[8] 许浩骏.拉伸流场下UHMWPE纤维Shish-Kebab晶体的结构演变[D].宁波：宁波大学,2016.

[9] 于俊荣.高强高模聚乙烯纤维成形机理与工艺研究[D].上海：东华大学,2002.

[10] 高绪珊,吴大诚.高聚物纤维结构的形成[M].北京：化学工业出版社,2004.

[11] Allied-Signal Inc..Method for removal of spinning solvent from spun fiber：US07/803860[P]. 1993-05-25.

[12] Honeywell International Inc..High tenacity high modulus UHMWPE fiber and the process of making：US201715704105[P]. 2018-01-18.

[13] 达巍峰.超高分子量聚乙烯纤维产业现状与发展[J].新材料产业,2011(9)：17-20.

[14] 陈成泗,胡开波,陈建锋,等.高强聚乙烯纤维的产业化及其复合材料应用[J].塑料,2007,36(1)：86-90,50.

[15] 刘美玲.高强高模聚乙烯纤维缝纫线的开发[D].天津：天津工业大学,2022.

[16] 虢凡郡.4,8-二氨基-1,5-萘二酚的合成及其聚合工艺的研究[D].哈尔滨：哈尔滨工业大学,2021.

[17] 李惠兰.UHMWPE管材模内缠绕成型方法与制品性能研究[D].广州：华南理工大学,2021.

[18] 代栋梁.UHMWPE纤维的辐照交联改性及抗蠕变性能研究[D].上海：东华大学,2018.

[19] Siskey R，Smelt H，Boon-Ceelen K，et al. UHMWPE homocomposites and fibers[M]. UHMWPE Biomaterials Handbook (Third Edition). Oxford：William Andrew Publishing. 2016：398-411.

[20] 刘华建.SGM填充UHMWPE复合材料流变行为及热性能研究[D].南昌：南昌大学,2023.

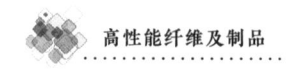

[21] 翟福强. 高性能纤维基本原理及制品成形技术[M]. 北京：化学工业出版社,2022.
[22] 刘丽超. 超高分子量聚乙烯改性料流变特性及熔融纺丝研究[D]. 北京：北京化工大学,2020.
[23] Kurtz S M. A primer on UHMWPE [M]. UHMWPE Biomaterials Handbook (Third Edition). Oxford：William Andrew Publishing. 2016：1-6.
[24] 史淼磊. UHMWPE复合材料制备及结构性能研究[D]. 郑州：郑州大学,2022.
[25] 张志广,倪斌庆,谢竞慧,等. 超高分子量聚乙烯塑料基体负重轮轻量化技术研究[J]. 塑料工业,2023,51(2)：133-139.
[26] 俞建勇,赵谦. 高性能纤维与织物[M]. 北京：中国铁道出版社,2020.
[27] 郭云竹. 高性能纤维及其复合材料的研究与应用[J]. 纤维复合材料,2017,34(1)：7-10.
[28] Shavit-Hadar L, Lkhalfin R, Cohen Y, et al. Harnessing the melting peculiarities of ultra-high molecular weight polyethylene fibers for the processing of compacted fiber composites[J]. Macromolecular Materials and Engineering,2005,290(7)：653-656.
[29] Zhao Y, Li H Q, Zhang Z L, et al. Nanoindentation study of time-dependent mechanical properties of ultra-high-molecular-weight polyethylene (UHMWPE) at different temperatures[J]. Polymer Testing,2020,91：106787.
[30] 薛淑云,叶伟,王征,等. 超高分子量聚乙烯纤维的耐高温性能[J]. 现代纺织技术,2024,32(3)：53-60.
[31] 孙山峰,代士维,徐绍魁. 超高分子量聚乙烯纤维的性能与应用[J]. 当代化工研究,2019(7)：97-98.
[32] 武博语,王碧武,邢俊杰,等. UHMWPE纤维及其复合材料防刺性能概述[J]. 广东化工,2023,50(7)：94-95+93.
[33] 文鑫. 高抗蠕变超高分子量聚乙烯纤维的制备及性能研究[D]. 武汉：武汉纺织大学,2023.
[34] 牛艳丰,于敏. 超高分子量聚乙烯纤维在民用领域的应用进展[J]. 纺织导报,2016(10)：94-95.
[35] 任意. 超高分子量聚乙烯纤维性能及应用概述[J]. 广州化工,2010,38(8)：87-88.
[36] 唐进单. UHMWPE纤维的制备及应用领域[J]. 化纤与纺织技术,2018,47(3)：23-27.
[37] 董长胜,王海东,杨杨,等. Ku/Ka双频段防弹天线罩复合材料性能[J]. 复合材料学报,2018,35(2)：260-266.
[38] 余大荣,辛勇. 超高分子量聚乙烯改性研究进展[J]. 中国塑料,2022,36(8)：135-145.
[39] 张金峰,王金堂,王余伟,等. 紫外辐射交联改善UHMWPE纤维蠕变性能研究进展[J]. 合成技术及应用,2014,29(3)：13-17.
[40] 郑震,施楣梧,周国泰. 超高分子量聚乙烯纤维增强复合材料及其防弹性能的研究进展[J]. 合成纤维,2002(4)：20-23+26.
[41] 董萍,徐诚,陈菁. 非贯穿侵彻超高分子量聚乙烯纤维软体防弹衣数值模拟[J]. 计算机辅助工程,2013,22(1)：46-49+53.
[42] 杨正国. 超高分子量聚乙烯纤维防切割手套应用与市场分析[J]. 合成技术及应用,2015(2)：17-19.
[43] 罗益锋,罗晰旻. 全球高性能纤维将呈风云变幻格局[J]. 高科技纤维与应用,2017,42(6)：1-7+19.

[44] 张银,任煜. 高性能纤维染色改性的研究进展[J]. 合成纤维工业,2015,38(4):35-39.

[45] 石建高. 渔业装备与工程用合成纤维绳索[M]. 北京:海洋出版社,2016.

[46] 石建高. 海水抗风浪网箱工程技术[M]. 北京:海洋出版社,2016.

[47] 高兴鹏. 超高分子量聚乙烯深海抗风浪网箱的制作及应用[D]. 青岛:山东科技大学,2014.

[48] 余黎明. 我国超高分子量聚乙烯行业发展现状及前景[J]. 化学工业,2012,30(9):1-5,15.

[49] 张艳. 超高分子量聚乙烯纤维在防弹和防刺材料方面的应用[J]. 产业用纺织品,2010,28(10):9-39.

[50] Golovin K, Phoenix S L. Effects of extreme transverse deformation on the strength of UHMWPE single filaments for ballistic applications[J]. Journal of Materials Science,2016,51(17):8075-8086.

[51] Wang H, Hazell P J, Shankar K, et al. Impact behaviour of Dyneema® fabric-reinforced composites with different resin matrices[J]. Polymer Testing,2017,61:17-26.

[52] Chen Z, Xu Y, Li M, et al. Investigation on residual strength and failure mechanism of the ceramic/UHMWPE armors after ballistic tests[J]. Materials,2022,15(3):901.

[53] Li A, Yuen A C Y, Wang W, et al. A review on lithium-ion battery separators towards enhanced safety performances and modelling approaches[J]. Molecules,2021,26(2):478.

[54] Li R, Gao P. Nanoporous UHMWPE membrane separators for safer and high-power-density rechargeable batteries[J]. Global Challenges,2017,1(4).

[55] Zhao C, He J, Li J, et al. Preparation and properties of UHMWPE microporous membrane for lithium ion battery diaphragm[J]. IOP Conference Series:Materials Science and Engineering,2018,324(1):12089.

[56] Babiker D M D, Wan C, Mansoor B, et al. Superior lithium battery separator with extraordinary electrochemical performance and thermal stability based on hybrid UHMWPE/SiO_2 nanocomposites via the scalable biaxial stretching process[J]. Composites Part B:Engineering,2021,211:108658.

[57] 杨勇,汪圣光,杨光,等. 一种基于高强度复合材料的雷达天线罩:CN 108258411 A[P]. 2018-07-06.

[58] Lee D, Choi I, Lee D G. Development of a damage tolerant structure for nano-composite radar absorbing structures[J]. Composite Structures,2015,119:107-114.

[59] Patil N A, Njuguna J, Kandasubramanian B. UHMWPE for biomedical applications:Performance and functionalization[J]. European Polymer Journal,2020,125:109529.

[60] Sharma V, Chowdhury S, Keshavan N, et al. Six decades of UHMWPE in reconstructive surgery[J/OL]. International Materials Reviews,2022:1-36.

[61] Hussain M, Naqvi R A, Abbas N, et al. Ultra-high-molecular-weight-polyethylene (UHMWPE) as a promising polymer material for biomedical applications:A concise review[J]. Polymers,2020,12(2):323.

[62] Abdul S M. Recent advances in UHMWPE/UHMWPE nanocomposite/UHMWPE hybrid nanocomposite polymer coatings for tribological applications:A comprehensive review[J]. Polymers,2021,13(4):608.

[63] Bistolfi A, Giustra F, Bosco F, et al. Ultra-high molecular weight polyethylene (UHMWPE) for hip and knee arthroplasty: The present and the future[J]. Journal of Orthopaedics, 2021, 25: 98-106.

[64] Zhu W, Liu H, Yan W, et al. The fabrication of superhydrophobic PTFE/UHMWPE composite surface by hotpressing and texturing process[J]. Colloid and Polymer Science, 2017, 295(5): 759-766.

[65] Wang N, Xiong D, Pan S, et al. Robust superhydrophobic coating and the anti-icing study of its lubricants in fused-composited surface under condensing condition[J]. New Journal of Chemistry, 2017, 41(4): 18-46.

第 7 章 其他高性能纤维

7.1 PBO 纤维

作为刚性棒状芳杂环聚合物家族的一员,聚对苯撑苯并二噁唑(Poly-p-phenylene-benzobisoxazole,PBO)是美国斯坦福大学 Wright 实验室为满足美国空军对耐高温、高强度材料的需求而设计的大分子化合物。1991 年,DOW 化学公司与日本东洋纺织公司开始联合研究 PBO 纤维,并于 1995 年进行试生产,随后在 1998 年 10 月开始商业化生产,商品名为柴隆(Zylon®)。PBO 纤维具有高强度、高模量、耐热和阻燃等优点,被誉为 21 世纪的超级纤维。

7.1.1 PBO 纤维的制备

PBO 可以由两步法合成,其反应式如图 7-1 所示。对苯二甲酰氯或对苯二甲酸(TAP)与 4,6-二氨基间苯二酚盐酸盐(DADHB·2HCl)反应会生成可溶的邻苯羟基聚酰胺,经脱水环化后可得 PBO。由该方法得到的 PBO 不溶不熔,不能形成液晶溶液进行纺丝。PBO 也可由熔融缩聚一步制得,例如利用 4,6-二氨基间苯二酚盐与对苯二甲腈或对苯二甲酸二苯酯熔融缩聚可得 PBO。

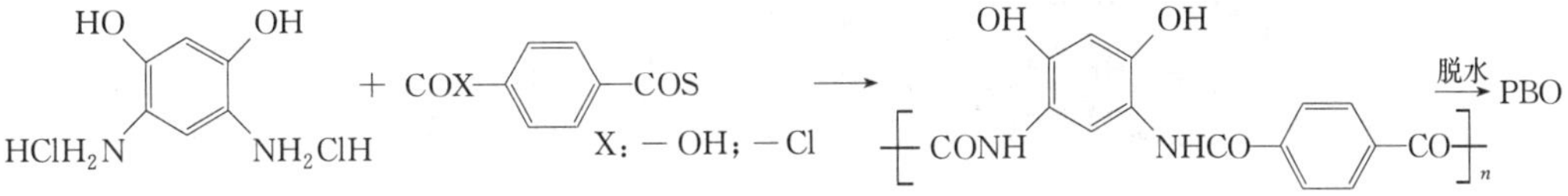

图 7-1 PBO 合成反应式

刚棒结构聚合物的液晶溶液具有一系列不同于一般高分子溶液的性质,其最大的优点是具有流变学特性,如果将此特性应用于纤维加工过程,即采用液晶纺丝技术,可以顺利地解决高黏度溶液纺丝过程中的一系列问题。纺丝液的配制可以采用两步法,即预先制成聚合物,然后将其溶解形成纺丝液;也可以采用一步法,即直接用单体在溶剂中缩聚得到的聚合物溶液作为纺丝液。所制得的溶液经过混合、过滤、脱泡等准备工序,然后进行纺丝。PBO 通常采用以 PPA(Phenylpropanolamine)为溶剂的干喷-湿纺工艺进行液晶纺丝,如图 7-2 所示。

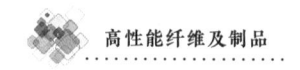

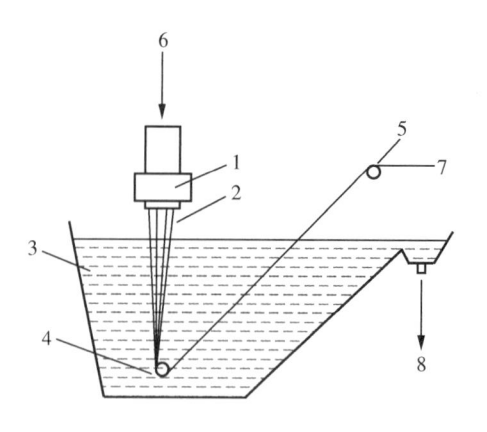

1—喷丝头；2—空气层；3—凝固浴；4,5—导丝辊；6—纺丝液入口；7—丝条；8—凝固浴出口

图 7-2 干喷-湿纺纺丝工艺过程

7.1.2 PBO 纤维的结构

PBO 是一种棒状芳杂环聚合物，具有高热稳定性、分子取向度和链刚性，其纤维实物和化学结构如图 7-3 所示。这些特性都依赖于苯并双噁唑与苯环之间的共轭聚合物主链，这将导致 π 电子的离域或共振效应，进而促使其结构趋于稳定。PBO 的特殊分子结构决定了其纤维具有高强度、高模量、耐高温的优良特性。

（a）纤维实物　　　（b）化学结构

图 7-3 PBO 纤维实物和 PBO 化学结构

7.1.3 PBO 纤维的性能

PBO 纤维的强度和模量约为对位芳纶的两倍。特别是弹性模量，PBO 作为直链高分子，其纤维被认为具有极限弹性模量。以东洋纺报道的 Zylon 为例，表 7-1 列出了 PBO 纤维的主要性能。表 7-2 比较了 PBO 纤维与其他高性能纤维的主要性能。此外，其耐冲击性和尺寸稳定性优异，并具有质轻而柔软的特性，是理想的纺织原料。

表 7-1　PBO 纤维的主要性能

指标	AS 型	HM 型
线密度/dtex	1.70	1.70
密度/(g·cm^{-3})	1.54	1.56
拉伸强度/(cN·dtex^{-1})	37.00	37.00
拉伸模量/(cN·dtex^{-1})	1 150.00	1 720.00
断裂延伸率/%	3.50	2.50
回潮率/%(RH=65%)	2.00	0.6
分解温度(空气中)/℃	650.00	650.00
LOI/%	68.00	68.00

表 7-2　PBO 纤维与其他高性能纤维的主要性能比较

纤维类别	断裂强度/(N·tex^{-1})	模量/GPa	断裂伸长率/%	密度/(g·cm^{-3})	回潮率/%	LOI/%	裂解温度/℃
Zylon HM 纤维	3.7	280	2.5	1.56	0.6	68	650
Zylon AS 纤维	3.7	180	3.5	1.54	2	68	650
对位芳族聚酰胺纤维	1.95	109	2.4	1.45	4.5	29	550
同位芳族聚酰胺纤维	0.47	17	22	1.38	4.5	29	400
钢纤维	0.35	200	1.4	7.8	0	—	—
碳纤维	2.05	230	1.5	1.76	—	—	—
高模量聚酯纤维	3.57	110	3.5	0.97	0	16.5	150
聚苯并咪唑纤维	0.28	5.6	30	1.4	1.5	41	550

7.1.4　PBO 纤维的应用

PBO 纤维的优势主要在于其优异的耐热性能、拉伸性能和抗冲击性,因此其应用主要集中于热防护领域、增强材料领域和防弹材料领域,如图 7-4 所示。PBO 纤维具有耐高温、耐烧蚀的特性,在火焰中不燃烧、不收缩,仍能保持柔软的纤维状态,有一定的阻燃和隔热效果。因此,PBO 纤维可用于消防服、焊接工作服、炉前工作服等。美国萨展米尔兹公司已开始产业化生产和销售由 PBO 纤维及其与共聚芳胺纤维的混纺纱制成的新型消防服。此外,PBO 纤维还可以制成铝合金及玻璃加工时的耐高温垫料,其可耐温度超过 350 ℃。PBO 纤维也被用作高温过滤设备中的耐高温过滤材料、飞机座椅的阻燃层等。

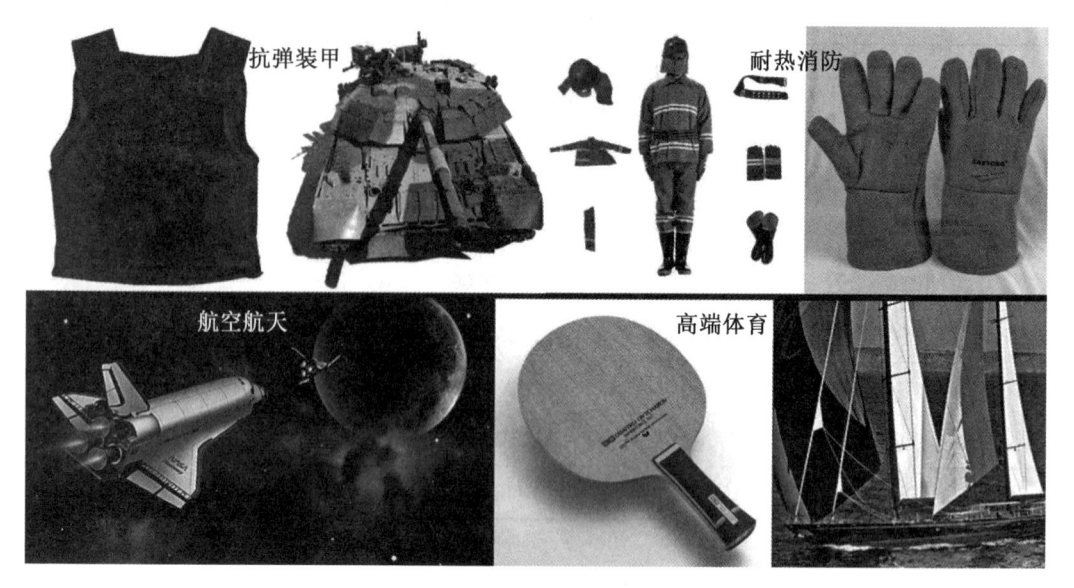

图 7.4　PBO 纤维的应用领域

7.2　陶瓷纤维

陶瓷纤维作为一类重要的陶瓷材料,得到了众多研究者的广泛关注。将陶瓷纤维与陶瓷基质复合制备纤维增强陶瓷基复合材料,是提高陶瓷韧性的有效办法。陶瓷纤维的制备方法众多,它具有耐高温、热稳定性好、质量轻、导热率低、比热小及耐机械震动等优点,因而在机械、冶金、化工、石油、陶瓷、玻璃、电子等行业都得到了广泛的应用。常用的陶瓷纤维有氧化铝(Al_2O_3)纤维、硅酸铝纤维及碳化硅纤维等。

7.2.1　陶瓷纤维的制备

氧化铝纤维的制备方法主要有溶胶-凝胶法、预聚合法、卜内门法、浸渍法及水热法,其中溶胶-凝胶法是常用的一种。与传统熔融工艺相比,溶胶-凝胶工艺的主要优点是加工温度较低,纤维直径均匀,晶粒细小,可以很好地控制纤维的使用性能。制备硅酸铝纤维时,先将原料放入电熔炉,在 2000 ℃左右的温度下,原料熔融,其熔体在离心力或连续气流的作用下从喷丝头喷出并在空气中冷却,高黏度的熔融态 Al_2O_3-SiO_2 混合物在离心力作用下及强烈的空气流或蒸汽流的带动下,可被喷成细丝,并在强烈的冷却作用下凝固成直径为 0.5~0.7 μm、长度为 5~25 cm 的纤维。碳化硅(SiC)纤维的制备方法主要有化学气相沉积(CVD)法、先驱体转化(PIP)法、活性碳纤维转化(ACF)法。

7.2.2 陶瓷纤维的结构

氧化铝纤维是一种多晶质高性能无机纤维,其化学成分为95%的 Al_2O_3 和5%的 SiO_2,部分氧化铝纤维中 SiO_2 含量达15%左右。美国3M公司生产的 Nextel 系列氧化铝纤维具有较高的成熟度,图7-5所示为 Nextel 720 粗纱。在制备 Nextel 720 纤维的过程中,SiO_2 与 Al_2O_3 反应生成 $3Al_2O_3 \cdot 2SiO_2$,形成针状 $3Al_2O_3 \cdot 2SiO_2$ 环绕微晶 α-Al_2O_3 的结构,如图7-6所示。

图 7-5　Nextel 720 粗纱

图 7-6　Nextel 720 纤维的微观结构

硅酸铝纤维是由 Al_2O_3-SiO_2 熔体在骤冷条件下形成的,纤维直径多为 2～6 mm,其表面光滑而无缺陷。

碳化硅的结构与金刚石类似,但碳化硅具有多种晶体结构,且具有多种同质异构体的性质,因此在同等物质的量条件下,它可能含有多种原晶体结构排序,如菱形结构、纤维锌矿结构和闪锌矿结构等。SiC 中的硅和碳元素都属于ⅣA族,同时具有四个最外电子层,其中 Si 原子的电子轨道为 $3s^2 3p^2$,C 原子的电子轨道为 $2s^2 2p^2$,如图7-7所示。

图 7-7　SiC 材料的原子结构

7.2.3 陶瓷纤维的性能

目前,陶瓷纤维材料已在冶金、机械、石油、化工、电子、船舶、交通运输及轻工业等部门得到广泛应用,并用于宇航及原子等尖端科学技术领域。氧化铝纤维的抗拉强度一般在 1.4～2.45 GPa,抗拉模量在 190～385 GPa,使用温度可达 1400～1600 ℃,热导率是普通耐火砖的 1/6,而容重只有后者的 1/25。硅酸铝纤维具有很小的密度、比热容、热导率和特别好的耐温度急变性,使用温度大于 1200 ℃。表 7-3 列出了部分常用陶瓷纤维的主要性能。

表7-3 常用陶瓷纤维的主要性能

纤维类别	质量分数/%	直径/μm	密度(g·cm⁻³)	拉伸强度/模量/GPa	晶相
Tyranno SA 纤维	Si(68)+C(32)	7.5	3.1	2.8/410	结晶
菲利华石英纤维	SiO_2(≥99.95)	6~8	2.2	1.70/78	无定型 SiO_2
Saphikon Sapphire 纤维	Al_2O_3(100)	75~225	4.0	2.10~3.40/414	α-氧化铝
杜邦 FP 纤维	Al_2O_3(100)	20	3.9	1.40~2.1/380~400	α-氧化铝
Mitsui Mining Almax 纤维	AlO_3(99.9)	10	3.6	1.02/344	α-氧化铝
3M Nextel 610 纤维	Al_2O_3(99) Fe_2O_3(0.7) SiO_2(0.3)	10~12	3.9	3.10/380	α-氧化铝
3M Nextel 720 纤维	Al_2O_3(85) SiO_2(15)	10~12	3.4	2.10/260	莫来石、α-氧化铝
3M Nextel 440 纤维	Al_2O_3(70) SiO_2(28) B_2O_3(2)	10~12	3.05	2.00/190	莫来石、γ-氧化铝
3M Nextel 312 纤维	Al_2O_3(62.5) SiO_2(24.5) B_2O_3(13)	10~12	2.7	1.7	γ-氧化铝、无定型 SiO_2
ALF-FB3 纤维	Al_2O_3(70) SiO_2(28) B_2O_3(2)	10	3.0	1.75/190	γ-氧化铝、无定型 SiO_2

7.2.4 陶瓷纤维的应用

Al_2O_3 长纤维也称为连续纤维,可用作高温隔热材料、高温反应的催化剂或催化剂载体,以及金属基、陶瓷基等复合材料的增强体。美国 NASA 的格林研究中心和美国 COI Ceramics 公司联合采用氧化铝纤维增强氧化物陶瓷复合材料制备了发动机尾部混合器的缩比件,如图 7-8 所示。硅酸铝纤维可以制成各种形式的产品,如纤维垫、纤维毡、纤维板、纤维纸、纤维绳和各类织物等。硅酸铝纤维材料在工业中已经有 40 年的应用历史,从耐热材料、绝热材料发展成为隔热材料,其应用领域已涉及能源、化工、冶金、航空航天及新型隔热材料。碳化硅增强陶瓷(CMC)比超耐热合金的质量轻,具有高温耐热性,并且能显著地改善陶瓷固有的脆性,所以 CMC 可用作宇宙火箭、航空喷气式发动机等耐热部件以及高温耐腐蚀化学反应釜材料等。

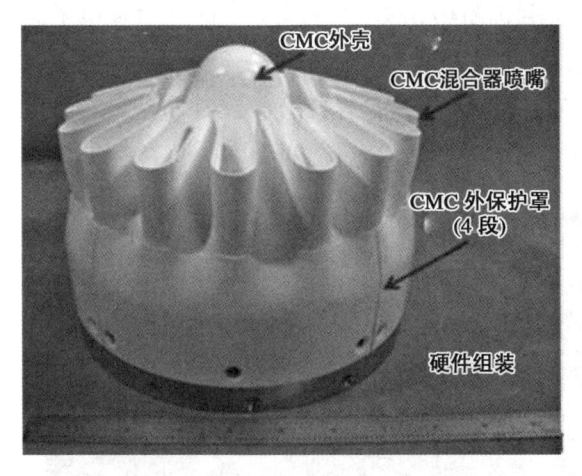

(a) 混合器 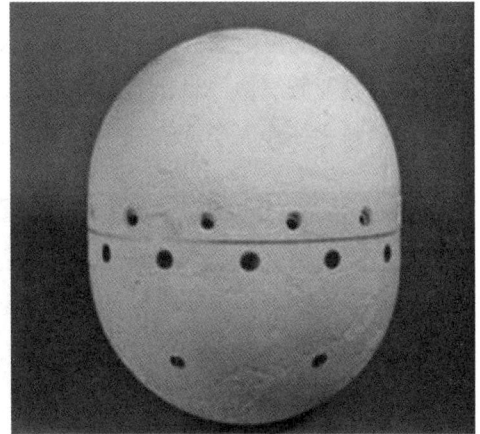 (b) 返回舱

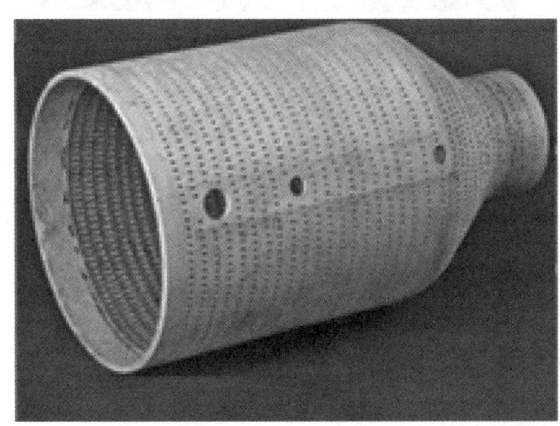

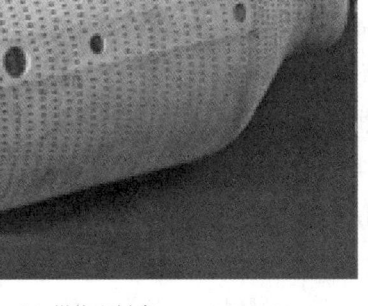

(c) 燃烧室衬套  (d) 尾喷

图 7-8　氧化铝纤维增强氧化物陶瓷复合材料应用实例

7.3　聚酰亚胺纤维

聚酰亚胺（Polyimide，PI）是指分子主链上存在酰亚胺基团的一类高性能高分子材料，如图 7-9 所示。一般直链状聚酰亚胺结构的亚胺骨架在主链上，其合成是困难的，并没有实用价值，而环状结构的聚酰亚胺，其性能优异，选择的单体不同，可以得到种类繁多、实用性很强的产品。聚酰亚胺特殊的五元杂化结构，使其表现出很独特的性能，可以在 200~400 ℃条件下具有优异的力学性能、

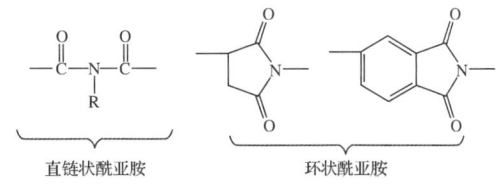

直链状酰亚胺　　环状酰亚胺

图 7-9　聚酰亚胺化学结构

介电性能、电绝缘性、耐腐蚀性、耐磨性等,是目前耐热等级较高的高分子材料,在微电子器件、覆铜板材、高温绝缘材料、航空航天等领域得到了广泛的应用。图 7-10 所示为聚酰亚胺纤维及聚酰亚胺织物。20 世纪 60 年代,聚酰亚胺材料就被世界各国誉为 21 世纪最有希望的工程塑料之一。现今,聚酰亚胺材料被认为铸造了微电子技术产业。

(a) 聚酰亚胺纤维　　　　　　　　　　　(b) 聚酰亚胺织物

图 7-10　聚酰亚胺材料

最早在 1908 年,就有人发现,在加热 4-氨基邻苯二甲酯或二甲酸酐时,脱去醇或水,会产生芳香族 PI,但是那个时候,其本质还未被人们充分认识。20 世纪 40 年代,关于聚酰亚胺的一些专利开始出现。一直到 20 世纪 50 年代,聚酰亚胺才真正开始作为一种高分子材料得到研究和发展,当时美国的杜邦公司申请了许多有关聚酰亚胺产品的专利,从此开启了聚酰亚胺蓬勃发展的序幕,也使得芳杂环聚合物成为世界各国耐热高分子材料的研究热点。日本在 20 世纪 70 年代后期开始聚酰亚胺的研究。1982 年,美国通用电气公司开始生产商品化的热塑性聚酰亚胺 Ultem 材料,虽然其性能并不很理想,但是生产工艺简单且加工成本低。20 世纪 80 年代末,日本的三井东压公司研究和生产了结晶性热塑性聚酰亚胺 Aurum 材料,其玻璃化转变温度(T_g)达到 250 ℃,是商品化的可注塑和挤出成形的聚合物。我国于 20 世纪 60 年代开始聚酰亚胺的研究,70 年代由原一机部组织开展了 PI 薄膜制造技术的研究。20 世纪 90 年代后,由于合成方法的改进和产品需求的增加,聚酰亚胺的研究开发进入黄金时期。这些年来,国内许多高校和科研机构对聚酰亚胺做了深入的基础研究和应用开发,并取得了一定的研究成果,掌握了具有我国自主知识产权的聚酰亚胺生产制造技术。部分聚酰亚胺纤维的力学性能如表 7-4 所示。

表 7-4　聚酰亚胺纤维的力学性能

纤维型号	强度/GPa	模量/GPa	伸长率/%
S25	2.4~2.9	120±10	2.0~3.0
S30M	2.9~3.4	160±10	2.0~3.0

(续表)

纤维型号	强度/GPa	模量/GPa	伸长率/%
S30	2.9~3.4	120±10	3.0~4.0
S35	3.4~3.9	120±10	3.0~4.0

近年来,每年有数千条以上的有关聚酰亚胺的文献发表,聚酰亚胺的发展非常迅速。20世纪80年代以来,美国、欧洲及日本等国家每年都会举办许多以聚酰亚胺为主题的学术会议。我国也从1988年开始,每两年举办一次复合材料领域的专题会议及中日尖端芳香族高分子研讨会。近年来,随着我国经济的飞速发展,航空航天、轨道交通以及电子信息领域对高性能材料的需求不断增加。一系列重大科技项目,如探月计划、国产大飞机项目、先进战斗机制造以及"中国制造2025"等,必将给聚酰亚胺材料带来更多的机遇和挑战。

7.3.1 聚酰亚胺纤维的制备

聚酰亚胺的种类相当多,其结构和性质是千差万别的,合成途径也是多种多样的,可以根据应用需求进行适当的选择,这种合成上的灵活性具有其他聚合物材料无法比拟的优势。根据反应过程和机理的不同,可以将聚酰亚胺的合成方法主要分成两种,分别称为"两步法"和"一步法"。

7.3.1.1 两步法

聚酰亚胺的两步法合成中,第一步是在低温条件下(−10 ℃到室温),将二胺和二酐置于非质子极性有机溶剂中,如N-甲基-2-吡咯烷酮(NMP)、N,N-二甲基甲酰胺(DMF)及N,N-二甲基乙酰胺(DMAc)等,进行聚合反应,生成聚酰胺酸前驱体;第二步是经过热亚胺化或化学亚胺化反应生成聚酰亚胺,如图7-11所示。在微电子工业领域得到广泛应用的Kapton和Upilex薄膜都是采用两步法合成的。因为前驱体即聚酰胺酸含有游离的羧基和酰胺键,所以聚酰胺酸在常用的有机溶剂中具有较好的溶解性能,而得到的聚酰亚胺一般是难溶解、难熔融的。

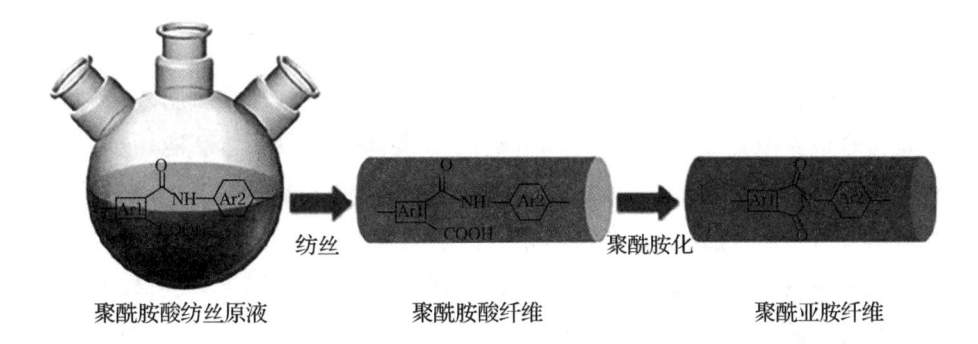

图 7-11 两步法纺丝的工艺过程

聚酰胺酸的酰亚胺化主要是脱水环化的过程，可以采用高温加热法或化学法来实现。高温加热法一般采用程序升温的过程，在200~300℃下加热一段时间来实现。通常认为，将亚胺化得到的聚酰亚胺在300℃下进行热处理，可以使亚胺化程度达到90%以上。在高温加热法亚胺化过程中，完全亚胺化的温度和大分子链的刚性相关，刚性比越大，亚胺化的温度就越高。另外，与在固相中进行亚胺化比较，在溶液中进行亚胺化可采用较低的温度，其原因主要是在溶液中聚合物分子链具有更大的活动性。聚酰胺酸如果亚胺化不完全，那么在加工过程中副反应物——水会对制品产生影响。为了得到亚胺化完全的聚酰亚胺，一般需要在亚胺化过程的最后，把温度提高到聚酰亚胺的玻璃化温度以上。高温加热法亚胺化的优势是简单、实用、成本低，不论在实验室还是工业领域，都得到了广泛应用。聚酰胺酸的高温加热法亚胺化过程中也存在发生副反应的问题：第一，可能生成环化异构亚胺；第二，不仅在分子内发生亚胺化，也可能在分子间发生亚胺化；第三，聚酰胺酸在300℃以上的条件下加热较长时间，可能会发生交联副反应，生成的聚酰亚胺变得不溶。

对聚酰胺酸进行化学法亚胺化一般是在脱水剂的作用下完成的，常用的脱水剂为酸酐，以三乙胺或者吡啶等作为催化剂。聚酰胺酸可以粉末、纤维或薄膜状态直接在脱水剂中进行亚胺化，也可以在混有脱水剂的聚酰胺酸溶液中环化，亚胺化的产物即聚酰亚胺会根据自身的溶解能力选择继续溶解或者沉淀析出。该种亚胺化方法环化程度可以达到95%以上。虽然化学法亚胺化的成本较高，但是优势明显：首先，聚酰胺酸中的羧酸基团会被脱水剂中的酸酐封锁，不会出现高温加热法亚胺化过程中相对分子质量反应平衡化的问题，同时排除水解反应，更易得到均匀拉伸的薄膜；其次，可以在常温下进行，具有较低的有序性，避免了高温下热环化引起的交联反应和颜色变深问题，能保留聚酰亚胺良好的溶解性能和光学性能；最后，虽然采用化学法环化可能会产生聚异酰亚胺副产物，但是其并不损伤材料性能，因为异酰亚胺呈几何不对称结构，更易溶于有机溶剂，熔体黏度也更低，并且在不产生挥发性物质的情况下易转化为聚酰亚胺。化学法亚胺化机理如图7-12所示。

7.3.1.2 一步法

与两步法的合成路线不同，一步法是在不需要将前驱体（即聚酰胺酸）进行分离的情况下直接合成聚酰亚胺，可以分为高温熔融一步合成法和高温溶液一步合成法，主要过程是将单体二胺与二酐在高沸点的有机溶剂中或形成熔融状态，在高温下聚合生成聚酰胺酸并直接酰亚胺化，以获得高相对分子质量的聚酰亚胺。高温熔融一步合成法需要聚酰亚胺的玻璃化温度在250℃以下或熔点在300℃以下，具有较好的熔融流动性能。高温溶液一步合成法采用的溶剂一般是芳香类或苯酚类，但这些溶剂的刺激性和毒性会限制其应用。与传统的两步法比较，一步法避免了聚酰胺酸溶液储存不稳定、相对分子质量分布较宽及复杂的环化过程，制得的聚酰亚胺具有较高的相对分子

图 7-12 化学法亚胺化机理

质量和分布较窄的多分散系数,具有更大的潜在开发应用价值。

7.3.2 聚酰亚胺纤维的结构

聚酰亚胺纤维大分子链的化学结构组成单元主要包括酰亚胺环、苯环或其他五元及六元杂环,具有键能大的特点,而且由于芳杂环间的 π-π 相互作用,分子链间的化学作用力显著增强。因此,分子链断裂所需能量较大,赋予聚酰亚胺纤维许多优异的特性,综合性能与应用价值远超常用高分子材料(图 7-13)。

聚酰亚胺纤维之所以具有优异的性能,与其独特的化学结构密不可分,更与其分子链在纤维轴向的高度取向及纤维横向的二维有序排列有着密切的联系。一般而言,高结晶度和高取向度能有效提升纤维性能,而聚酰亚胺纤维为半晶型聚合物,无定形区和结晶区的取向情况受拉伸作用的影响较大。纤维纺制过程中的每个步骤都会显著影响纤维的最终表观形态与微观结构(图 7-14),因此,这些特性与纤维的纺制方法息息相关。

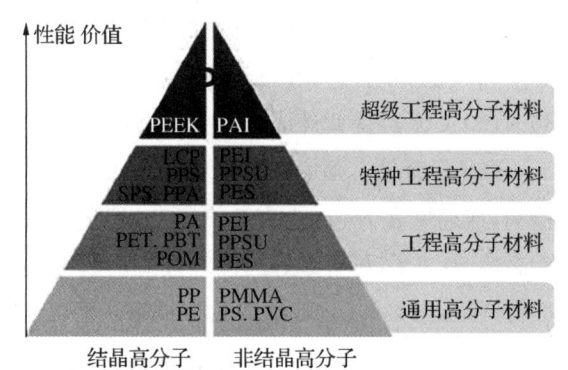

图 7-13 聚酰亚胺纤维与其他纤维的性能比较

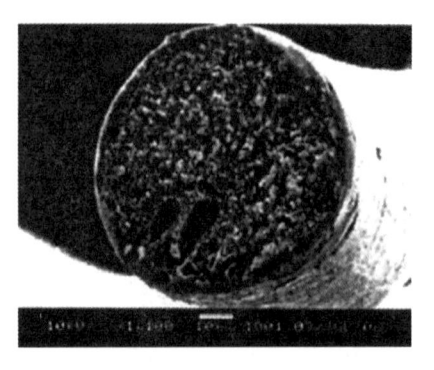

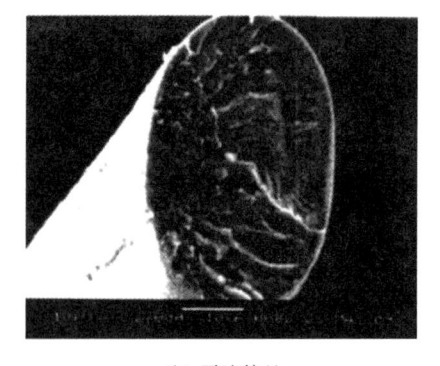

(a) 湿法纺丝　　　　　　　　　　　(b) 干法纺丝

图 7-14　不同纺丝路线制备的聚酰亚胺纤维断面形态

7.3.3　聚酰亚胺纤维的性能

与普通的纤维相比，聚酰亚胺纤维的性能优势表现在以下几个方面：

(1) 高强高模性。与普通纤维相比，聚酰亚胺纤维具有更高的抗拉强度和杨氏模量，如联苯四甲酸二酐/苯甲酸二甲基氨基乙酯型聚酰亚胺纤维的强度接近 3.5 GPa，模量接近 130 GPa。因此，聚酰亚胺纤维仅在力学性能方面就非常具有竞争力。

(2) 热稳定性。聚酰亚胺纤维的耐高温性尤为出色，热分解温度一般在 500 ℃ 左右，且在 800 ℃ 高温下质量损失不超过 50%。其中，由对苯二胺和联苯四酸二酐合成的聚酰亚胺纤维能在短时间内耐受 500 ℃ 以上高温，且保持其物理特性基本不变。

(3) 耐低温性。聚酰亚胺纤维的韧-脆转变温度低，在 -269 ℃ 的环境中仍具有柔韧性，保持一定的力学性能，是低温环境下工作的纤维材料首选之一。

(4) 耐辐照性。聚酰亚胺纤维经受 100 Mrady 射线辐照，其物理性能无明显降低，在 $80 \sim 100$ ℃ 下经受紫外线照射 24 h，强度保持率为 80%。

(5) 保暖性。国家权威检测机构对轶纶®、涤纶、羊绒三种短纤维絮片进行保暖性能检测，结果见表 7-5。由表 7-5 可知，聚酰亚胺纤维絮片的克罗值最高，热导率最低，保暖率高达 70.5%，具有最好的保暖性能。杨军杰等在 -30 ℃ 的环境下，对这三种纤维絮片进行测试，结果表明，聚酰亚胺纤维絮片的低温保暖性最好，几乎和羊绒相当。

表 7-5　聚酰亚胺纤维、涤纶纤维和羊绒的保暖性能对比

类别	面密度/(g·m^{-2})	克罗值	热导率/(W·m^{-1}·K^{-1})	保暖率/%
聚酰亚胺纤维絮片	123	1.41	4.58	70.5
涤纶纤维絮片	123	1.39	4.66	70.1
羊绒絮片	123	1.07	6.03	64.9

(6) 耐水解性。聚酰亚胺纤维在碱液、酸液和盐液中浸泡 24 h，拉伸强度保持率分别

为 79.14%、90.61% 和 97.77%。

(7) 低吸水性。在 20 ℃条件下，Kevlar 纤维的吸湿率为 4.65%，而聚酰亚胺纤维的吸湿率仅为 0.65%，远低于前者。

(8) 介电性。聚酰亚胺纤维的分子结构高度对称且大分子主链呈刚性，极性基团的活动受到限制，因而电绝缘性能好，属于 F 至 H 级绝缘，介电常数在 3.4 左右。

(9) 阻燃性。聚酰亚胺纤维的发烟率低，离火即灭。一般聚酰亚胺纤维的极限氧指数为 38% 左右，特殊结构的聚酰亚胺纤维的极限氧指数甚至高达 52%。

(10) 耐化学试剂稳定性。聚酰亚胺纤维不溶或难溶于一般有机溶剂，具有优良的耐化学品腐蚀性。

7.3.4 聚酰亚胺纤维的应用

聚酰亚胺纤维由于具有高强度、高模量、尺寸稳定性和电绝缘性好等优点，广泛应用于航空航天、新能源、电子封装、建筑及复合材料等领域(图 7-15)。

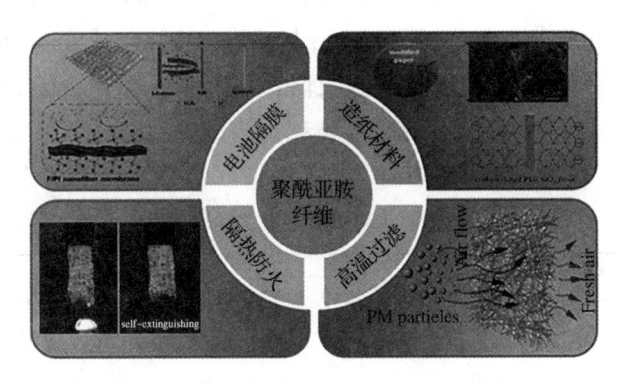

图 7-15 聚酰亚胺纤维在各领域的应用

7.3.4.1 高温过滤材料

近年来，大量人群因空气污染患上各种呼吸道疾病，工业粉尘污染已严重危害着人体健康，特别是化工、钢铁等行业。然而，传统的滤材并不能满足对上述行业产生的高温粉尘和腐蚀性气体的过滤。目前，无机纤维和耐高温合成纤维是常用的高温过滤材料。但是，无机纤维韧性不足、耐磨性差，且易被腐蚀，使用受环境限制较大。凭借优异的耐高温、耐腐蚀与阻燃特性，以聚酰亚胺纤维制备的过滤材料可满足对高温粉尘和腐蚀性气体的过滤。长春高崎聚酰亚胺材料有限公司生产的轶纶纤维已成功被加工成滤袋、汽车滤网以及滤毡，并广泛应用于水泥、燃煤发电、汽车涂装等行业。

7.3.4.2 隔热防火材料

隔热材料是指阻滞热流传递的材料，分为多孔材料、热反射材料和真空材料三类。聚酰亚胺纤维具有优异的耐高温、防火阻燃、不熔滴等特性，且导热系数低，是绝佳的隔热材料。另外,聚酰亚胺纤维可用于制造装甲部队防护服、赛车防燃服及其他各类特殊场合使用的纺织品,使这类纺织品具有穿着舒适、永久阻燃、使用寿命长的优点。

7.3.4.3 电池隔膜材料

近年来,锂离子电池发展迅速,在运行过程中,电池隔膜是分隔正负电极防止电池短路的关键部分。在电池实际运行中,如果超负荷工作或局部温度过高,都会引起火灾或爆炸。因此,使用聚乙烯或聚丙烯隔膜作为高容量锂离子电池的隔膜,会存在巨大的安全隐患。聚酰亚胺纤维可在 300 ℃高温下长期使用,并保持其物理性能基本不变,所以聚酰亚胺纤维膜可替代传统市售锂离子电池隔膜。

7.4 聚芳酯纤维

聚芳酯(Polyarylate,PAR)是一种通过酯键连接芳环而形成的高分子,其分子结构由刚性的棒状分子单元连接而成(表 7-6),在加热过程中可形成液晶,而且当其从液晶态冷却至固态时,分子链的高度取向排列会被保留下来,形成特有的高度取向结构,并且使其具有各向异性。具有这种行为的高分子被称为热致液晶高分子。习惯上,热致液晶高分子专指聚芳酯。

表 7-6 几种具有代表性的聚芳酯

公司/产品	年份	T_m/℃	分子结构式
卡宝蓝盾(Carborundum,CBO)公司聚对羟基苯甲酸酯	1963	>600	
卡宝蓝盾公司 Ekkcel I-2000	1972	420	
伊士曼柯达(Eastman Kodak)公司 X7G®	1974	244	
赛拉尼斯(Celanese)公司 Vectra®	1979	250~340	
杜邦(DuPont)HX-200® BASF ULTRAX® 住友化学(Sumitomo)Ekonol®	约1980	340	

聚芳酯可以通过熔融纺丝制备聚芳酯纤维,熔融液晶态的聚芳酯具有一定的取向度,当其流经喷丝孔、模口或流道时,即使以很低的剪切速率,也可以使其获得较高的取向,在不进行后拉伸的情况下,也能达到一般柔性链高分子经过后拉伸才有的分子取向度,因此具有优异的高强度、高模量特性。图7-16描述了液晶高分子与常规高分子在挤出加工中的不同。

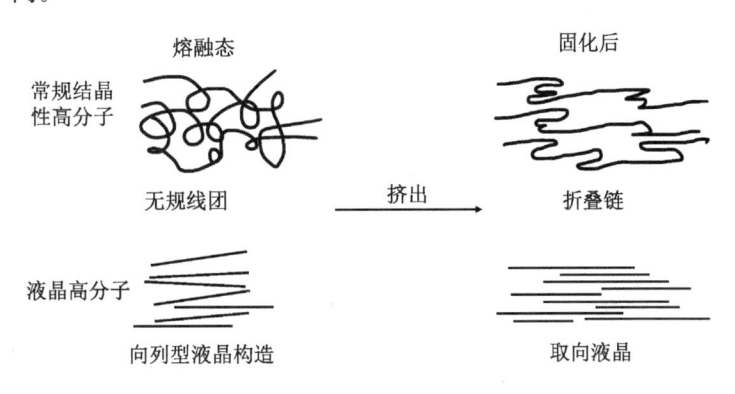

图7-16 液晶高分子与常规高分子的区别

1990年初,在日本西条首次实现了Vectran®系列纤维的商品化生产。该系列纤维是由Vectra®树脂经熔融纺丝和热处理而形成的高强度聚芳酯液晶纤维,成为世界上第一个商品化的热致液晶高分子纤维产品,目前已实现中强度(NT)、高强度(HT)和超高模量(UM)三个品级的规模化生产,由于其高度的取向结构和优异的力学性能,作为增强和防护材料广泛应用于航空航天领域,曾两次入选为美国火星登录器的安全气囊材料。

由于技术垄断,目前只有少数美国和日本公司掌握了热致液晶聚芳酯(TLCP)的生产专利和技术,而我国基本依靠进口。由于生产技术、聚合原料、纺丝设备等多方面的制约,我国在这方面的研究起步晚,中科院化学所、北大、清华等研究机构和高校从20世纪70年代开始展开对Vectran的相关研究,其工业化直至进入21世纪才有所发展。东华大学于2008年开始对聚芳酯纤维进行研究,推动了其国产化进程,在合成、改性、纺丝及热处理等方面,形成了相应的技术产权。

7.4.1 聚芳酯纤维的制备

7.4.1.1 纺丝成形

热致液晶聚芳酯在固态下呈现出各向异性,在熔融状态下则可以形成有序排列的液晶,并通过熔融纺丝法制成纤维。在热致液晶聚芳酯的纺丝和热处理中,大分子链排列及结晶的分子机理包括:各向异性的液晶高分子的熔体在通过喷丝孔的剪切流动中的流变性能,在毛细管出口处液体的弹性松弛,沿纺丝轴凝固前的拉伸流动和纤维冷却固化时的结晶。主链或侧链型液晶高分子的显著特点是在外力场作用下容易形成分子链取向。进入喷丝孔时受到轴向剪切力的作用,使得液晶分子产生取向。液晶分子由于其刚性较大,短时间内不易产生解取向,在喷丝孔内可保持良好的取向性,不进行后拉伸,就能达到一般高分子经过拉伸才能达到的取向。低相对分子质量、高相对分子质量液晶聚芳酯纺丝流程分布如图 7-17 和图 7-18 所示。

原料聚合 → 切片固相增黏 → 原料干燥 → 螺杆挤出纺丝 → 卷绕 → 热处理

图 7-17　低相对分子质量液晶聚芳酯纺丝流程

原料聚合 → 原料干燥 → 螺杆挤出纺丝 → 卷绕 → 热处理

图 7-18　高相对分子质量液晶聚芳酯纺丝流程

7.4.1.2　纤维热处理

TLCP 初生纤维的结晶取向程度虽然很高,但研究表明,其依然存在 100～200 nm 的微观缺陷结构,而经过热处理的纤维中观察不到缺陷结构,大分子取向沿纤维轴向和垂直纤维方向都比较均匀,拉伸强度显著提高。一般认为热处理的原理为固相缩聚,在惰性气体的条件下,对初生纤维进行升温加热处理,使分子链的末端基团进一步反应,相对分子质量得到提高,同时,热处理会改善聚合物的结晶,纤维熔点也有一定程度的升高,进而达到提高强度和模量的目的。

7.4.2　聚芳酯纤维的结构

在液晶聚芳酯纤维中,大分子链呈现充分伸展构象,并沿纤维轴向取向排列,形成微原纤,由多根微原纤组成原纤,再由原纤组成大原纤,最终组成具有高度取向结构的纤维,如图 7-19 所示。

初生纤维的表面较为光滑,撕开初生纤维的皮层,对皮层以下纵向撕裂的内部结构进行观察,可观察到高相对分子质量液晶聚芳酯纤维的表面与内部结构和高度取向的多重原纤结构,如图 7-20 所示。大分子链呈充分伸展构象,并沿纤维轴向取向排列,形成尺寸约为 0.05 μm 的微原纤,由多根微原纤组成尺寸为 0.5～1 μm 的原纤,再由原纤组成尺寸约为 5 μm 的大原纤,最终组成

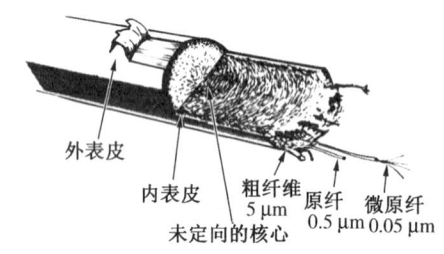

图 7-19　液晶聚芳酯纤维微观结构

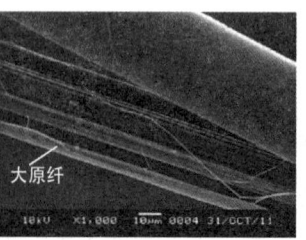

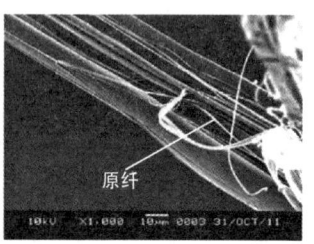

图 7-20　高相对分子质量液晶聚芳酯纤维 SEM 照片

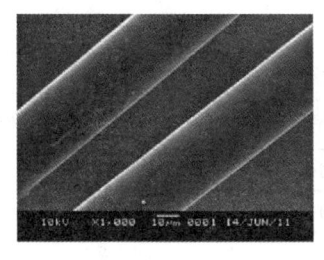

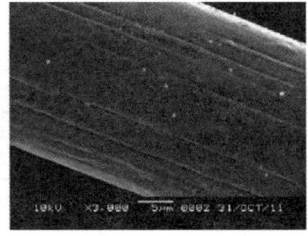

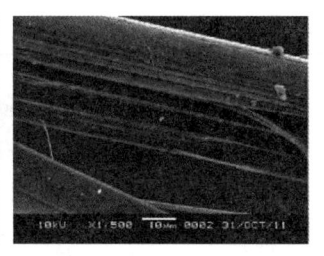

图 7-21　低相对分子质量液晶聚芳酯纤维 SEM 照片

具有高度取向结构的纤维,正是这种高度取向结构,赋予纤维优异的力学性能。图 7-21 为低相对分子质量液晶聚芳酯纤维的 SEM 照片,可以看出纤维的直径约 35 μm,纤维内部的原纤沿着纤维轴向平行排列。

7.4.3　聚芳酯纤维的性能

聚芳酯纤维是一种具有高强高模、耐高温、自阻燃、耐化学试剂、耐辐射、尺寸稳定性强等优异综合性能的高技术纤维,与目前传统的三大高性能纤维(芳纶、超高相对分子质量聚乙烯纤维、碳纤维)相比,是唯一一种采用熔融纺丝方法制备的高性能纤维,其制备成本低、污染小,而且该纤维无需后拉伸等工序,只需要通过热处理以进一步提高模量、强度和使用温度等。聚芳酯的优异性能表现在以下几个方面:

7.4.3.1　优良的力学性能

刚性棒状的液晶聚芳酯具有自发取向的特征,当熔融加工时,在剪切应力作用下分子沿流动方向取向而达到高度有序状态,冷却后这种结晶取向被固定下来,因而具有自增强的特征,表现出高强度、高模量的特点。

7.4.3.2　优异的耐热性

由于液晶聚芳酯纤维是由链间堆积结构紧密的直链高分子形成的,主链的分子间力大,加上分子高度结晶取向,大分子运动困难,使得热变形温度提高。

7.4.3.3　优异的耐化学药品性

聚芳酯的分子链高度取向与相互作用力使得其纤维结构致密,化学药品和气体难以渗透,因此显示出良好的耐化学药品性。表 7-7 比较了 Vectran® 纤维与普通 Kevlar® 纤维的耐化学药品性。

表 7-7　Vectran 纤维与普通 Kevlar 纤维的耐化学药品性

溶剂	质量分数/%	温度/℃	时间/h	强度保持率/%	
				Vectran® 纤维	普通型 Kevlar® 纤维
盐酸	10	70	1	96	73
	10	70	10	93	26

(续表)

溶剂	质量分数/%	温度/℃	时间/h	强度保持率/%	
				Vectran®纤维	普通型Kevlar®纤维
硫酸	10	70	10	94	79
	10	70	100	93	19
硝酸	10	70	10	95	23
	10	70	100	92	5
磷酸	10	70	100	93	46
	10	100	100	91	20
醋酸	40	70	100	94	37
	40	100	100	90	22
氢氧化钠	10	20	100	97	68
	10	70	20	66	21
	10	100	10	28	17

7.4.3.4 线膨胀系数小,尺寸稳定性优异

由于液晶聚芳酯纤维大分子链呈刚直结构,伸缩余地小,熔体和固体之间的结构变化和比容量变化小,因而其流动方向的线膨胀系数比普通高分子小一个数量级,成形收缩率比一般工程塑料低,制品尺寸精度高。

7.4.3.5 阻燃性能好

由于聚芳酯大分子链上有大量芳环,因此其纤维具有很好的阻燃性,在垂直燃烧测试中,结果可达UL94V-0级,燃烧时放出的烟和有毒气体也非常少。

7.4.3.6 耐磨性好

在干湿环境条件下,Vectran®纤维的耐磨性能均明显优于Kevlar®纤维,并且折断Vectran®纤维所需的摩擦次数比Kevlar®纤维大10~20倍,如表7-8所示。

表7-8 Vectran®纤维与Kevlar®纤维的耐磨性对比

耐磨耗/磨断时的次数	Vectran®纤维	Kevlar®纤维
研磨机磨耗	1317	145
纤维间磨耗	23 681	945

7.4.3.7 其他性能

聚芳酯纤维除了具有上述优异性能外,还具有优良的耐切割性能、电性能、耐气候老化性能以及良好的冲击性能等。

7.4.4 聚芳酯纤维的应用

鉴于上述优异的综合性能,聚芳酯纤维的应用领域广泛。

7.4.4.1 安全防护材料

目前,用于安全防护领域的材料包括超高相对分子质量聚乙烯、PPTA 等纤维。聚芳酯纤维的多项性能优于 PPTA 纤维,因此在防弹头盔、防弹衣以及防护手套等领域具有很大的应用前景。

7.4.4.2 绳索

热致液晶聚芳酯纤维的高强度且无蠕变的特性使其能够用来制造高性能绳索,其在拉伸负荷下很稳定。此外,聚芳酯纤维的耐磨性好,吸湿性低,耐酸碱,耐辐射,因此由聚芳酯纤维制备的绳索能够应用在海洋、军事、特殊工业等较为恶劣的环境下。

7.4.4.3 电子领域

热致液晶聚芳酯纤维已经广泛用于精密电子部件的注射成型,此外也用于印刷电路板、纤维光学增强原件和导体的加固。此外,优异的电绝缘性、尺寸稳定性和低膨胀系数使得热致液晶聚芳酯纤维成为电子领域应用的不二选择。

7.4.4.4 航空航天和军事

聚芳酯纤维可以用作飞行船体的增强材料和特殊的安全气袋等。Vectran® 纤维凭借其优异的综合性能可以满足现今宇航和军事上的特殊需要。美国曾在 1997 年和 2004 年,两次选用 Vectran® 纤维作为其火星探测器的安全气囊材料。2003 年、2004 年,日本的宇宙飞船也使用了该纤维。

7.4.4.5 其他应用

除了上述应用,聚芳酯纤维还可以应用于运动器材,如钓鱼杆和线、高尔夫球杆、滑雪板、网球拍等。由于聚芳酯纤维具有耐高温、耐化学药品、不吸水、尺寸稳定且抗气候老化等优异性能,它也可以应用于高温过滤行业。

7.5 聚四氟乙烯纤维

7.5.1 聚四氟乙烯纤维的制备

普朗克特·杜邦在 1938 年发明了聚四氟乙烯(PTFE)纤维,其商品名为 Teflon®,分子式为 $(C_2F_4)_x$。1950 年,这种材料开始大规模工业化生产。聚四氟乙烯纤维的常用制造方法有以下几种:

7.5.1.1 载体纺丝法

载体纺丝法(乳液纺丝法)是工业生产聚四氟乙烯纤维的主要方法。将平均相对分子质量在 300 万左右、粒径在 0.05~0.5 m 的聚四氟乙烯乳液(浓度为 60%)与黏胶丝或聚乙烯醇等成纤载体混合，制成纺丝液，经纺丝加工后，将载体在高温下炭化去除，剩下的聚合物经过烧结而形成连续纤维。这种方法可制得纤度较小的纤维，但在烧结过程中易产生结构上的缺陷，并混入载体的炭化物，因而强度较低，呈褐色。

7.5.1.2 挤压纺丝法

根据聚四氟乙烯纤维纺丝液的性能，挤压纺丝法可分为糊料挤出纺丝法和凝胶挤出纺丝法。糊料挤出纺丝法是将聚四氟乙烯粉末与易挥发物调成糊料，经螺杆挤出后通过窄缝式的喷丝孔纺成条带状纤维，然后用针辊进行原纤化处理，最终制得纤度较大的纤维。由于糊料挤出纺丝法不含黏结剂的炭化残渣，由此法获得的聚四氟乙烯纤维的强度比较高，通常用来制成薄膜带、缝纫线、单丝、除尘袋和接缝密封胶。凝胶挤出纺丝法通常是将聚四氟乙烯分散乳液与聚乙烯醇混合，由于聚乙烯醇在碱性条件下会与硼酸盐或硼砂发生凝胶反应，所以形成凝胶纺丝液；将纺丝液通过气压或螺杆输送到纺丝头，然后进行干纺和干燥。由此法制备的聚四氟乙烯纤维的质量好，可广泛用于过滤材料。

7.5.1.3 膜裂纺丝法

膜裂纺丝工艺最早由奥地利 Lenzing（兰精）公司于 20 世纪 20 年代初开发，该公司还申请了"切割膜裂法"专利。该方法可用于制造高纯的聚四氟乙烯长丝和短纤。首先将聚四氟乙烯薄膜割裂，形成具有一定宽度（3～16 mm）的窄条；然后将窄条加热拉伸至一定的比例，在拉伸过程中，纤维或单丝获得其最终的线密度、密度和拉伸强度；最后卷绕纤维或单丝，也可将纤维加捻后再卷绕。

7.5.2 聚四氟乙烯纤维的结构

7.5.2.1 分子结构

聚四氟乙烯是一种热塑性聚合物，在室温下为白色固体，密度约为 2200 kg/m³，熔点为 600 K（327 ℃）。和其他聚合物一样，聚四氟乙烯的分子结构基于碳原子链。但是在聚四氟乙烯分子结构中，这根链完全被氟原子包围，如图 7-22 所示。碳原子和氟原子之间的键非常强，氟原子屏蔽了脆弱的碳链。这种不寻常的结构赋予聚四氟乙烯独特的性能，除了极其光滑之外，它对所有已知的化学物质几乎都是惰性的。

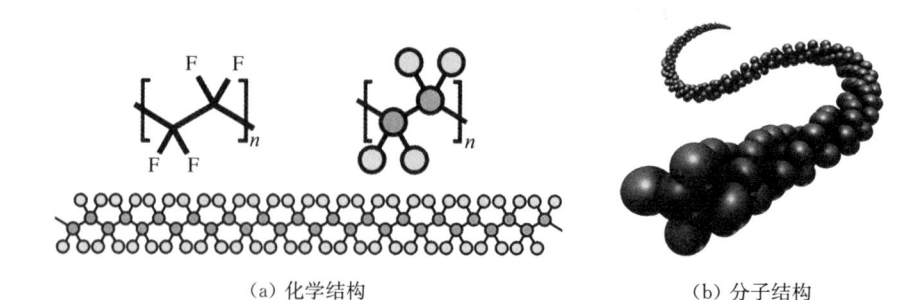

（a）化学结构　　　　　　　　　（b）分子结构

图 7-22　聚四氟乙烯的化学结构和分子结构

7.5.2.2 聚四氟乙烯纤维的形态结构

聚四氟乙烯纤维纵向和横向截面的 SEM 照片如图 7-23 所示。纤维的纵向表面布满了沟槽,这会大大增加纤维的比面积。纤维的横截面呈片状,不规则,边缘粗糙。粗糙的表面可以增加纱线中纤维之间的凝聚力。

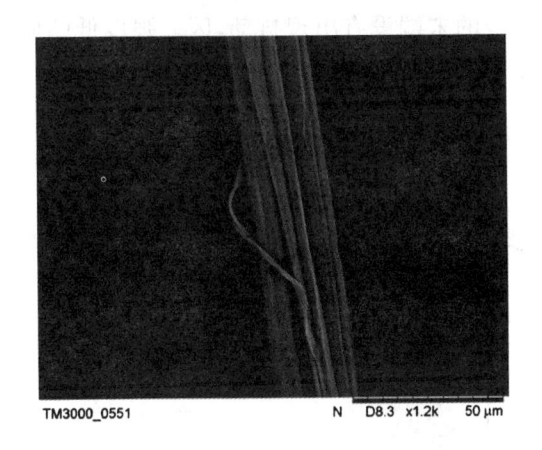

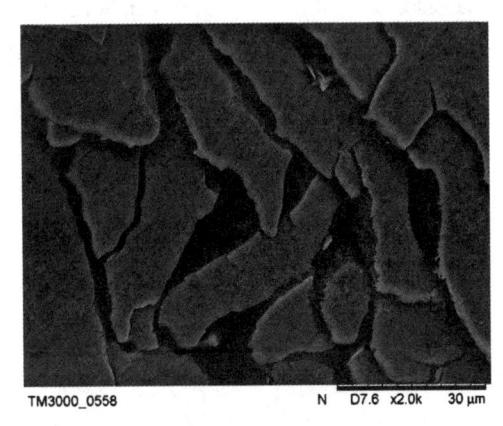

(a) 纵向表面形貌　　　　　　　　　(b) 横截面形貌

图 7-23　PTFE 纤维的 SEM 照片

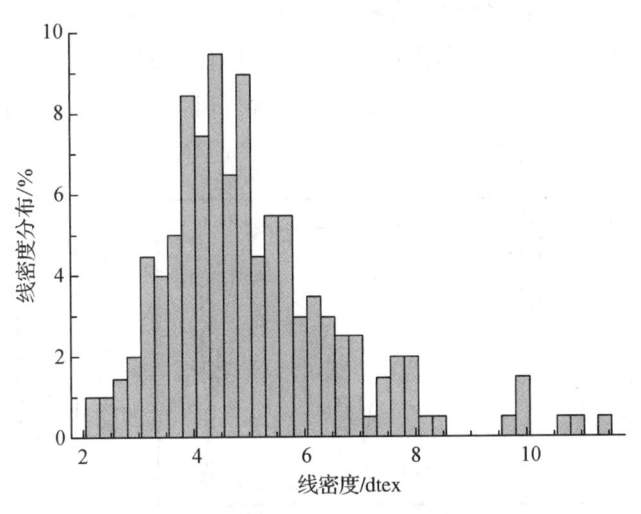

7.5.2.3 聚四氟乙烯纤维细度

聚四氟乙烯纤维的线密度一般为 2.09~11.50 dtex,平均值为 5.07 dtex。聚四氟乙烯纤维的线密度分布如图 7-24 所示,近似呈偏正态分布,5 dtex 以下的线密度占 60%。这会给聚四氟乙烯纤维的纺纱和织造带来困难,因此近年来聚四氟乙烯纤维大多用于无纺布。

图 7-24　聚四氟乙烯纤维的线密度分布

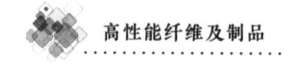

7.5.3 聚四氟乙烯纤维的性能

7.5.3.1 拉伸性能

聚四氟乙烯纤维的平均强度为 1.37 cN/dtex。纤维的取向和结晶度都很高,但纤维的强度较低。如图 7-25 所示,在载荷-伸长曲线的末端没有出现抖动,因此强度低的原因可能不是原纤维束的非同时断裂,而是晶体网络之间的弱连接。

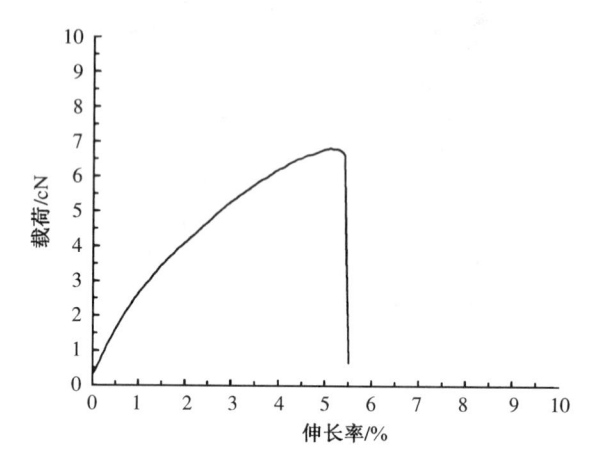

图 7-25 聚四氟乙烯纤维的典型拉伸曲线

7.5.3.2 聚四氟乙烯纤维的热性能

DSC 和 TG 曲线显示了熔点 T_m、结晶温度 T_c 和分解温度 T_d。T_d 被定义为质量损失率5%对应的温度。如图 7-26 所示,聚四氟乙烯纤维的 T_m 为 329.1 ℃,与聚四氟乙烯薄膜的 T_m(329 ℃)一致。聚四氟乙烯纤维的 T_d 为 508.6 ℃,略低于聚四氟乙烯薄膜的 T_d(525 ℃)。这些数据表明,与聚四氟乙烯薄膜相比,聚四氟乙烯纤维的结晶度有所降低,但仍具有优异的热稳定性。由于聚四氟乙烯纤维的结晶度仍然很高,在 DSC 曲线上没有检测到其玻璃化转变温度。

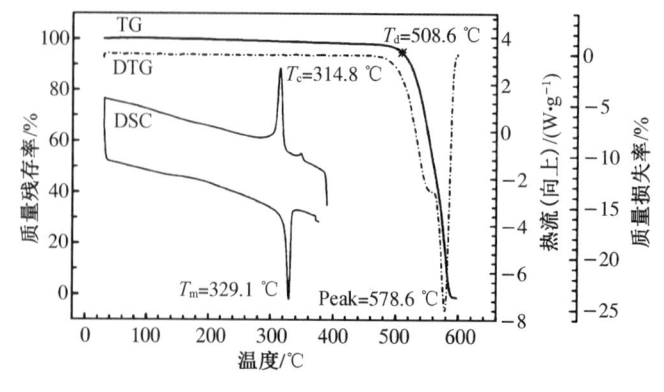

图 7-26 聚四氟乙烯纤维的 TG 分析和 DSC 曲线

7.5.3.3 聚四氟乙烯的其他物理性质

表 7-9 总结了聚四氟乙烯的一些其他物理性能。

表 7-9 聚四氟乙烯的基本物理性质

性能指标	值
玻璃化转变温度/℃	114.85
热膨胀系数/(K^{-1})	$(112\sim125)\times10^{-6}$
热扩散系数/($mm^2 \cdot s^{-1}$)	0.124
杨氏模量/GPa	0.5
屈服强度/MPa	23
取向度/%	88.30
结晶度/%	74.85
拉伸强度/cN	6.92
断裂伸长率/%	6.38
接触角/(°)	119.93
介电常数(60 Hz)	$\varepsilon = 2.1$
介电损耗(60 Hz)	$\tan(\delta) < 2\times10^{-2}$

聚四氟乙烯是一种疏水材料，水滴在聚四氟乙烯纤维层表面的形状如图 7-27 所示。水接触角约为 120°，表明其为疏水性表面，经处理后可作为自清洁表面。

图 7-27 PTFE 纤维与水滴的接触角

7.5.4 聚四氟乙烯纤维的应用

聚四氟乙烯具有优良的耐腐蚀性、优良的耐热性和低摩擦因数、自润滑、阻燃、防水等性能,已广泛应用于石油化工、电子电气、航空航天、半导体、生物制药、纺织等工业领域。由于聚四氟乙烯分子结构的特殊特性,与普通塑料相比,聚四氟乙烯具有许多优良的品质。聚四氟乙烯具有化学稳定性:聚四氟乙烯分子中的 C—F 键具有很高的键能。除了强氟介质、熔融碱金属和氟以及 300 ℃ 对部分氢氧化钠有影响外,所有强氧化还原剂、强酸强碱和有机溶剂对其均无影响。聚四氟乙烯不燃烧,不吸湿,几乎不溶于所有溶剂,并且在紫外线和氧气环境中都很稳定,具有优异的耐候性。瞬时最高工作温度可达 290 ℃,甚至可在 260 ℃ 的温度下工作。PTFE 分子链是非极性分子链,具有良好的介电性能和优良的耐电弧性能。即使在高压放电的情况下,聚四氟乙烯也只会释放少量不导电气体,但不会发生短路。由于聚四氟乙烯的低相对分子质量,聚四氟乙烯的分子链非常小,聚四氟乙烯分子链是一种高刚性、高缠结的链。因此,当载荷长时间施加在聚四氟乙烯上时,会发生蠕变,并且容易产生冷流现象,但其抗疲劳性能非常好。

7.6 碳纳米管纤维

碳纳米管(Carbon nanotubes,CNTs)自 1991 年被日本电气公司实验室的专家 Lijima 发明以来,便以其特殊的结构、优异的特性成功吸引了世界各国学者关注。CNT 是由石墨片层卷曲而成的中空管状一维纳米材料,碳纳米管以其独特的一维纳米结构特征,具有优异的力学、电学和热学特性,并且兼具密度低、比表面积大和长径比高等优点,被誉为"终极纤维"。

7.6.1 碳纳米管纤维的制备

根据碳纳米管纤维制备工艺的不同,主要分为碳纳米管纤维湿法纺丝技术、阵列纺丝技术以及浮动催化直接纺丝技术三种。其中湿法纺丝技术又称溶液纺丝法。通过将预制的 CNT 分散液作为纺丝液,随后通过器械挤入凝固浴中,冷凝后析出形成纤维。表面活性剂可以在碳纳米管周围形成胶束结构,从而帮助其分散于纺丝溶液中。Poulin 等人就曾对单壁碳纳米管进行尖端超声处理预处理,同时利用十二烷基硫酸钠(SDS)破坏碳纳米管束,将纳米管分散在溶液中。如图 7-28 所示,他们将分散体加入聚乙烯醇(PVA)溶液,以制备碳纳米管纤维。图 7-29(a)所示的碳纳米管纤维阵列纺丝法,以硅片、石英片、不锈钢片等作为基底,在其表面生长可纺丝碳纳米管阵列,通过干法直接纺丝技术,获得连续碳纳米管纤维。碳纳米管在阵列中竖直排列,且含量高于 99.5%,如图 7-29(b)所示。随后,利用干法纺

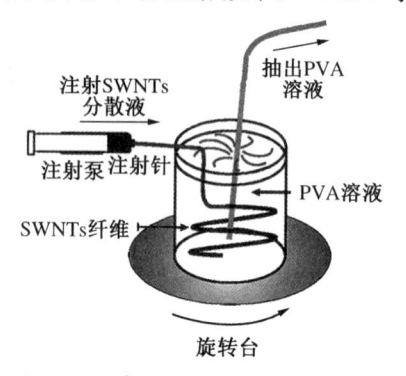

图 7-28 碳纳米管纤维湿法纺丝工艺

丝方法将碳纳米管从基底拉出并加捻成碳纳米管纤维,碳纳米管阵列的质量对最终制得的碳纳米管纤维的质量起决定性影响。碳纳米管纤维浮动催化 CVD(FCCVD)直接纺丝是一种在气相环境下一步制备碳纳米管纤维的方法。该方法通常采用乙醇/二茂铁/噻吩溶液作为液态碳源,在载气作用下,以一定的注射速率通入高温反应炉;液态碳源在高温反应炉内气化,并依次经过催化剂热解成核、生长促进剂裂解、碳源热解、碳纳米管成核以及碳纳米管生长与网络化等过程,最终得到长筒袜状碳纳米管纤维前驱体结构。

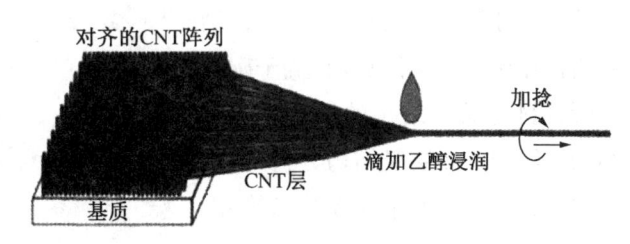

(a) 可纺丝阵列扫描电镜

(b) 可纺阵列法

图 7-29 碳纳米管可纺阵列

此外,由于传统纺丝方法工艺流程长且工艺影响因素多,近年来,膜卷纱这种新型纺丝工艺被提出,其基本原理是先制备高聚物的薄膜,再将薄膜切割为狭条状,对狭条状的薄膜进行加捻,从而加工成纱(图 7-30)。理论上的碳纳米管纱线能够继承单根碳纳米管优异的力学、电学和热学性能。因此,碳纳米管纱线理论上具有比碳纤维和其他高性能纤维更高的力学性能。但是,在实际的碳纳米管纱线中,单根碳纳米管本身的结构缺陷、碳纳米管束排列的不规则以及微弱的碳纳米管束之间的范德华力带来的疏松结构等实际结构的消极影响的积累会导致碳纳米管纱线的实际强力很难达到理论水平,因此,需要进一步使用聚合物等渗透介质材料到管间空间制备碳纳米管复合纤维来提高强度(图 7-31)。

图 7-30 超薄 CNT 片层加捻纱

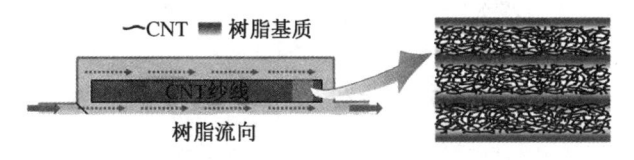

图 7-31 CNT 复合纤维结构

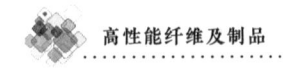

7.6.2 碳纳米管纤维的结构

碳纳米材料有丰富的结构形态,如图 7-32 所示。其中,一些结构形态之间又有密切的关系,如图 7-33 所示。从零维的富勒烯,到一维的碳纳米管,再到二维的石墨烯(Graphene)。碳纳米管纱线(或称碳纳米管纤维)作为一种由多层级的碳纳米管结构相互交叉缠结形成的尺寸在微米级的一维线状材料,不仅具有单根碳纳米管的优异性能,并且能够发挥纱线结构高长径比的特殊优势,有益于碳纳米管材料与纺织结构的结合。从碳纳米管纱线的多层级结构分析,最小的层级为纳米级的单根碳纳米管,碳纳米管的长径比、管壁数和结构会影响碳纳米管纱线的性能;由 CNTs 组装成的碳纳米管束(CNT bundle)为碳纳米管纱线的第二级结构;碳纳米管束之间交叉纠缠而形成第三级结构,即碳纳米管纱线。此外,多根碳纳米管纱线的加捻和合股可以得到第四级结构,即合股纱。

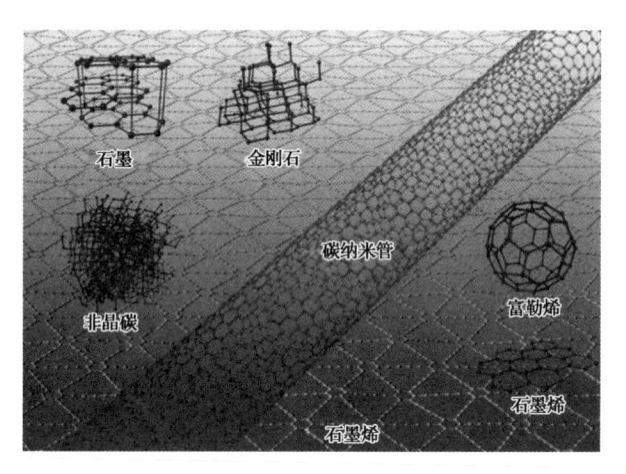

图 7-32 碳的同素异形体

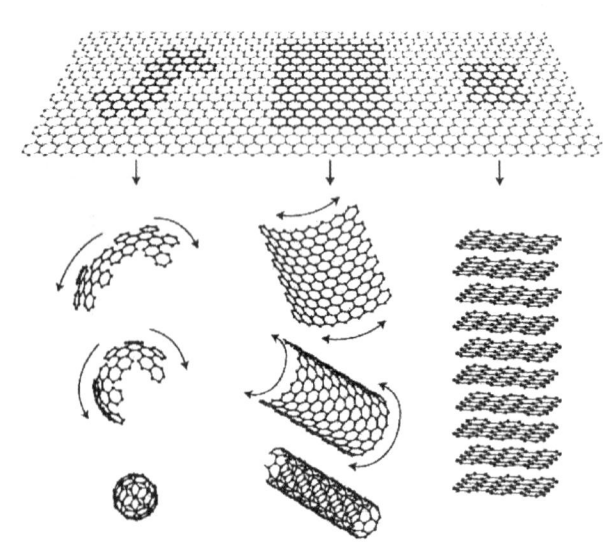

图 7-33 石墨烯形成富勒烯、单壁碳纳米管和石墨

碳纳米管是构成 CNT 纤维的基本单元,其结构是 CNT 纤维性能的根本。纤维束本身形状卷曲或不均匀、纤维束排列紊乱或束间空隙,都会对集合体的结构和性能产生消

极影响。制备高性能的 CNT 纱线的关键是提高纱线内部 CNT 的取向排列。目前,CNT 纤维结构受限于不同的制备方法。溶液纺丝法制备的一般是单壁 CNT 纤维。阵列干拉法制备的大多是多壁 CNT 纤维。CVD 法可通过调控反应参数,获得单壁、双壁和多壁 CNT 纤维。CNT 纤维具有高取向度,以 X 射线衍射测试纤维取向度,半峰宽越小代表纤维取向度越高。液相纺丝法制备的 CNT 纤维,其半峰宽约 31°。2007 年,Zhang 等用镊子从 0.65 cm 高的多壁 CNT 阵列中拉出一束纤维,然后对纤维进行加捻,纤维直径由 10 μm 减小到 7 μm,纤维的拉伸强度平均可达 1.91 GPa,比加捻前约提高了 3 倍,杨氏模量也由原来的 89 GPa 提高到 241 GPa(图 7-34)。

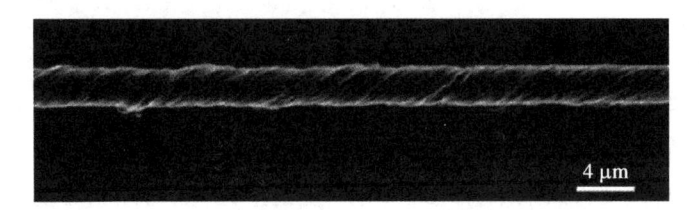

图 7-34 一根加捻 CNT 纤维的 SEM 照片

7.6.3 碳纳米管纤维的性能

碳纳米管纤维具有优异的力学、电学和热学性能。根据分子动力学模拟计算纤维的理论强度可以达到 60 GPa。液相纺丝法纤维强度可以做到 1.0 GPa,模量约 120 GPa,电导率约 2.9×10^4 S/cm,但伸长率只有 1.4%。阵列拉丝法纤维强度高达 3.3 GPa,模量可以达到 263 GPa。气相纺丝法纤维强度一般为 1.25 GPa,电导率为 5.0×10^3 S/cm,伸长率很高,可达到 18% 左右。表 7-10 列出了不同方法制备的碳纳米管纤维性能。

表 7-10 不同方法制备的碳纳米管纤维性能

纺丝方法	纤维	强度/GPa	模量/GPa	伸长率/%	导电率/(S·cm^{-1})
液相纺丝法	原丝(40%PVA)	1.8	80	30	—
	原丝	0.116+0.01	120+10	—	5000
	原丝	0.15+0.06	69+41	4.5	80
	原丝	0.05~0.32	120	<3	8333
阵列拉丝法	加捻丝	0.15~0.46	—	13	300
	加捻丝	1.35~3.3	100~263	2~9	—
	原丝	0.17~0.85	89~275	1.83~2.21	170
	原丝	1.6	110	1.4	555~1000

(续表)

纺丝方法	纤维	强度/GPa	模量/GPa	伸长率/%	导电率/(S·cm^{-1})
气相纺丝法	原丝	0.8	49～77	8	1430～2000
	原丝	0.4～1.25	—	16～20	5000
	原丝	0.352	24	15	1900
	原丝	0.362	—	22～25	1270

7.6.4 碳纳米管纤维的应用

碳纳米管纤维具有一系列优良的性能,轻质高强、高导热导电性和多功能特性。轻质高强的碳纳米管纤维是重要的复合材料,有望应用于航空航天领域。如图7-35所示,高导电和多功能特性使得碳纳米管纤维具有广泛的应用,如高性能导线、能源转换、电子器件、智能编织等领域。

利用碳纳米管纤维的力电响应特性,可以将碳纳米管纤维用于压力传感器,具有良好的重复性和稳定性。碳纳米管在通电时可以产生扩张和收缩,可用于制动器和人工肌肉。碳纳米管纤维由于具有大的比表面积和优异的力电性能,在电化学器件领域有广泛的应用。复旦大学的彭慧胜组以碳纳米管纤维为基础开展了一系列应用研究,将碳纳米管纤维用于太阳能电池、电化学超电容和锂离子电池。

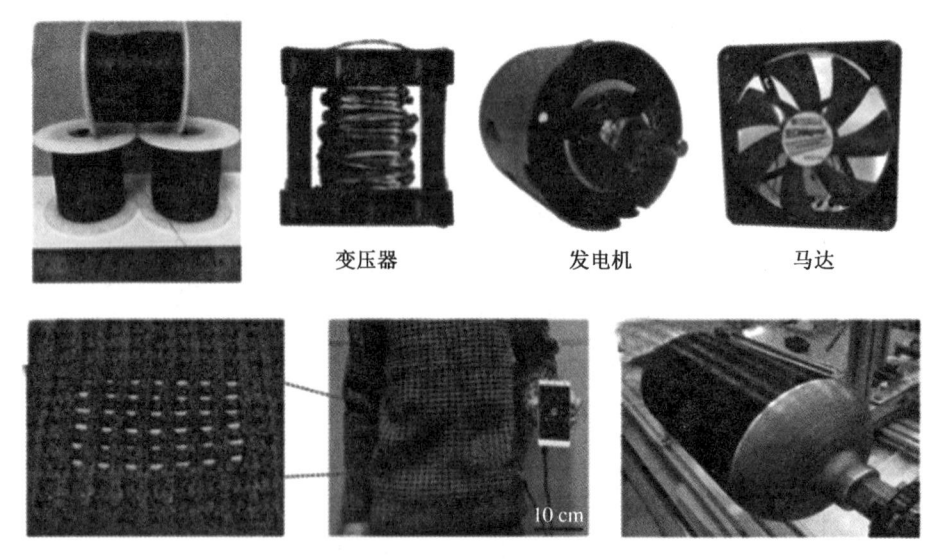

变压器　　发电机　　马达

图7-35 碳纳米管纤维的应用

7.7 石墨烯纤维

7.7.1 石墨烯纤维的结构

石墨烯是由碳原子紧密堆积而成的二维晶体,是目前已知的最薄也最坚硬的纳米材料,石墨烯纤维是由石墨烯沿轴向紧密有序排列而成的连续组装材料。2011年,浙江大学高超教授团队在发现氧化石墨烯液晶的基础上,利用液晶的预排列取向,借鉴传统高分子科学的液晶纺丝原理,实现了石墨烯液晶的湿法纺丝,首次制得连续的石墨烯纤维,开辟了由天然石墨制备新型碳质纤维的全新路径。石墨烯纤维结构及织物如图7-36所示。

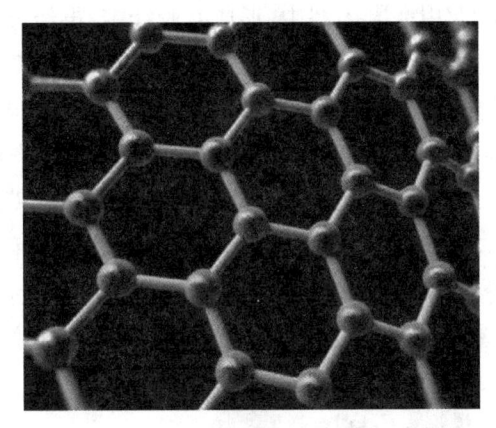

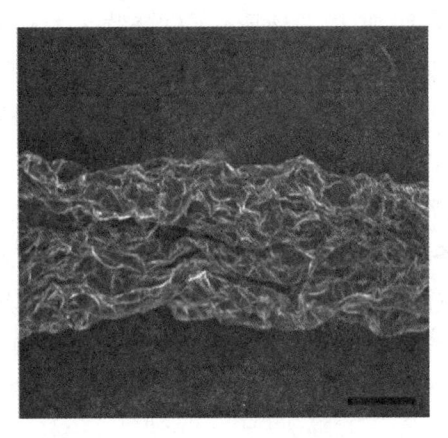

(a) 石墨烯　　(b) 石墨烯纤维电镜照片

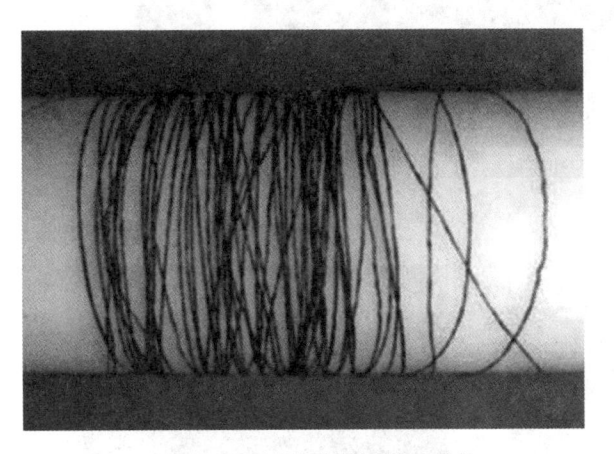

(c) 氧化石墨烯纤维缠绕在特氟龙纱筒　　(d) 石墨烯纤维编入织物

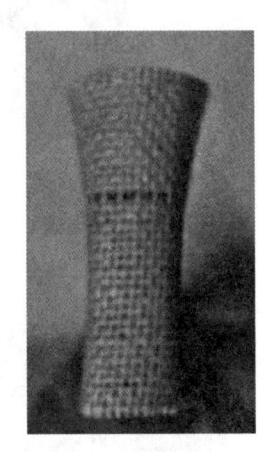

图7-36　石墨烯纤维结构及织物

石墨烯纤维是由石墨烯有序组装而成的新型碳质纤维,经过多年的研究,逐渐形成了涵盖中空石墨烯纤维、多孔石墨烯纤维、带状石墨烯纤维、剑鞘型石墨烯纤维等系列,展现了丰富的结构设计性和巨大的发展潜力。

7.7.2 石墨烯纤维的制备

氧化石墨烯(GO)是石墨烯的一种衍生物,可以分散在有机型溶剂(如水、二甲基甲酰胺等)中。以氧化石墨烯为前驱体材料,借鉴传统纤维的制备方法(如湿法纺丝法、干法纺丝法、干喷湿纺法等),然后经过还原过程,可以制得石墨烯纤维。此外,一维受限水热组装法、薄膜收缩法、模板辅助化学气相沉积法等,也用来制备石墨烯纤维。

7.7.2.1 湿法纺丝

基于GO液晶的预排列取向,借鉴传统高分子材料的液晶纺丝方法,浙江大学高超教授团队在2011年通过湿法纺丝首次制备了石墨烯纤维,开启了石墨烯纤维基础与应用研究的新阶段。首先,将液晶态GO分散液注入NaOH/甲醇凝固浴中,形成凝胶纤维,再经过水洗、干燥、还原等过程,最终得到石墨烯纤维。该纤维的拉伸强度为140 MPa,电导率为2.5×10^4 S/m,具有良好的柔性。利用同轴纺丝头可以制备中空石墨烯纤维、芯鞘结构石墨烯复合纤维等。2016年,高超教授团队自主建设了石墨烯纤维束丝的示范生产线(图7-37),建立了石墨烯纤维束丝的连续湿法纺丝制备体系,推动了石墨烯纤维的规模化制备和工程化应用进程。湿法纺丝法具有操作简单、效率高、可规模化等特点,成为应用最普遍的石墨烯纤维制备方法。改变前驱体组分、凝固浴、纺丝过程、后处理过程等参数,可以有效调控石墨烯纤维的结构和性能,为石墨烯纤维的制备和应用提供了技术保障。

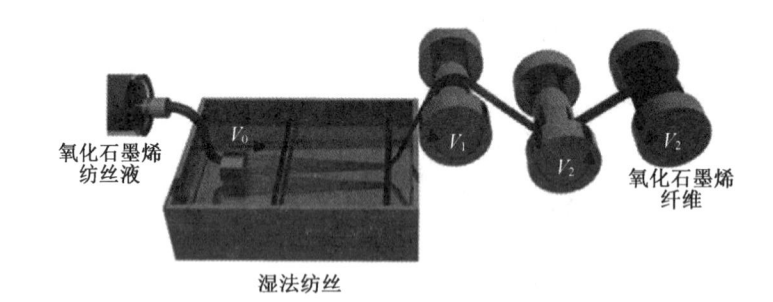

(a) 湿法纺丝

(b) 从喷丝头挤出的长丝

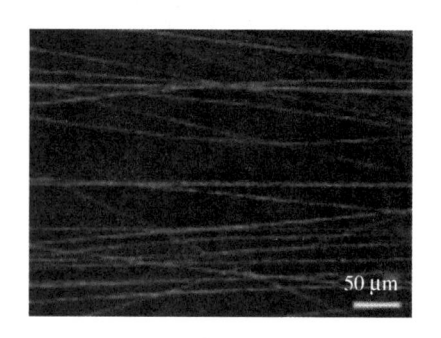

(c) 超细石墨烯纤维

图7-37 石墨烯纤维湿法纺丝制备

7.7.2.2 干法纺丝

与湿法纺丝不同,干法纺丝是直接将 GO 溶液由喷丝口挤出,在空气中干燥、收集,并经还原过程而制备石墨烯纤维的方法,其间无需使用凝固浴(图 7-38)。为保证石墨烯纤维的连续制备,GO 溶液需要满足两个条件:一方面,GO 溶液的浓度要足够高(一般大于 8 mg/mL),保证其为黏弹性的液晶态,确保在剪切力的作用下定向形成纤维;另一方面,需要选择具有低表面张力、高饱和蒸汽压的溶剂,如甲醇、丙酮、四氢呋喃等。该方法制备的石墨烯纤维具有良好的柔性,且韧性较高(19.12 MJ/m^3),但由于纤维中存在较多的微孔,其拉伸强度较低。一般而言,干法纺丝法具有更高的纺丝速率,且溶剂可循环使用,有望发展成为一种石墨烯纤维的绿色制备方法。

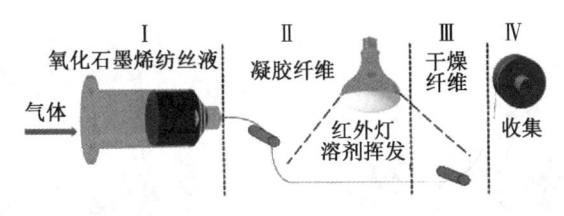

图 7-38 干法纺丝工艺

7.7.2.3 干喷湿纺法

干喷湿纺法结合了干法纺丝和湿法纺丝的优点。高浓度的纺丝液由喷丝口挤出后先经过一段间隙(空气或惰性气体),再进入凝固浴中。该方法得到的纤维中分子主要沿纤维轴向排列,取向度高,结构致密。通过氧化多壁碳纳米管而得到氧化石墨烯纳米带,再将其分散在氯磺酸中形成液晶纺丝液,采用干喷湿纺法制备 GO 纤维,最后经过高温热还原得到石墨烯纤维。在该过程中,空气间隙的长度为 12 cm,有效提高了石墨烯纳米带的取向性,从而赋予纤维良好的力学性能。如图 7-39 所示,由该方法制备的石墨烯纤维具有光滑的表面、近似圆形的截面和致密的结构,这是单纯湿法纺丝和干法纺丝较难达到的。该石墨烯纤维的力学和电学性能有待进一步提高。此外,该体系中的前驱体材料的制备过程繁琐,溶剂的腐蚀性强,难以用于规模化制备石墨烯纤维。

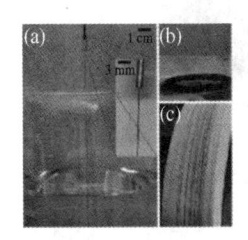

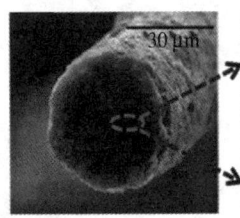

图 7-39 干喷湿纺法石墨烯纤维形态

7.7.2.4 限域水热组装法

水热法是构筑石墨烯三维网络结构的有效方法。氧化石墨烯水溶液在加热的过程中，氧化石墨烯的含氧官能团会逐渐被还原，增强了石墨烯之间的相互作用，诱导石墨烯聚集，并组装成具有特定形状的宏观材料。

限域水热组装法是将 GO 溶液注入毛细玻璃管，其两端密封后在 503 K 下处理 2 h，GO 的含氧官能团在该过程中逐渐被还原，导致片层间的作用力增强而发生聚集，受限于毛细管的形状而组装成石墨烯纤维（图 7-40）。该纤维具有轻质（密度为 0.23 g/cm³）、高柔性等特点，经高温热处理后其拉伸强度可达 420 MPa。该方法操作简单，通过调控 GO 浓度和毛细管的内径即可改变石墨烯纤维的结构。

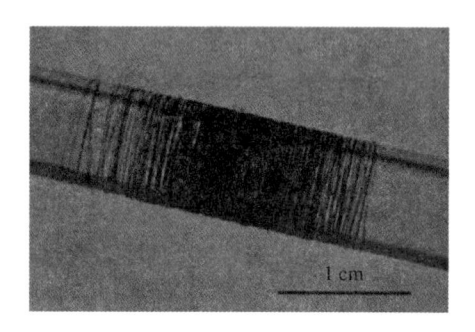

(a) 缠绕在玻璃棒上的石墨烯纤维　　(b) 石墨烯纤维的表面形态

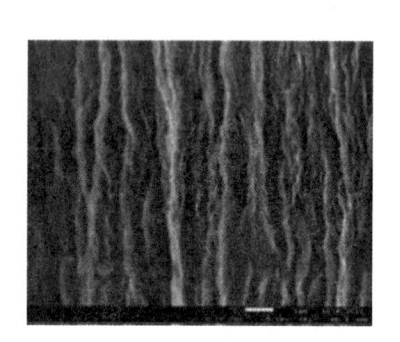

图 7-40　限域水热组装法制得的石墨烯纤维

7.7.2.5 薄膜收缩法

以甲烷为碳源，采用 CVD 法在铜箔上生长石墨烯。为了得到完整独立的石墨烯薄膜，在石墨烯表面旋涂一层聚甲基丙烯酸甲酯（PMMA），以 0.1 mol/L 过硫酸铵溶液对铜箔进行刻蚀，用丙酮洗去 PMMA 层，得到叠层的石墨烯薄膜，最后用镊子从溶液中将薄膜提拉出来，收缩形成直径均一的石墨烯纤维（图 7-41）。薄膜收缩法可以直接采用石墨烯薄膜制备石墨烯纤维，获得的纤维一般具有较多的孔隙。

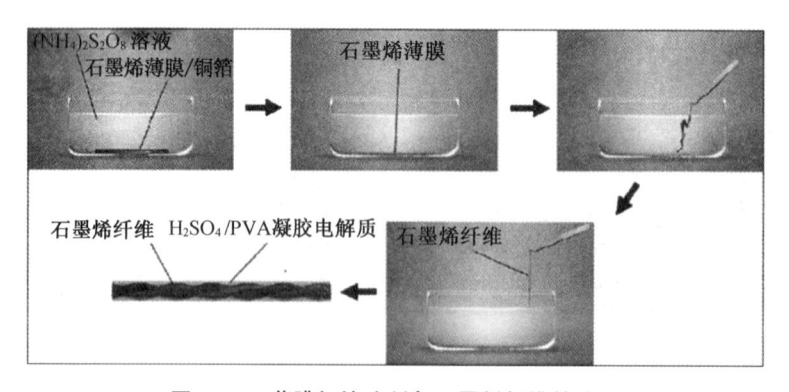

图 7-41　薄膜加捻法制备石墨烯纤维的流程

7.7.2.6 模板法

采用电化学模板法可制备得到具有中空结构的石墨烯纤维,如图7-42所示,以铜丝作为模板,采用三电极法,GO片在电化学和模板的双重诱导作用下不断沉积在铜丝表面,同时被还原,随后在$FeCl_3$溶液中刻蚀去除铜丝,得到具有取向结构的石墨烯中空纤维。控制模板的直径、长度以及电化学沉积的时间可以实现中空纤维的可控制备,得到的石墨烯中空纤维具有优异的柔性和导电性。

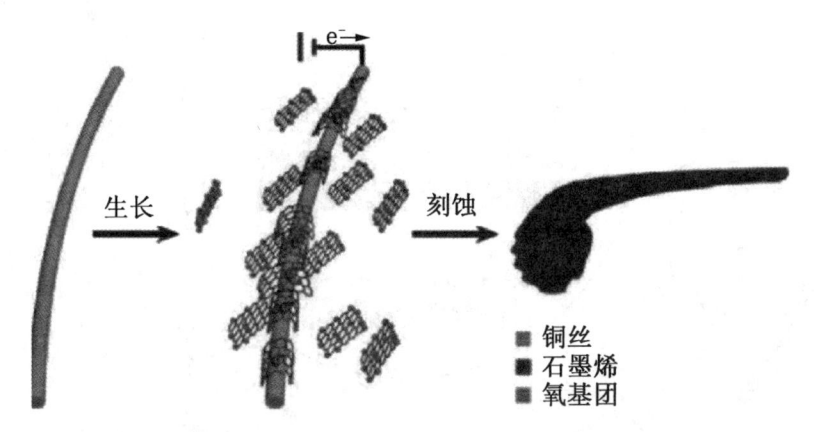

图7-42 电化学模板法制备石墨烯中空纤维

7.7.3 石墨烯纤维的性能

石墨烯因具有优良的热学、力学和电学等性能,成为许多研究者的研究对象。石墨烯纤维作为一种新型纤维材料,结构特点表现为长且有序,拥有较好的结晶性和晶区尺寸,其力学性能比碳纤维差,但电学性能更出色,有望在应用领域超越碳纤维,成为后续研究石墨烯纤维的新思路。通过氧化石墨烯和聚丙烯酸混合纺丝制得石墨烯聚丙烯纤维,该复合纤维具有高性能的特点,为未来石墨烯聚合物复合纤维在纺织领域的应用奠定基础。图7-43为石墨烯纤维的特点眼图。

7.7.3.1 力学性能

与碳纤维相比,石墨烯纤维主要是由sp^2杂化碳原子构成,其晶区尺寸可达几十微米,大约是碳纤维中纳米石墨晶区尺寸的1000倍,因此,能更有效地促使石墨烯微观尺度的优异性质在宏观尺度上展现。2011年,石墨烯纤维首次被报道,其拉伸强度仅为140 MPa,杨氏模量为7.7 GPa。通过调控石墨烯尺寸、片层规整性、界面相互作用、取向度等参数,将石墨烯纤维的拉伸强度提升至2200 MPa,杨氏模量达到400 GPa,并逐步形成了提升石墨烯纤维力学性能的方法。目前,石墨烯纤维的力学性能仍低于碳纤维,但呈现出更优异的电学性能(表7-11)。

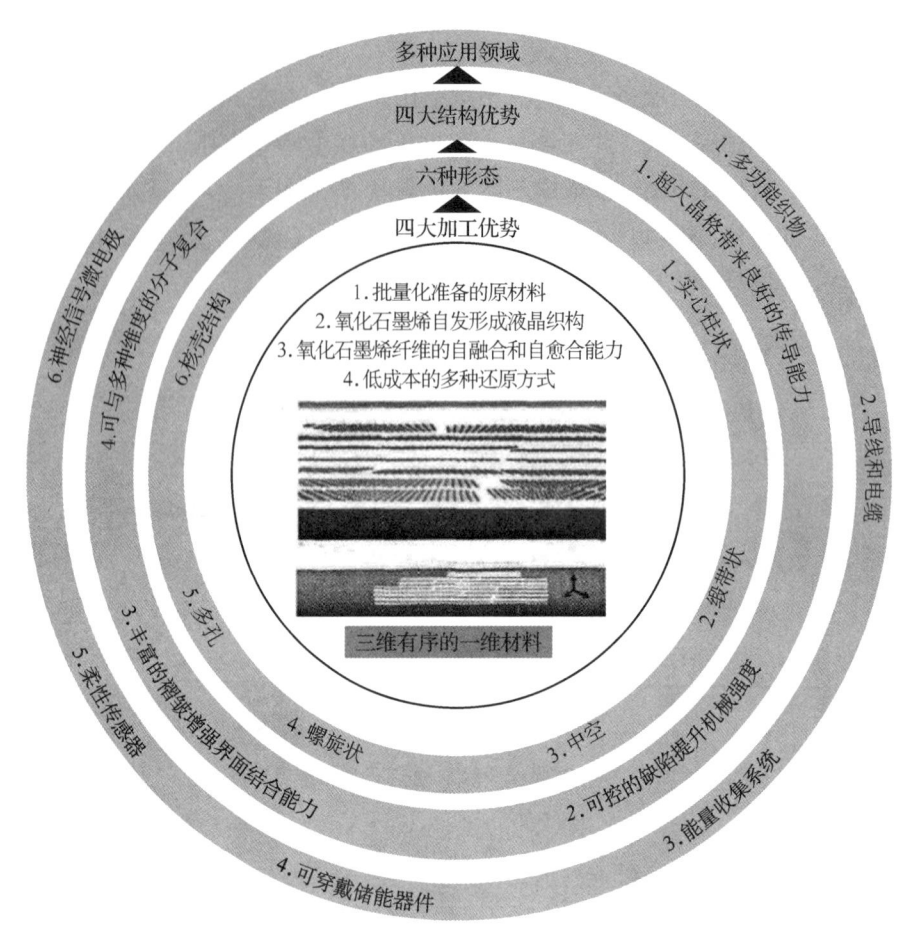

图 7-43 石墨烯纤维特点眼图

表 7-11 不同碳质纤维的对比

材料	理论性质			现有性质		
	拉伸强度/GPa	杨氏模量/GPa	电导率/($\times 10^6$ S·m^{-1})	拉伸强度/GPa	杨氏模量/GPa	电导率/($\times 10^6$ S·m^{-1})
碳纤维	>100	1000	—	7(T1000)	588(M60J)	0.06~0.14
碳纳米管纤维	>100	1000	100	9.6	397	0.03~10.9
石墨烯纤维	约130	1100	100	2.2	400	0.03~22.4

7.7.3.2 电学性能

石墨烯具有超高的电子迁移率和载流能力,组装而成的石墨烯纤维有望延续石墨烯微观尺度的优异电学性能。通常,石墨烯纤维的导电性具有各向异性,即沿纤维轴向的电导率高于沿纤维径向的电导率。实际上氧化石墨烯尺寸、片层取向度、结构缺陷等导致石墨烯纤维的电导率与石墨烯本征电导率差距较大。而选用大尺寸氧化石墨烯、提高取向度、借助高温热还原过程、引入其他组分等方法，有望显著提高石墨烯纤维的电学性能。

7.7.3.3 热学性能

与单层石墨烯相比，多层石墨烯的热导率随层数的增加而逐渐降低，这主要是石墨烯的层间相互作用和振动受限阻碍了声子的传输。此外，石墨烯的晶界造成声子散射，也会降低石墨烯宏观组装材料的热导率。因此，石墨烯纤维的热导率一般显著低于单层石墨烯的热导率。

7.7.3.4 密度和比表面积

由凝固浴中直接收集的石墨烯纤维具有低密度的特点，其密度一般低于 $1\ g/cm^3$。将液晶相 GO 溶液注入液氮中，再通过冷冻干燥和还原过程得到多孔石墨烯纤维，该纤维的密度仅为 $0.056\ g/cm^3$。对石墨烯纤维进行牵伸或高温处理，可以降低孔隙率，提高致密性，从而使纤维的密度大于 $1\ g/cm^3$。调控大、小尺寸石墨烯的比例，可以获得密度为 $1.4\sim1.9\ g/cm^3$ 的纤维，与碳纤维的密度（$1.7\sim1.9\ g/cm^3$）相当，但仍低于石墨的理论密度（$2.2\ g/cm^3$）。

石墨烯具有高比表面积，在石墨烯纤维组装过程中石墨烯片层发生褶皱，形成较多的空隙，赋予其较高的比表面积。为提高石墨烯纤维力学性能、电学和热学性能，一般会尽量消除纤维中的空隙，从而降低了纤维的比表面积。

7.7.4 石墨烯纤维的应用

石墨烯纤维的连续制备，为石墨烯纤维在各种领域的应用奠定了基础，基于石墨烯纤维的性能，其应用主要有以下几方面：

7.7.4.1 超轻纤维导线

石墨烯纤维经过掺杂和超高温还原后具有很高的导电性，能轻易替代电路中导线的一部分使电路正常运转，比如可用石墨烯纤维导线点亮 LED 灯进行照明，如图 7-44(a) 所示，利用石墨烯纤维代替导线的一部分点亮节能灯。

7.7.4.2 纤维状储能器件

基于石墨烯纤维的导电性和良好的力学性能，石墨烯纤维在可穿戴能量存储设备及编织物中具有潜在的应用价值。利用固态电解质（磷酸和聚乙烯醇混合液），组装成全固态纤维超级电容器，如图 7-44(b) 所示，同时具有柔性和循环稳定的优点。

7.7.4.3 传感与制动器

石墨烯纤维可以组装电阻式传感器件，用来检测应变、湿度、气体等信号。利用 CVD

法在铜线表面生长石墨烯,然后将铜刻蚀后得到石墨烯纤维,再将 PVA 包裹在纤维表面,组成芯鞘结构复合纤维。PVA 的存在提高了石墨烯纤维的强度和拉伸性能,使其可用作应变传感器。致动器在外界的环境刺激(如温度、湿度、电压等)下,会适应性地调整内部结构并产生一定形变。将带状 GO 加捻制备出 GO 螺旋纤维,当接触到极性溶剂(如丙酮)时,纤维中的含氧官能团会与溶剂快速接触,并使溶剂逐渐扩散,导致纤维发生形变,最后可以恢复到初始形状,如图 7-44(c)所示。

7.7.4.4 纤维状太阳能电池

石墨烯与碳纳米管的复合纤维还被用来制作纤维状太阳能电池,如图 7-44(d)所示,将碳纳米管(CNTs)阵列拉出纺丝,并在纺丝过程中将氧化石墨烯(GO)溶液喷涂在碳纳米管上得到 GO/CNTs 复合纤维,并用氢碘酸还原得到 GO/CNTs 复合纤维,其具有高拉伸应变、高导电率的特点,进一步负载上铂颗粒可做成太阳能电池。

(a) 石墨烯纤维作为超轻质导线点亮 LED 灯

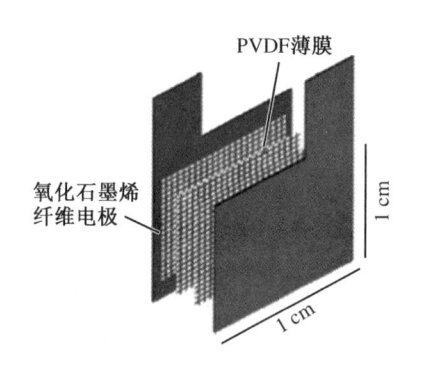

(b) 石墨烯纤维作超级电容器

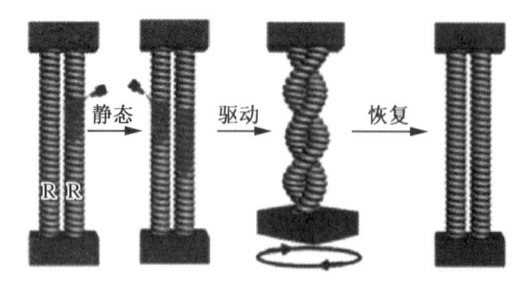

(c) 氧化石墨烯纤维作致动器

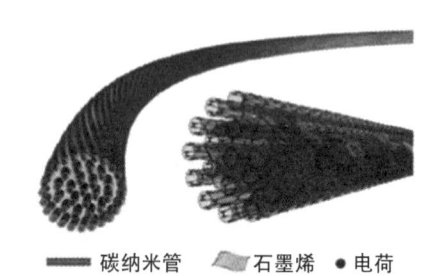

(d) 石墨烯纤维用于组装纤维状电池

图 7-44 石墨烯纤维的应用

参考文献

[1] Tashiro K, Yoshino J, Kitagawa T, et al. Crystal structure and packing disorder of poly (p-phenylenebenzobisoxazole): structural analysis by an organized combination of X-ray imaging plate system and computer simulation technique[J]. Macromolecules, 1998, 31(16): 5430-5440.

[2] Krause S J, Haddock T B, Vezie D L, et al. Morphology and properties of rigid-rod poly (p-phenylene benzobisoxazole) (PBO) and stiff-chain poly (2, 5 (6)-benzoxazole) (ABPBO) fibres[J]. Polymer, 1988, 29(8): 1354-1364.

[3] 郝梦圆. PBO 高温结构转化、性能调控及其对碳纤维导热性能的改善[D]. 哈尔滨: 哈尔滨工业大学, 2022.

[4] Deléglise F, Berger M H, Jeulin D, et al. Microstructural stability and room temperature mechanical properties of the Nextel 720 fibre[J]. Journal of the European Ceramic Society, 2001, 21: 569-580.

[5] Starke U, Bernhardt J Schardt J, et al. SiC surface reconstruction: Relevancy of atomic structure for growth technology[J]. Surface Review and Letters, 1999, 6(6): 1129-1141.

[6] Heidmann J. Improving engine efficiency through core developments[C]. The AIAA Aero Sciences Meeting Orlando, FL 2011.

[7] Petervary M, Steyer T. Ceramic matrix composites for structural aerospace applications[C]. 4th International Congress on Ceramics, Chicago, 2012.

[8] Waibel N. In einem bett aus kleinen kissen[M]. In: Hoffmann S, Tegen C, eds. DLR Magazine. Cologne, Germany: Deutsches Zentrum für Luft-und Raumfahrt, 2015.

[9] Gerendás M, Cadoret Y, Wilhelmi C, et al. Improvement of oxide/oxide CMC and development of combustor and turbine components in the HIPOC program[M]. In: Aircraft engine; ceramics; coal, biomass and alternative fuels; wind turbine technology, ASME 2011 Turbo Expo: Turbine Technical Conference and Exposition. Vancouver, British Columbia: American Society of Mechanical Engineers, 2011.

[10] 李阳. 低介电聚酰亚胺/冠醚主客体包合膜的制备[D]. 广州: 华南理工大学, 2016.

[11] 贾子琪. 聚酰亚胺纤维增强热塑性树脂基复合材料制备及其防弹性能研究[D]. 北京: 北京化工大学, 2022.

[12] HUANG J C, ZHU Z K, MA X D, et al. Preparation and properties of montmorillonite/organo-soluble polyimide hybrid materials prepared by a one-step approach[J]. Journal of Materials Science, 2001, 36(4): 871-877.

[13] Inoue H, Sasaki Y, Ogawa T. Comparison of one-pot and two-step polymerization of polyimide from BPDA/ODA[J]. Journal of Applied Polymer Science, 1996, 60(1): 123-131.

[14] Gan F, Dong J, Tang M, et al. High-tenacity and high-modulus polyimide fibers containing benzimidazole and pyrimidine units[J]. Reactive & Functional Polymers, 2019, 141: 112-122.

[15] 李星. 干法离心纺可控制备聚酰亚胺纤维及其性能研究[D]. 武汉: 武汉纺织大学, 2023.

[16] Zhao X, Wang W, Wang Z, et al. Flexible PEDOT: PSS/polyimide aerogels with linearly responsive and stable properties for piezoresistive sensor applications[J]. Chemical Engineering Journal, 2020, 395.

[17] 吕佳滨, 王锐. 聚酰亚胺纤维结构、性能及其应用[J]. 高科技纤维与应用, 2016, 41(5): 23-26.

[18] Fang Y, Dong J, Zhang D, et al. Preparation of high-performance polyimide fibers via a partial pre-imidization process[J]. Journal of Materials Science, 2019, 54(4): 3619-3631.

[19] Hao Z, Wu J, Wang C, et al. Electrospun Polyimide/Metal-Organic Framework Nanofibrous Membrane with Superior Thermal Stability for Efficient $PM_{2.5}$ Capture[J]. ACS Applied Materials & Interfaces, 2019, 11(12): 11904-11909.

[20] 段春俭, 邵明超, 李宋, 等. 极端条件下的聚酰亚胺自润滑复合材料的研究进展[J]. 中国科学: 化学, 2018, 48(12): 1561-1567.

[21] Li X, Wu J, Tang C, et al. High temperature resistant polyimide/boron carbide composites for neutron radiation shielding[J]. Compos. Part B-Eng., 2019, 159: 355-361.

[22] 杨军杰, 孙飞, 张国慧, 等. 轶纶©聚酰亚胺短纤维的性能及其应用[J]. 高科技纤维与应用, 2012, 37(3): 57-60.

[23] 张昊博. 聚酰亚胺中空纤维制备、表面结构调控及生物相容性研究[D]. 北京: 北京化工大学, 2022.

[24] Chen H, Dai F, Hu M, et al. Heat-resistant polyimides with low CTE and water absorption through hydrogen bonding interactions[J]. Journal of Polymer Science, 2021, 59(17): 1942-1951.

[25] Dong J, Yang C, Cheng Y, et al. Facile method for fabricating low dielectric constant polyimide fibers with hyperbranched polysiloxane[J]. Journal of Materials Chemistry C, 2017, 5(11): 2818-2825.

[26] Luo X, Lu X, Chen X, et al. A robust flame retardant fluorinated polyimide nanofiber separator for high-temperature lithium-sulfur batteries[J]. Journal of Materials Chemistry A, 2020, 8(29): 14788-14798.

[27] Farahani M, Chung T. Solvent resistant hollow fiber membranes comprising P84 polyimide and amine-functionalized carbon nanotubes with potential applications in pharmaceutical, food, and petrochemical industries[J]. Chemical Engineering Journal, 2018, 345: 174-185.

[28] Li S, Baeyens J, Dewil R, et al. Advances in rigid porous high temperature filters[J]. Renewable & Sustainable Energy Reviews, 2021, 139.

[29] Hu F, Wu S, Sun Y. Hollow-Structured Materials for Thermal Insulation[J]. Advanced Materials, 2019, 31(38).

[30] Huang X, He R, Li M, et al. Functionalized separator for next-generation batteries[J]. Materials Today, 2020, 41: 143-155.

[31] 张大省. 热致液晶——聚芳酯[J]. 北京服装学院学报, 1991(1): 76-84.

[32] 王睦铿. 高强度热致液晶聚芳酯纤维Vectran[J]. 化工新型材料, 1992(11): 18-22.

[33] 董莉. 热致液晶芳香族聚酯的性能研究及应用[J]. 纺织科技进展, 2023(8): 15-18.

[34] 赵忠政, 金文斌, 罗培栋, 等. 聚芳酯纤维绝缘纸的制备及性能研究[Z]//赵忠政, 金文斌, 罗培栋, 等. 中国造纸, 2021: 24-29.

[35] 甘海啸. 液晶聚芳酯纤维制备与性能研究[D]. 上海: 东华大学, 2012.

[36] 赵忠政, 罗培栋, 王依民, 等. 热致液晶聚芳酯纤维的性能及其应用[Z]//赵忠政, 罗培栋, 王依民, 等. 中国个体防护装备, 2020: 9-13.

[37] Yang F, Liu J, Bian A, et al. Influence of heat treatment on structure and properties of

thermotropic liquid crystalline polyarylate fiber[J]. Journal of Textile Research, 2019, 40(11): 9-12.

[38] 覃俊, 王桦. 聚芳酯液晶纤维的成形与热处理[J]. 纺织科技进展, 2012(6): 4-6+9.

[39] 陈玉伟, 魏朋, 王依民, 等. 热致性液晶聚芳酯纤维的制备与结构研究[Z]//陈玉伟, 魏朋, 王依民, 等. 合成纤维, 2012: 14-18.

[40] 王桦, 陈丽萍, 覃俊, 等. 热致液晶聚芳酯Vectran纤维的结构与性能[Z]//王桦, 陈丽萍, 覃俊, 等. 合成纤维, 2016: 18-22.

[41] Xu D, Pan Z, Ai Q, et al. Stab-proof clothing comprises jacket and stab-proof material including buffer material and stab-proof chip made of stab-proof cloth comprising fiber filament and adhesive and having preset areal density, bending length and Shore hardness: CN110786571-A; CN110786571-B [P/OL].

[42] Luo P, Shi B, Luo T, et al. Polyarylate cable for large ship ocean operation inspection, has sleeve arranged on outer side of rope and knitted by polyarylate fiber, where polyarylate fiber filler is arranged between inner surface of sleeve and outer surface of rope core: CN211395157-U [P/OL].

[43] Liu R, Shen M, Zhang G, et al. High-grade polyarylate yacht rope, has S and Z twist half polyarylate fiber rope strands knitted on outer sleeve body, and rope core comprising high strength synthetic polyester fiber filament: CN103469649-A [P/OL].

[44] Lv S, Zhou J, Chen Y, et al. Dimensionally stable anti-biological adhesion fiber net comprises net body woven using net ropes made of fiber materials, where inner layer of net rope is polyarylate fiber yarn, and outer layer is polyethylene fiber yarn: CN111676589-A [P/OL].

[45] Crawford C, Quinn B. Physiochemical properties and degradation [M]. Microplastic Pollutants, 2017.

[46] Wang R, Xu G, He Y. Structure and properties of polytetrafluoroethylene (PTFE) fibers[J]. e-Polymers, 2017, 17(3): 215-220.

[47] Vigolo B, Penicaud A, Coulon C, et al. Macroscopic fibers and ribbons of oriented carbon nanotubes[J]. Science, 2000, 290(5495): 1331-1334.

[48] Pöhls J, Johnson M, White M, et al. Physical properties of carbon nanotube sheets drawn from nanotube arrays[J]. Carbon, 2012, 50(11): 4175-4183.

[49] Jakubinek M, Johnson M, White M, et al. Thermal and electrical conductivity of array-spun multi-walled carbon nanotube yarns[J]. Carbon, 2012, 50(1): 244-248.

[50] 赵江. 高质量多壁碳纳米管的制备方法和应用研究[D]. 上海: 上海交通大学, 2013.

[51] Geim A, Novoselov K. The rise of graphene[J]. Nature Materials, 2007, 6(3): 183-191.

[52] Zhang X, Li Q, Holesinger T, et al. Ultrastrong, stiff, and lightweight carbon-nanotube fibers[J]. Advanced Materials, 2007, 19(23): 4198-4201.

[53] Dalton A, Collins S, Munoz E, et al. Fibres-these extraordinary composite fibres can be woven into electronic textiles[J]. Nature, 2003, 423: 703.

[54] Steinmetz J, Glerup M, Paillet M, et al. Production of pure nanotube fibers using a modified wet-spinning method[J]. Carbon, 2005, 43(11): 2397-2400.

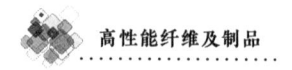

[55] Zhang S, Koziol K, Kinloch I, et al. Macroscopic fibers of well-aligned carbon nanotubes by wet spinning[J]. Small, 2008, 4(8): 1217-1222.

[56] Davis V, Parra-vasquez A, Green M, et al. True solutions of single-walled carbon nanotubes for assembly into macroscopic materials[J]. Nature Nanotechnology, 2009, 4(12): 830-834.

[57] Zhang M, Atkinson K, Baughman R. Multifunctional carbon nanotube yarns by downsizing an ancient technology[J]. Science, 2004, 306(5700): 1358-1361.

[58] Zhang X, Li Q, Tu Y, et al. Strong carbon-nanotube fibers spun from long carbon-nanotube arrays[J]. Small, 2007, 3(2): 244-248.

[59] Liu K, Zhu F, Liu L, et al. Fabrication and processing of high-strength densely packed carbon nanotube yarns without solution processes[J]. Nanoscale, 2012, 4(11): 3389-3393.

[60] Zhu H, Xu C, Wu D, et al. Direct synthesis of long single-walled carbon nanotube strands[J]. Science, 2002, 296(5569): 884-886.

[61] Zhong X, Li Y, Liu Y, et al. Continuous multilayered carbon nanotube yarns[J]. Advanced Materials, 2010, 22(6): 692-696.

[62] Zhong X, Wang R, Wen Y. Effective reinforcement of electrical conductivity and strength of carbon nanotube fibers by silver-paste-liquid infiltration processing[J]. Physical Chemistry Chemical Physics, 2013, 15(11): 3861-3865.

[63] Wang J, Luo X, Wu T, et al. High-strength carbon nanotube fibre-like ribbon with high ductility and high electrical conductivity[J]. Nature Communications, 2014, 5(1): 3848.

[64] Chen X, Lin H, Deng J, et al. Electrochromic fiber-shaped supercapacitors[J]. Advanced Materials, 2014, 26(48): 8126-8132.

[65] Xu Z, Gao C. Aqueous liquid crystals of graphene oxide[J]. ACS Nano, 2011, 5(4): 2908-2915.

[66] Xu Z, Gao C. Graphene chiral liquid crystals and macroscopic assembled fibres[J]. Nature Communications, 2011, 2(1): 571.

[67] Zhao Y, Jiang C, Hu C, et al. Large-scale spinning assembly of neat, morphology-defined, graphene-based hollow fibers[J]. ACS Nano, 2013, 7(3): 2406-2412.

[68] Kou L, Huang T, Zheng B, et al. Coaxial wet-spun yarn supercapacitors for high-energy density and safe wearable electronics[J]. Nature Communications, 2014, 5(1): 3754.

[69] 刘英军. 高性能石墨烯纤维[D]. 杭州: 浙江大学, 2017.

[70] Xu Z, Liu Y, Zhao X, et al. Ultrastiff and strong graphene fibers via full-scale synergetic defect engineering[J]. Advanced Materials, 2016, 28(30): 6449-6456.

[71] Tian Q, Xu Z, Liu Y, et al. Dry spinning approach to continuous graphene fibers with high toughness[J]. Nanoscale, 2017, 9(34): 12335-12342.

[72] Xiang C, Behabtu N, Liu Y, et al. Graphene nanoribbons as an advanced precursor for making carbon fiber[J]. ACS Nano, 2013, 7(2): 1628-1637.

[73] Dong Z, Jiang C, Cheng H, et al. Facile fabrication of light, flexible and multifunctional graphene fibers[J]. Advanced Materials, 2012, 24(14): 1856.

[74] Meng Y, Zhao Y, Hu C, et al. All-graphene core-sheath microfibers for all-solid-state, stretchable

fibriform supercapacitors and wearable electronic textiles[J]. Advanced Materials, 2013, 16(25): 2326-2331.

[75] Yu J, Wang M, Xu P, et al. Ultrahigh-rate wire-shaped supercapacitor based on graphene fiber[J]. Carbon, 2017, 119: 332-338.

[76] Yang J, Weng W, Zhang Y, et al. Highly flexible and shape-persistent graphene microtube and its application in supercapacitor[J]. Carbon, 2018, 126: 419-425.

[77] 方波. 石墨烯纤维的性能提升及能量转换应用研究[D]. 杭州：浙江大学, 2023.

[78] 蹇木强, 张莹莹, 刘忠范. 石墨烯纤维：制备、性能与应用[J]. 物理化学学报, 2022, 38(2): 22-39.

[79] Xu Z, Zhang Y, Li P, et al. Strong, conductive, lightweight, neat graphene aerogel fibers with aligned pores[J]. ACS Nano, 2012, 6(8): 7103-7113.

[80] Huang T, Zheng B, Kou L, et al. Flexible high performance wet-spun graphene fiber supercapacitors[J]. RSC Advances, 2013, 3(46): 23957-23962.

[81] Aboutalebi S, Jalili R, Esrafilzadeh D, et al. High-performance multifunctional graphene yarns: toward wearable all-carbon energy storage textiles[J]. ACS Nano, 2014, 8(3): 2456-2466.

[82] Yang Z, Sun H, Chen T, et al. Photovoltaic wire derived from a graphene composite fiber achieving an 8.45% energy conversion efficiency[J]. Angew. Chem. Int. Ed., 2013, 52(29): 7545-7548.

[83] Choi S J, Yu H, Jang J S, et al. Nitrogen-doped single graphene fiber with platinum water dissociation catalyst for wearable humidity sensor[J]. Small, 2018, 14(13).

[84] Fang B, Xiao Y, Xu Z, et al. Handedness-controlled and solvent-driven actuators with twisted fibers[J]. Materials Horizons, 2019, 6(6): 1207-1214.

[85] Sun H, You X, Deng J, et al. Novel graphene/carbon nanotube composite fibers for efficient wire-shaped miniature energy devices[J]. Advanced Materials, 2014, 26: 2868-2873.

第8章 高性能纤维制品成形技术

8.1 高性能纤维纺纱成形

当代高性能纤维纺纱工艺技术概括为五大类：环锭纺（Ring spinning）、集聚纺（Compact spinning）、转杯纺（Rotor spinning）、喷气纺（Air-jet spinning）和涡流纺（Vortex spinning）。这五种纺纱体系具有不同的特征，可纺纱细度、自动化程度、成本、结构、产品外观等方面的优缺点，都各不相同。

8.1.1 环锭纺

环锭纺始于19世纪，是市场上用量最多、最通用的纺纱方法，核心是锭子、钢领和钢丝圈系统。经拉伸后的纤维须条通过环锭钢丝圈旋转引入，钢丝圈由纱管上的纱条带动绕钢领回转对纱条加捻，而钢领的摩擦使纱条转速略小于纱管而得到卷绕（图8-1）。

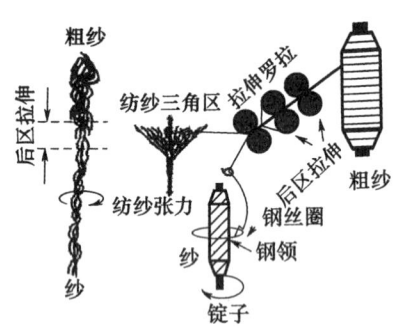

图8-1 环锭纺纺纱原理

环锭纺广泛应用于各种短纤维的纺纱工程，包括普梳、精梳及混纺等方式。环锭纱内的纤维形态大多呈内外转移的圆锥形螺旋线，使纤维在纱中内外缠绕联结，纱的结构紧密、强力高，适用于制线、机织、针织和编织等各种产品。环锭纺的纺纱质量已达到相当高的水平，应用范围及品种适应性大。迄今为止，环锭纺依然是纺纱技术应用的主体，其优点和不足均非常明显。环锭纺的优势体现在成纱结构合理、适纺号数范围广等方面，尤其是在特细号纱领域。其缺点是工序长、纺纱速度受限、卷装尺寸受限、用工相对较多。

芳砜纶的传统环锭纺工艺流程为清梳联—头并（6根）—二并（8根）—粗纱—传统环锭纺细纱—股线。芳砜纶具有良好的耐高温、阻燃等性能，在耐高温、防火领域中扮演着越来越重要的角色。另外，芳砜纶的电绝缘性、耐腐蚀性、防辐射性和化学稳定性优良，可广泛应用于防护制品、民用服装、过滤材料、电绝缘材料、摩擦密封材料等领域。

高强高模聚乙烯可以纯纺，其工艺流程一般为清梳联—头并（6根）—二并（6根）—

末并(6根)—粗纱—细纱。高强高模聚乙烯纱线适合于开发各种对强度要求高,而使用温度不高的产品,可用于普通纺织品的增强,产品包括防弹用 UD 布、防刺服面料、防切割手套、各类绳索、渔网等。

8.1.2 集聚纺

集聚纺又称紧密纺。虽然环锭纺已得到相当的发展,现代普通环锭纺纱量及纱线结构都很好,但生产技术仍不十分理想。普通环锭纺纱形成区引出纤维宽度明显大于纺纱三角区的宽度,表明三角区边的一些纤维会散失,或者不能被纱线体抓持住,产生不受控纤维。集聚纺是在传统环锭纺纱机的基础上,在前罗拉输出钳口与导纱钩之间加装一套集聚装置(图 8-2),以增加对从前罗拉钳口至加捻点的纺纱三角区内纤维的控制,使这部分纤维集合聚拢,从而消除纺纱三角区,达到减少纱线毛羽、提高成纱质量的目的。

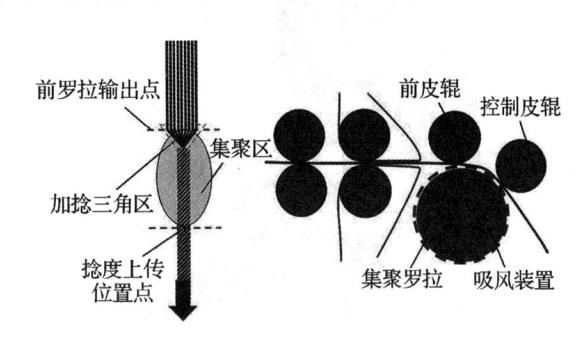

图 8-2 集聚纺纺纱原理

集聚纺的显著优点是纱线结构的改进,它有较好的强力及伸长率,纤维散失少,显著减少不正常的质量现象,即强力弱环和毛羽减少,织机效率增加。减少毛羽,尤其是减少 3 mm 及以上的毛羽含量,是集聚纺对环锭纺的重要改进,对进一步加工起积极作用。此外,可以适当减少纱线捻系数,增加细纱机输出速度,对下游工序加工有利。

8.1.3 转杯纺

转杯纺,也称气流纺。该纺纱技术不使用锭子,主要使用分梳辊、转杯、假捻装置等部件。分梳辊用来抓取和分梳喂入的棉条纤维,通过它的高速回转产生的离心力,将抓取的纤维甩出。转杯是一个小小的金属杯子,其旋转速度比分梳辊高出 10 倍以上,由此产生的离心作用把转杯里的空气向外排出;根据流体压强的原理,棉纤维进入转杯,并形成纤维流,沿着转杯的内壁不断运动。这时,转杯外有一根纱头,把贴附于杯子内壁的纤维引出并连接起来,再加上转杯带着纱尾高速旋转产生的钻入作用,就好像一边"喂"棉纤维一边加捻,在纱筒的旋绕拉力下进行拉伸,连续不断地输出纱线,完成转杯纺纱,如图 8-3 所示。

转杯纺有速度快、纱卷大、适应性广、机构简单等特点,可成倍地提高细纱的产量。转杯纺技术的进展可以用"高速,细号,高自动化和产品多元化"概括。转杯纺早期只能加工低档原料,纺制副牌纱,如今发展到已可以使用好原料生产中高档纱,并在中粗号纱领域占有相当份额。转杯纺纱机的自动化程度非常高,如采用数字化自动接头系统、电子清纱器在线监控、单头驱动控制、自动落纱和负压稳定系统等,极大地减少了

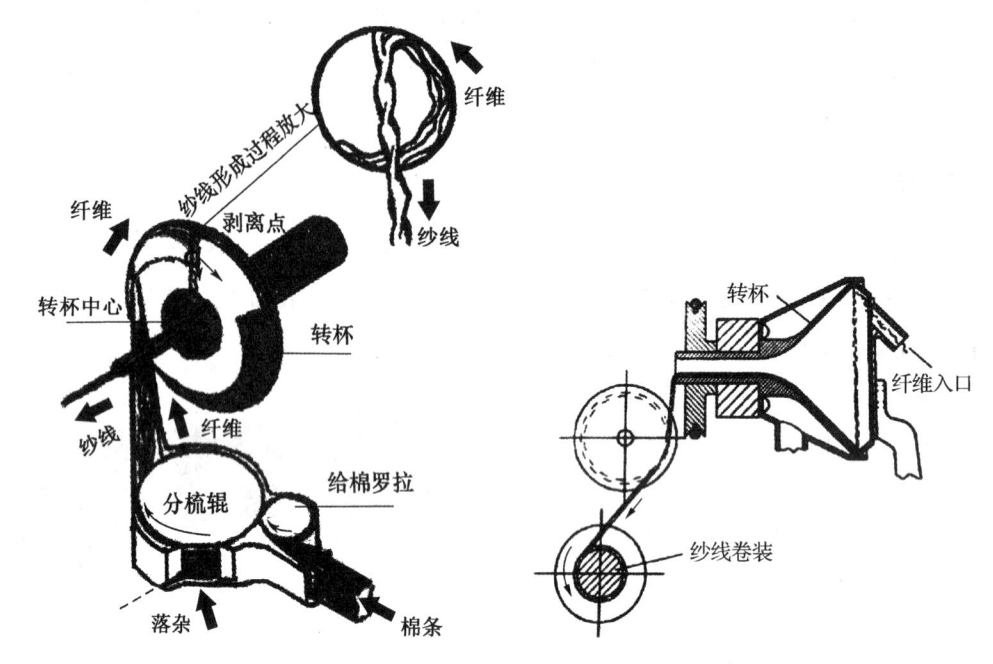

图 8-3 转杯纺纺纱原理

用工。此外,低捻装置、转杯花式纱的技术也有进展,通过低捻装置的应用,可以有效降低转杯纱的捻度,增加纱线的柔软度。转杯竹节纱等产品的开发,也丰富了转杯纱的产品种类。

高性能聚乙烯短纤可通过转杯纺加工与其他纤维(如不锈钢丝、玻璃纤维、锦纶、涤纶和棉纤维等)结合形成混纺纱,即工程纱,一方面可以增进耐割破性,另一方面可以改善耐用性和舒适性,常用于防割破产品。

聚酰亚胺纤维的力学性能优良,具有低热稳定性好、耐高温辐射等优异性能。通过对分梳辊与假捻盘的组合进行优选,已实现聚酰亚胺 36.4 tex 转杯纱的生产,为制造阻燃产品提供了新的方法。

8.1.4 喷气纺

喷气纺利用高速旋转气流使纱条加捻成纱,采用棉条喂入、四罗拉双短胶圈超大拉伸,经固定喷嘴加捻成纱。纱条引出后,通过清纱器绕到纱筒上,直接绕成筒子纱,如图 8-4 所示。喷气纺可以纺制 3~7.4 tex 的纱线,适用于化纤与棉的纯纺及混纺。因喷气纺的成纱机理特殊,喷气纱的结构、性能与环锭纱有明显的差异,其产品具有独特的风格。喷气纱质量的综合评价较好,除了成纱强力比环锭纺低 5%~20%,其他质量指标均优于环锭纱。喷气纱的物理特性,如条干 CV、粗细节和纱疵,均优于环锭纱。喷气纱 3 mm 以上毛羽较环锭纱少。喷气纱强力较低,但强力不匀率比环锭纱低。喷气纱用于剑杆织机和喷气织机等新型织机的织造,可提高织机生产效率 2% 以上。喷气纺纱的品质除了与环锭纱类似,还有其独特性,喷气纱的摩擦因数较大,纱线具有方向性,耐磨性能优于环锭纱,但手感较硬。

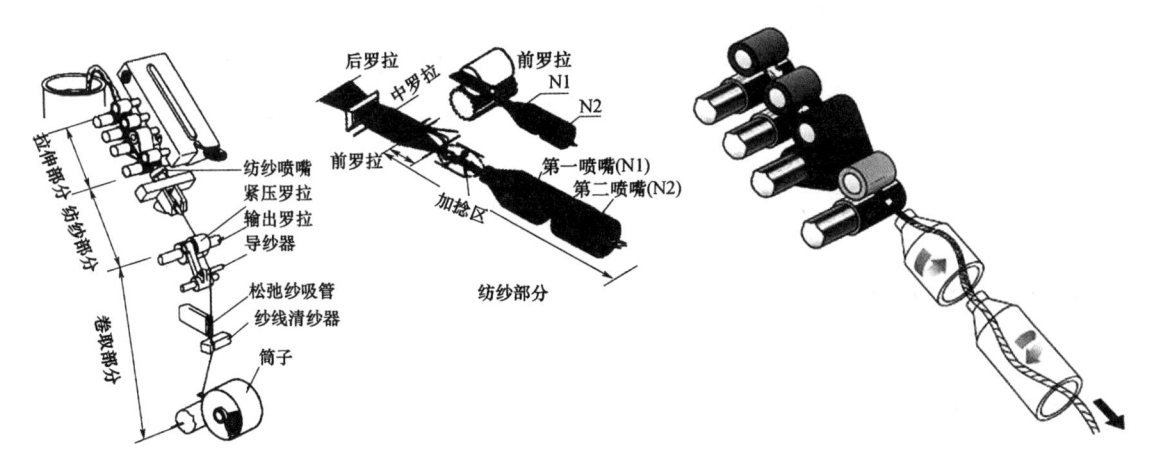

图 8.4 喷气纺纺纱原理

8.1.5 涡流纺

涡流纺靠涡流作用使开松成单根状态的纤维凝聚和加捻成纱。涡流纺利用固定不动的涡流管代替高速回转的转杯进行纺纱加工。从某种意义上说,涡流纺才是真正意义上的气流纺纱。首先把纤维条经刺辊开松呈单根纤维状态,然后靠气流的作用使纤维通过切向通道进入涡流管内,形成纤维流。在涡流管的适当位置沿圆周切向开若干个进气孔,涡流管的尾端经总风管和过滤网连接抽风机,使涡流管内始终保持负压。高速回转的涡流沿涡流管做轴向运动,与切向通道送入的纤维流同向回转,达到轴向平衡。在平衡位置上,涡流推动自由端纱尾做环形高速回转。不断喂入的纤维与运动中的纱尾相遇而凝聚到纱尾上。自由端在高速回转时,纱条即被加上捻度。纺成的纱由一对输出罗拉积极输出,经槽筒或往复导纱器,卷绕成筒子纱(图 8-5)。

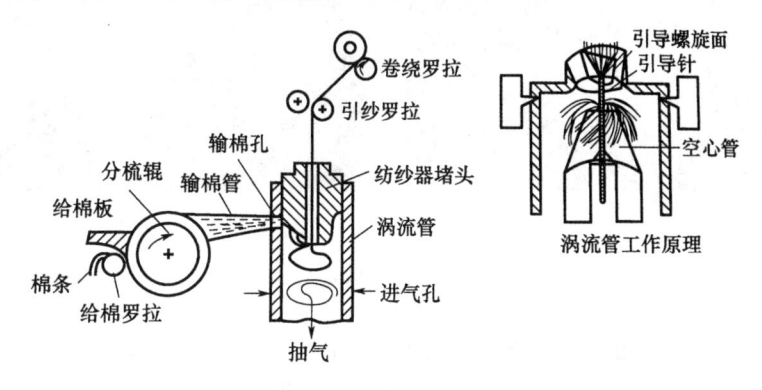

图 8-5 涡流纺纺纱原理

涡流纱中纤维的平行伸直度较差,成纱的结构与环锭纱不同,所以涡流纱的强力较环锭纱低。涡流纱的结构膨松,吸色性好。为了使纺成的纱具有一定的强力和条干水平,要求喂入的纤维具有较好的整齐度和适当的长度。因此,涡流纺纱比较适宜于化纤纯纺或混纺的粗中号纱,用作起绒纱或用以纺包芯纱。涡流纺纱单产水平和制成率都比较高,由于在负压条件下纺纱,车间飞花少,劳动条件好。产品可用作毛毯、围巾、服装和装饰用织物。

8.2 高性能纤维绳索制品成形

8.2.1 绳索加工技术

绳索是指在软物质范畴里,由纱线或纤维束(天然纤维、化学纤维)经过并、捻或编等工艺制成的柔软而且细长的物体。相对于弯曲、扭转载荷来说,绳索能承受比较大的轴向拉伸载荷,所以绳索主要用作传递载荷,或者用作固定、连接某些物体的工具。绳索可分为捻绳和编织绳。其中编织绳根据结构可分为圆编绳和立体编绳。圆编结构的绳一般由绳芯和外皮组成。如图 8-6(a)所示,绳(股)芯在绳股捻制和使用时,起支撑外层绳股、保持绳股形状完整的作用;纤维绳芯还起增加柔软性和润滑减磨作用。当绳受冲击和拉伸时,被压紧的纤维绳(股)芯,因平行伸直而能起一定承载作用。绳芯可以为纤维、无纺布或者纤维和无纺布。立体编绳的结构如图 8-6(b)所示,一般没有明显的皮芯结构,各绳股产生整体的穿插绞合,形成立体结构。

(a) 捻绳 　　　　　　　　　　　(b) 编织绳

图 8-6　绳索类型

绳索生产设备一般包括制绳机、编绳机及合股机。图 8-7 为用于编织绳索的高速编织机的结构简图,编织机的结构主要分为编织机构、牵引调密机构、股线输送机构三个部分。编织生产过程依次为:编织绳索前先将倒好的纱管按对准的位置插入走马锭中,然

后将股纱从走马锭穿出,穿过导纱孔,将所有的股纱合并,以 8 字的形式缠绕在牵引盘上,最后从压辊导出。根据所要编织绳索的紧密程度选择合适的变速齿轮后,启动编织机工作即可开始绳索的编织。编织机工作原理为电机经变速箱直接带动驱动系统使得编织盘内齿轮拨动锭子沿轨迹转动,另外变速齿轮进行变速后传到牵引轮,从而带动牵引轮的转动。在生产过程中,根据所需编织绳索的紧密程度及编织角度而选用牵引速度。

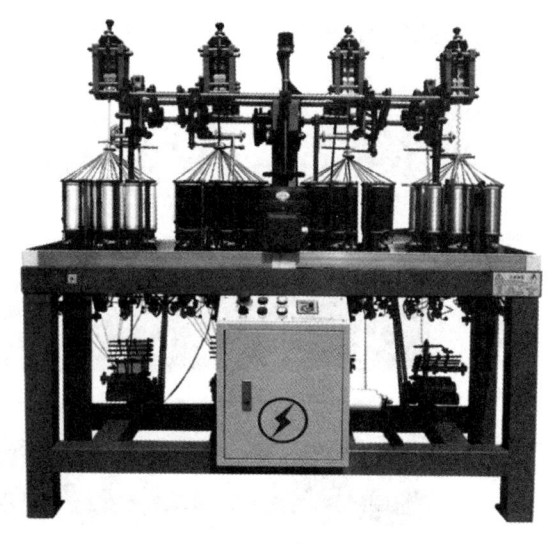

图 8-7 高速编织机

常见绳索按制造工艺可分为平行纤维绳、捻绳和编织绳。另外,可供借鉴的还有一种编织结构——盘根(Packing)。各种加工工艺和产品性能的特点如下:

8.2.1.1 平行纤维绳

常见钢缆、钢绞线采用的就是平行纤维绳结构,如图 8-8(a)所示,其制造工艺较为简单。

8.2.1.2 捻绳

捻绳制作工艺是先将多根初捻后的单丝、纤维束或纱线,经反向复捻形成绳线,再将多根绳线反向复捻形成绳子,多根绳纱反向复捻成绳股,多根绳股即可捻制后加工为绳索。其中单根纱线和单股、单股和绳子的扭结方向都是两两相反,以便结合紧密。捻绳的两端必须分别固定,否则原来的扭结会散开。捻绳结构如图 8-8(b)所示。

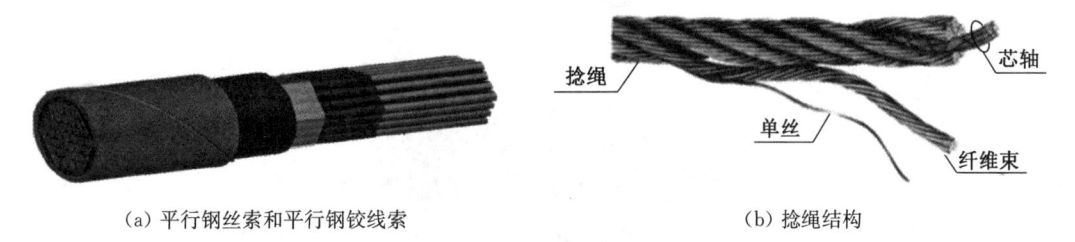

(a) 平行钢丝索和平行钢绞线索   (b) 捻绳结构

图 8-8 不同结构捻绳结构

8.2.1.3 编织绳

在编织绳中,绳股不是以加捻的方式绞合在一起的,而是以一种穿插的形式相互交叉在一起的。根据编织绳的种类其加工机械可分为立体绳编织机、圆编机和捻线机。根据编织速度其加工机械可分为高速机和普通机。普通的编织结构为管型编织绳、实心编织绳以及八股编绞绳等。常见编织绳结构如图 8-9 所示。

图 8-9　编织绳结构

圆编机主要包含锭子、编织机构、卷绕输出机构三个主要部分,如图 8-10 所示。其中锭子是经过预织机卷绕而成的储纱部件,放置在圆编机编织机构的轨道上。圆编机的编织机构根据不同的机型有所不同,但是大体原理相同。圆编机的卷绕输出机构主要是通过一对主动轴的带动作用,将经过编制而成的绳子从编织区拉出。其作用有两方面:一方面,给轨道上的锭子以一定的张力,从而保证编织张力,以及编织口位置的相对稳定;另一方面,将绳子从编织口及时拉出并送到卷绕或者储备绳子的桶子中。

图 8-10　圆编机

8.2.1.4 盘根结构

盘根也称为密封填料,用于密封,通常由较柔软的线状物编织而成,是截面为正方形、长方形或圆形的条状物。盘根结构的特点是高强度、高回弹,柔软而又耐磨。盘根结构如图 8-11 所示。

图 8-11 盘根结构绳索

8.2.2 芳纶绳索

由于芳纶优质的强度和柔软性,芳纶缆索能承受较高的负荷并具有非常容易处理的特性,取代了许多钢制绳索缆线的应用。芳纶绳索的高强度和高模量也使它成为游艇绳索等轻型绳索的理想材料,从细小的绳子到粗大的船舶锚缆(图 8-12)。除了质量轻和硬度大,芳纶线的非磁性和绝缘性使它成为通信光线和海底通信电缆的绝佳材料,不仅成功取代了传统的钢电缆和通信的汽球天线,在电子基板材料、耳机线材和高性能音响等电子器件上也有广泛的应用。

图 8-12 芳纶纤维绳的应用

编绳索的主要制备步骤如下：

(1) 按拟编织的绳索直径，确定绳股中所需的复丝根数。

(2) 将确定根数的纤维复丝在化纤合股机上进行合股加捻，制得S捻向和Z捻向的绳股。

(3) 将编织好的绳股大锭倒入与编织机相配套的小锭，标记好绳股的捻向，S捻向和Z捻向的锭数相同。

(4) 最后将两种捻向的绳股按对应的位置成对安装在编织机上，同时加以适当的牵引速度和特定的张力，进行编织，得到所需的纤维绳索。

制绳的主要工艺流程为复丝合股加捻—倒纱—编织—成品检验。

8.2.3 玻璃纤维绳索

玻璃纤维线绳制品有着特殊的用途，例如，缝制玻璃纤维空气过滤布袋的无碱玻璃纤维缝纫线，玻璃棉、矿棉的中碱玻璃纤维缝毡线以及用于橡胶同步带的玻璃纤维增强橡胶帘子线等。这些制品的生产过程往往是将几十根纱线从纱架上引出，通过化学浸渍处理后送入烘炉进行烘干固化，最后由卷绕装置按照使用要求分别卷绕成形，供布袋和毡或后道工序使用。生产工艺流程如图8-13所示。

玻纤绳线 → 浸渍处理 → 烘干固化 → 卷绕成形

图8-13 玻璃纤维绳索生产工艺流程

最后一道工序的卷绕装置有多种形式，对应的卷绕控制方法亦有多种，如电磁调速、直流调速、力矩电机调速以及使用昂贵的可编程控制与变频器相结合的精确控制。

8.2.3.1 纱线及绳的卷绕特点

玻璃纤维纱可分无捻纱及有捻纱两种。无捻纱一般用增强型浸润剂，由原纱直接并股、络纱制成；有捻纱则多用纺织型浸润剂，原纱经过退绕、加捻、并股、络纱而制成。由于生产玻璃纤维纱的纤维直径、细度及股数不同，无捻纱有很多种。纱线经处理后的卷绕特点：①纱线根数多，一般大于20根；②卷绕速度低，一般在10～30 m/min；③卷绕形状一般为直筒状和宝塔形两种。

8.2.3.2 玻璃纤维包芯绳

逃生绳是火灾逃生必备用品，国外许多国家都备有逃生绳。消防员在灭火战斗中登高作业进行救人或自救时，逃生绳是必须使用的防护用品。目前，通常使用的逃生绳是由钢丝做成的，绳体由内芯与包裹内芯的外包物组成，内芯为钢丝或钢缆，外包物由尼龙线纺织而成，它们普遍存在硬度大、不耐高温、耐磨性差等缺点。

玻璃纤维包芯绳，由绳套和绳芯组成，绳套是筒状的，由多束玻璃纤维按照一定的编织方法编制成套，绳芯位于绳套中间，为集束的玻璃纤维，如图8-14所示。绳套是筒状的由多束玻璃纤维制造,采用双编织方法加工成套,也可以采用立体编织或其他编织方式加工。绳芯位于绳套的中间,为集束的玻璃纤维。绳套与位于绳套中间的绳芯紧密结合,绳套和绳芯都采用阻燃性好、耐磨、强度高的玻璃纤维制造,而且采用科学、合理的编织方式,使产品具有良好的绝缘性和耐热性,增强了绳索的阻尼性和耐切割性能,安全性高,柔软舒适,应用范围广。

图 8-14　玻璃纤维包芯绳

8.2.3.3　碳纤维与玻璃纤维复合绳索

碳纤维和玻璃纤维复合绳索,利用了碳纤维和玻璃纤维的特性,具有良好的绝缘性和防火阻燃耐热性,增强了绳索的阻尼性和耐摩擦、耐切割性能,成本低、安全性高、耐高温,应用范围广,可广泛用于消防、矿业、建筑业。碳纤维和玻璃纤维复合绳索包括绳体,其碳纤维长丝股线与玻璃纤维长丝股线具有多种不同的设置规格。

8.2.4　碳纤维绳索

碳纤维性能稳定,比较柔软,具有纺织纤维的可编性,可制成线缆及绳索。与传统的线缆和绳索,如钢丝绳等相比,碳纤维线缆和绳索具有很多优越性,可用作大跨度斜拉索桥悬索、舰船用缆绳、登山用绳索等,有被用于代替自重大的钢缆的发展趋势。但是碳纤维线缆的极限应变很小,多根线缆在承重时,若其中单根线缆因应力集中而断裂,则整个线缆的承载能力会受到极大破坏,这将影响碳纤维线缆的应用前景。可以从结构方面入手,通过线缆内部结构的变形可以提高其伸长率及极限应变。

8.2.4.1　碳纤维拉索的构造

碳纤维拉索是从1987年左右在日本发展起来的,为绞线型纤维筋,如图 8-15(a)所

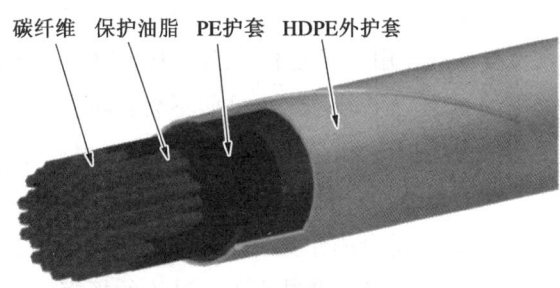

(a) 绞线型纤维筋　　　　　　　　(b) 碳纤维拉索结构

图 8-15　碳纤维拉索

示,黏结树脂为环氧树脂。碳纤维拉索的索股通常由多股绞线组成,最常用的为7股、19股、37股,标称直径分别为15 mm、25 mm、35 mm,很小直径的则由单股组成,一般单股直径为5 mm。在索股的外面套上PE管,在中间则填充树脂或砂浆,图8-15(b)所示为组装后的碳纤维斜拉索。

8.2.4.2 碳纤维拉索的优越性

如表8-2所示,常见的碳纤维拉索的弹性模量比钢材的低,在140 GPa左右,但国外已有厂家生产出弹性模量与钢丝相近甚至更高的碳纤维材料;碳纤维拉索具有很高的轴向抗拉度,超过现有的高强钢丝或钢绞线,其值一般为2000~3000 MPa,但其抗剪强度低,仅为抗拉强度的5%~20%;碳纤维拉索的延伸率已从1.0%左右提高到2.0%,最高的已经达到2.4%,从而具备了可以作为拉索的条件。碳纤维拉索具有蠕变小,松弛率低的性能。试验表明,将碳纤维筋应力水平维持在其强度的60%左右,1000 h后,其蠕变几乎为0;德国DSI公司用于DYWICA体系的碳纤维筋经试验得到,1000 h后,其松弛率为0.8%,3000 h后慢慢变为0.01%。碳纤维材料的抗疲劳性优于钢材,DYWICARB体系的疲劳试验表明,19根单丝的碳纤维拉索在循环荷载下未发生破坏,其疲劳强度约为相同条件下钢索的3~4倍,且在随后的承载能力试验中发现其极限承载能力几乎没有下降。

表8-2 碳纤维与钢材料的物理力学性能对比

材料类型	密度/ (kg·m^{-3})	抗张强度/ GPa	弹性模量/ GPa	断裂长度/ km
标准碳纤维	1760	3.53	230	205
高强碳纤维	1820	7.06	294	396
高模碳纤维	1870	3.45	441	188
钢 S355	7850	0.50	210	6
钢丝线	7850	1.77	210	23

除了上述力学特性,碳纤维拉索还具有富有柔性、抗腐蚀和抗疲劳等优点,在200万次反复荷载作用后强度不变、500万次以后仍然保持较高的强度。当使用的拉应力在其强度的60%以下时,盐分、日照不会影响它的抗拉强度。碳纤维拉索的蠕变和松弛等重要指标也优于钢索;还可以选耐热性、耐火性好的树脂来提高它的耐火性能。

综上所述,与钢材相比,碳纤维材料具有强度高、自重轻、抗腐蚀、抗疲劳、耐久性好等优点,特别适合用作要高强轻质和耐久性好的缆索材料。采用碳纤维拉索代替钢索,可以减轻桥梁自重,并减小下部结构的规模,增大桥梁的跨径,对降低综合经济指标和施工技术难度都具有十分重要的意义。

8.3 高性能纤维机织成形

8.3.1 二维机织成形

二维机织物是由纵向纱线系统(经纱)和横向纱线系统(纬纱)在织机上按一定规律纵横沉浮交织而成的织物。机织设备主要由开口机构、引纬机构、打纬机构、卷取机构和送经机构五大部分构成,如图8-16所示。经纱从织机后的织轴上引出,逐根按一定规律分别穿过综框上的综丝眼,再穿过钢筘的筘齿,在织口处与纬纱交织,形成织物。形成的织物在织机卷取机构的作用下卷绕在卷布辊上。当织机运转时,各个综框按照组织规律分别做垂直方向的上下运动,把经纱分成上下两片,形成织口。在织口引入纬纱后,各综框按组织规律进行下一步运动,使引入织口的纬纱被经纱夹持,同时形成新的织口。钢筘把纬纱推向织口,经纱和纬纱在织口处完成交织。卷取机构将完成织造的布匹卷绕在卷布辊上,送经机构将经纱从经纱筒上送出,两者协同工作,以保证经纱在织机上的张力稳定且均匀。如此反复循环,则实现二维机织物的连续织造。

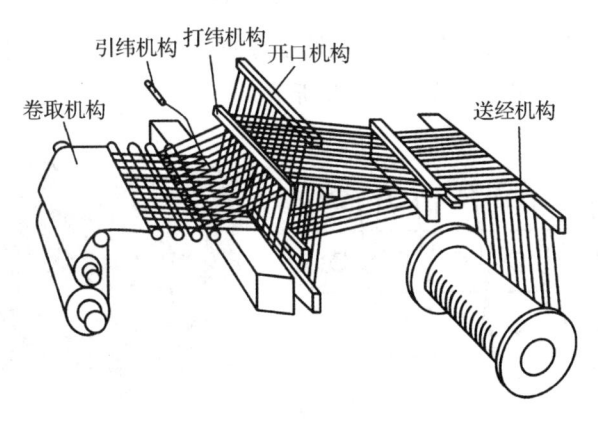

图 8-16　机织设备结构(五大机构)

二维机织物结构简单,生产效率高,且整体稳定性好,具有良好的结构可设计性,纤维在面内按照一定的规律相互交织或缠结,从而提高了纤维之间的抱合力。在用作复合材料增强体时,二维机织结构显著改善了复合材料的面内性能。同时,在成形过程中二维机织物易变形成构件需要的外形,具有仿形性,适应于壳体结构、曲面结构复合材料的制备。

芳纶织物致密均匀,表面平整,不易移位变形,易成形,层间结构佳,韧性和耐腐蚀性好,广泛应用于防弹制品、船艇、运动器材等产品中。玻璃纤维织物具有强度高、耐磨性好、摩擦因数低、绝缘性好、不易腐烂、耐高温、阻燃等特点,目前已普遍用于土建、煤炭、

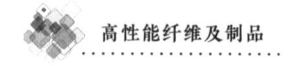

造纸等行业,是一种应用广泛的建筑材料和工业材料。碳纤维布是目前用量最大,使用面最广的复合材料增强材料,广泛用于航空航天、武器装备等军工领域,以及抗震修复、结构加固、运动器材、工业生产、隔热防护、娱乐设施、电子产业等诸多民用领域。图 8-17 所示为高性能纤维二维机织物。

(a) 玻纤机织物

(b) 碳纤维机织物

图 8-17 高性能纤维二维机织物

8.3.2 三维机织成形

8.3.2.1 三维正交织物

三维正交机织物由经纱、纬纱及 Z 纱三个系统的纱线组成,经纱与纬纱在各自平面内平行排列且互相垂直,Z 纱贯穿于织物厚度方向并交错捆绑纬纱,使得织物形成多层立体结构。三维正交机织物结构如图 8-18 所示。

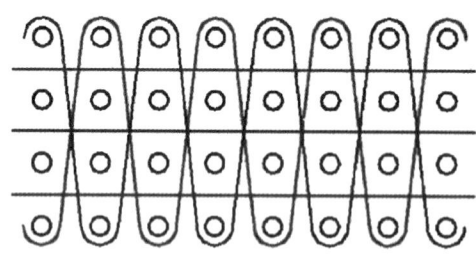

(a) 纬向截面

(b) 三维模型

图 8-18 三维正交机织物结构

在三维正交机织物的织造过程中,从筒子架上引出多层平行排列的经纱和 Z 纱。经纱穿过综框和钢筘但不穿过综丝眼,不随综框运动;而 Z 纱穿过综眼和钢筘,受综框运动控制。由经纱和 Z 纱共同形成的多层织口,由引纬机构在织口各层分别引入纬纱,钢筘打纬将纬纱推向织口,综框上下运动以控制 Z 纱做上下运动,形成一个交织循环。如图 8-19 为三维正交机织物织造原理。通常上下两层 Z 纱和中间 n 层经纱形成 $n+1$ 层织口,因此纬纱为 $n+1$ 层。一般以经纬纱层数命名三维正交机织物,纬纱层通常比经纱层数多一层,如三经四纬正交织物、五经六纬正交织物等。

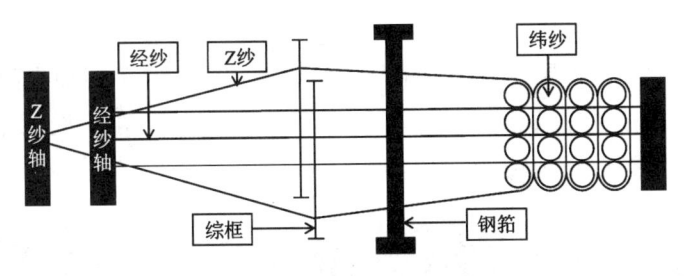

图 8-19 三维正交机织物织造原理

与普通二维机织物相比,三维正交机织物的经纱和纬纱伸直平行排列,不存在经纬纱屈曲现象,提高了纱线强度利用率,具有较高的面内强度和刚度。同时,贯穿于织物的厚度方向的 Z 纱捆绑经纱和纬纱,赋予织物稳定性和整体性。三维正交机织物可作为复合材料的预制体,由于织物内部纱线的伸直排列,更易于树脂的浸润,Z 纱的存在可明显改善复合材料在厚度方向的力学性能,具有极佳的抗层间剪切强度和抗冲击损伤性、高比强度和比模量、质量轻、耐腐蚀等特点,广泛应用于航空、航天以及汽车工业领域。

三维正交机织物增强体多采用芳纶或玻璃纤维为原料。三维正交芳纶织物的各向同性较好,用相同层数、粗细的纱线织成的织物比较厚,被广泛用于柔性防弹衣及防弹装甲设备中。以三维正交芳纶织物为基体制备的复合材料,具有极高的比强度和比模量,同时具有阻燃性能,已使用于航空结构件,如垂尾前缘、尾桨耐砂石磨损区域等。三维正交玻纤织物具有良好的绝缘性和介电性能,其复合材料中纤维与树脂间具有优良的黏结性,介电性能呈现集中且稳定的趋势,已在航空、汽车、电子元器件等领域得到广泛的应用。图 8-20 所示为高性能纤维三维正交机织物。

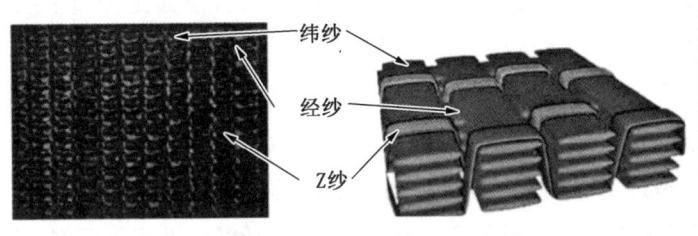

(a) 碳纤维三维正交机织物

(b) 芳纶三维正交机织物

(c) 芳纶/玄武岩纤维三维正交复合材料

图 8-20 高性能纤维三维正交织物实物

8.3.2.2 三维间隔织物

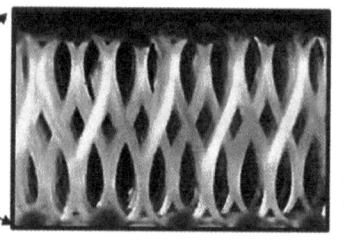

三维间隔织物由上下层面织物和中间柱纱组成,其中上、下层面表面织物都是由经纬纱线相互交织而成的平纹组织,依靠中间层的柱纱将上下两层平纹织物连接支撑起来,一体化织造形成三维间隔织物,结构如图8-21所示。

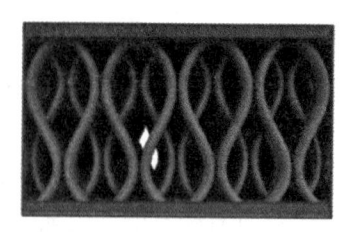

(a) 整体结构　　　　(b) 经向截面　　　　(c) 纬向截面

图8-21　三维间隔织物结构

图8-22为三维间隔织物织造过程示意图。综框3和4控制经纱运动,综框1和2控制柱纱运动。首先通过引纬装置在上下面层经纱的开口处引入两层纬纱;在完成引纬后,在上下层经纱层之间放入一定高度的间隔片;随后综框3和4上下换综实现经纱与纬纱交织形成上下层面织物;而后综框1与2上下换综使柱纱捆绑连接上下面层织物,钢筘将纬纱打向织口,完成一个织造循环。

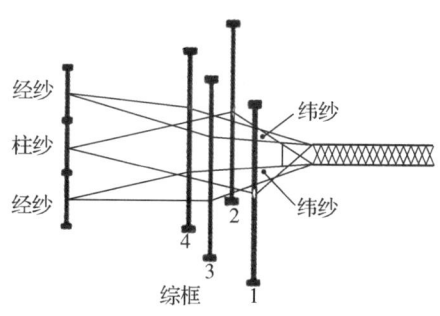

图8-22　三维间隔织物织造过程

三维间隔织物中相邻两根柱纱呈现"8"字型,将两个表面织物层撑起从而形成一定厚度的间隔层,这种特殊的立体结构让间隔层内储存了大量静止空气,使其比普通单层织物具有更好的隔热性能,作为高性能隔热材料有很大发展空间。高性能三维间隔织物可作为复合材料的基体,与树脂复合后可制成中空板,内部芯层空间,降低了复合材料的密度,同时中间的芯层柱纱可以将上面板支撑起来,具有一定的承载能力。独特的中空结构使其具有可设计性,可填充泡沫等多种材料,可以用于结构功能一体化复合材料的开发设计,具有质量轻、抗弯刚度大的特点。图8-23所示为高性能纤维三维间隔织物。

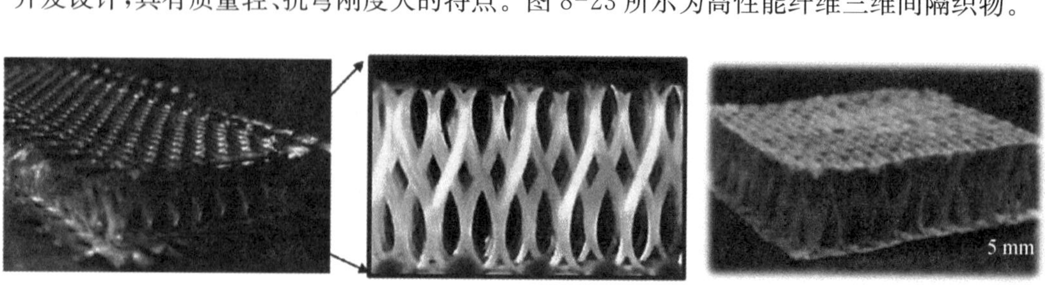

(a) 玻纤三维间隔织物　　　　(b) 芳纶三维间隔织物

图8-23　高性能纤维三维间隔织物

8.4 高性能纤维针织成形

8.4.1 高性能纤维经编成形

8.4.1.1 轴向增强经编织物

轴向经编织物是指通过经编线圈将纵向、横向或斜向的伸直且平行排列的纱线捆绑在一起而形成的一类特殊结构织物，由于织物内轴向纱线在特定方向保持伸直状态，因此也称为无屈曲织物。根据衬入纱线的轴向数量，轴向经编织物又可以分为单轴向经编织物、双轴向经编织物及多轴向经编织物。

轴向经编织物预制件可实现近净成形，大幅降低生产成本，从而减少材料浪费，提高铺层效率；其中，多轴向经编织物与传统多层编织相比，生产效率更高，因此其复合材料应用成本效益更高。此外，无屈曲的纤维结构比传统的机织物增强复合材料具有更高的强度和刚度，同时在厚度方向具有贯穿的纤维增强，可以改善复合材料的层间性能（图 8-24）。

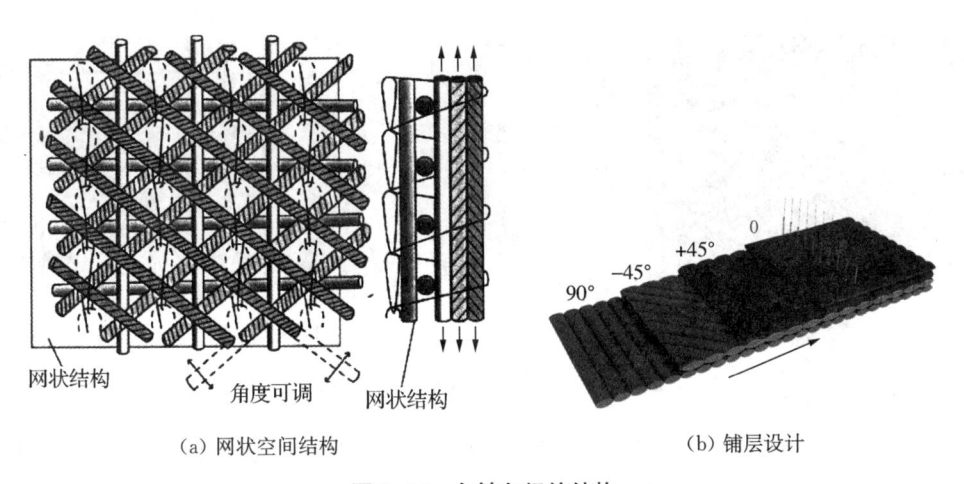

(a) 网状空间结构　　(b) 铺层设计

图 8-24　多轴向经编结构

生产轴向经编或无屈曲织物的设备主要来自德国 Karl Mayer（卡尔·迈耶）、德国 Liba（利巴）两大公司，目前利巴已合并到卡尔·迈耶公司，其各类多轴向经编机是生产复合材料增强用织物最常用的编织设备。图 8-25(a)所示为多轴向经编机结构，轴向增强纱线从筒子架上抽出，然后通过铺纬机构铺入所需的方向，铺纬机构承载着纱线在机器宽度之间摆动，铺设完成的多轴向纱线再通过经编线圈结构最终固定在一起。纤维通常在 0°、90°、+45°和−45°方向铺设。在经编过程中，轴向纱线与经编线圈的缠绕捆绑为织物提供了基本的结构稳定性。图 8-25(b)展示了多轴向经编机结构中编织点的相应部件。

(a) 多轴向经编机　　　　　　　(b) 编织点部件

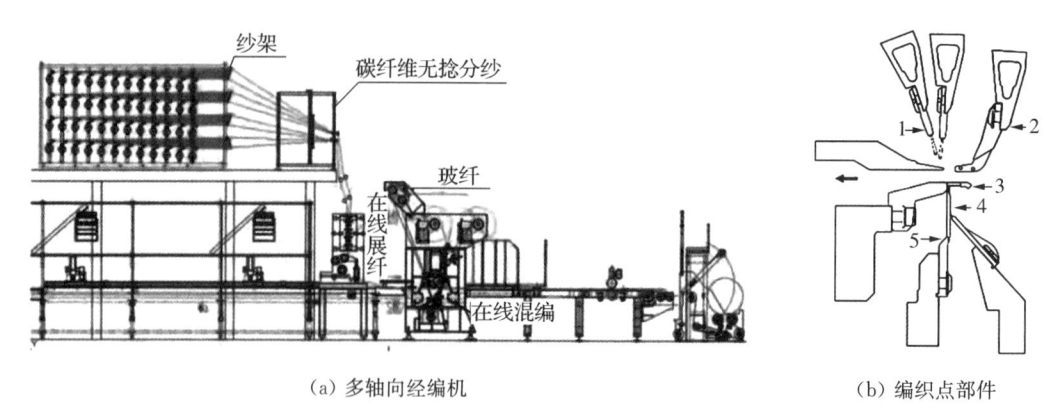

1—导纱梳栉与导纱针；2—编链线圈沉降片；3—沉降片槽；4—针扣；5—复合针

图 8-25　多轴向经编设备

8.4.1.2　经编网格织物

经编网格织物是由相邻的线圈纵行在局部失去联系，从而形成一定形状网格的织物，一般采用拉舍尔经编机制备，如图 8-26(a)所示。利用两把及以上梳栉，通过不同的穿纱方式和组织结构，在相邻线圈间形成局部无连接的结构，从而编织形成各种网格结构，如图 8-26(b)所示。

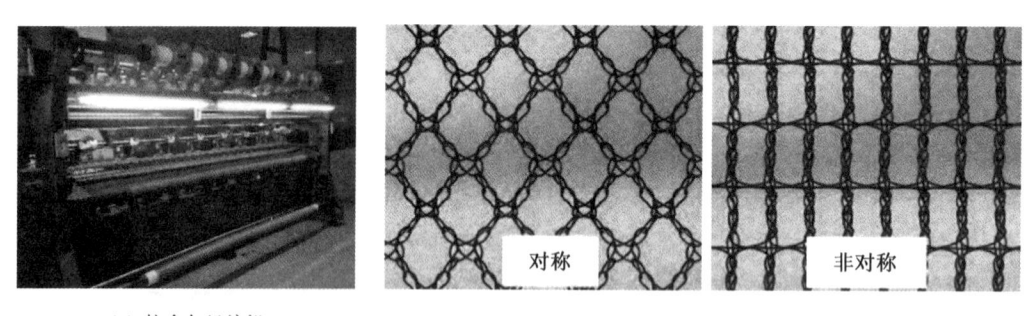

(a) 拉舍尔经编机　　　　　　　(b) 网格结构

图 8-26　拉舍尔经编机及网格结构

网格复合材料是实现材料轻量化的重要潜力结构材料。网格复合材料是一种网格肋结构，该结构具有较大的横截面惯性矩，且具有较高的可设计弹性，因此主要应用于抗屈曲结构和加筋表面结构。

8.4.1.3　经编间隔织物

经编间隔织物是一种由间隔丝连接上下两个经编面层形成的三维立体织物，这种一体成形的中空结构在复合材料增强方面具有很大的应用潜力。当应用于增强刚性三维中空复合材料时，经编间隔织物增强复合材料与传统夹层结构相比，不仅避免了蒙皮与芯层的二次黏接工艺，降低了夹层结构的总体成本，而且提高了蒙皮与芯层的剥离性能，同时具有更好的复合成形性能和冲击能量吸收能力。经编间隔织物还可用于增强柔性三维充气复合材料,广泛用于冲锋舟、气垫船、消防救护垫、充气冲浪板等。

经编间隔织物一般在双针床拉舍尔经编机上生产,如图 8-27(a)所示,其中上下两层织物是由两个独立系统同时编织的,间隔纱作为第三个线圈系统在 Z 方向连接上下两层织物,见图 8-27(b)。

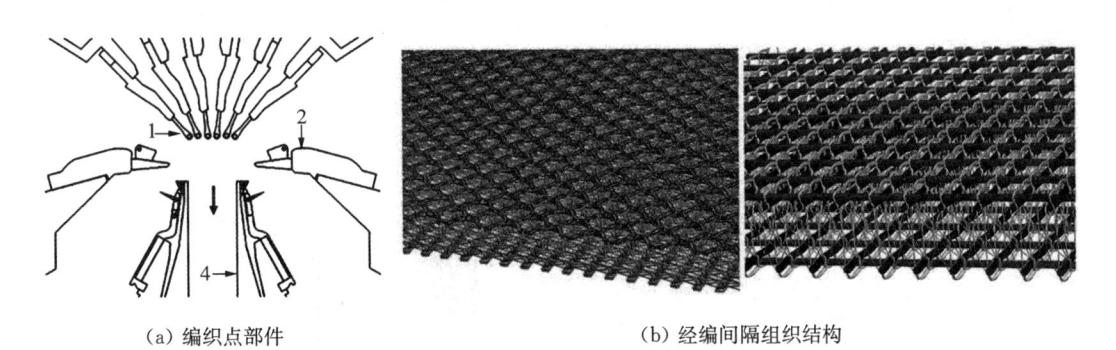

(a) 编织点部件　　　　　　　　　　(b) 经编间隔组织结构

1—导纱梳栉与导纱针;2—握持沉降片床;3—舌针针床;4—槽板

图 8-27　双针床拉舍尔经编机编织点部件及两种经编间隔组织结构

8.4.2　高性能纤维纬编成形

8.4.2.1　轴向增强纬编织物

传统针织结构的线圈结构和低纤维体积分数,使其增强的复合材料的强度和刚度较差。与此同时,较大的纤维屈曲程度令传统针织结构复合材料具有更大的失效变形和能量吸收特性,展现出良好的抗冲击性。与经编织物类似,衬入平行排列的无屈曲增强纱线能有效改善纬编织物的力学性能。根据衬入纱线的轴向数量,有单轴向纬编织物、双轴向纬编织物和多轴向纬编织物,其中双轴向纬编织物最为常见,即衬经衬纬纬编织物。

典型轴向增强纬编织物的基本结构如图 8-28 所示。用作结构增强的纱线负责提供复合材料的刚度和强度,而纬编针织结构允许预制件具有高悬垂性和成形性以及良好的抗冲击性。根据设计的图案,引入的增强纱线被纬编线圈锁定,以便固定在正确的位置。

双轴向纬编织物主要在现代横机上生产,这些横机具有生产复杂形状结构的能力。现代横机具有的选针能力、压紧沉降片、针床架、线圈移动能力、与控制系统相结合的适配喂纱装置以及现代编程装置,使其适用于制造多轴向纬编织物。针织区的送纱器可用作针织过程中的引纬元件。为了将轴向纱线沿轴向镶嵌到纬编结构中,由托架握住一定数量的送纱器,并沿针床拉动。在此阶段,停止使用针织凸轮,钩针保持在最低位置,不会向上移动,以便获取纱线。为确保轴向增强纱被准确引入织物结构,应当将送纱器调整得尽可能靠近针床。纬纱引入后,后针床的针迹被转移到前针上,轴向纱线都会被固

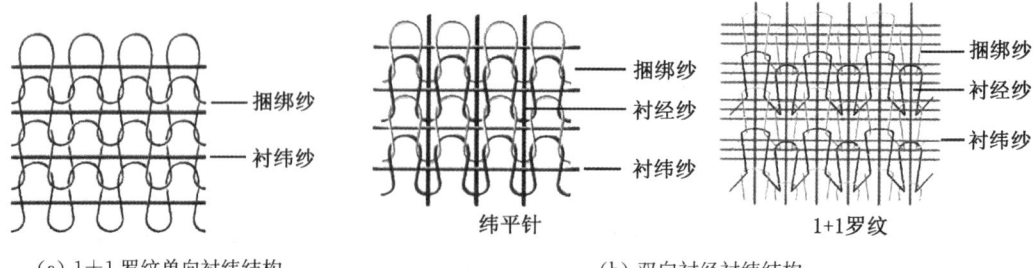

(a) 1+1罗纹单向衬纬结构

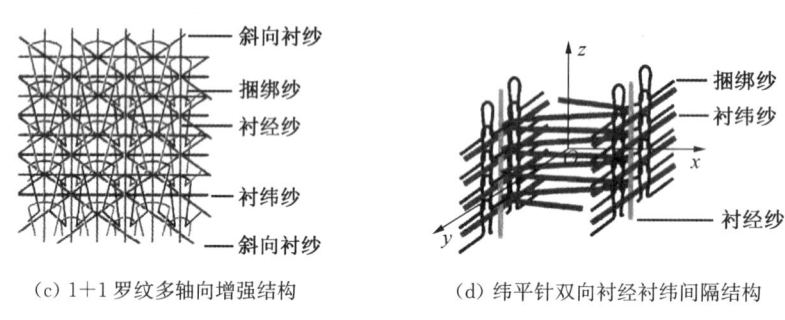

(b) 双向衬经衬纬结构

(c) 1+1罗纹多轴向增强结构

(d) 纬平针双向衬经衬纬间隔结构

图 8-28 典型轴向增强纬编织物

定在结构中。横机托架有封闭式和开放式(图 8-29)。轴向增强纬编织物通常选用开放式托架,后针床和前针床的凸轮盒彼此分离且可以单独控制,两个针床之间形成的空间足以使经向纱线引入并固定在针织结构中。

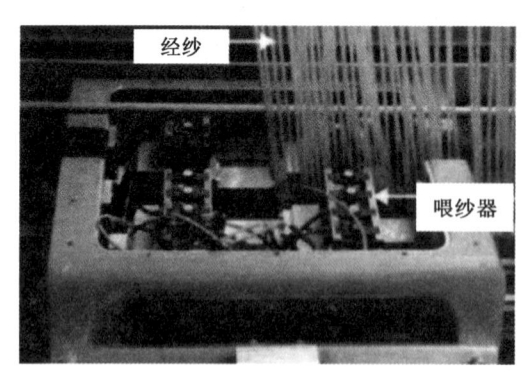

(a) 开放式

(b) 改进喂纱器的封闭式

图 8-29 横机托架

8.4.2.2 纬编间隔织物

三维纬编间隔增强结构是近年出现的一种新型结构,如图 8-30 所示,由纱线或织物将上下两层独立的织物连接在一起而构成。纬编间隔织物同样具有独特的中空结构,具有出色的力学性能,结构整体性好,硬度高,质量轻,层与层之间连接更加稳定、牢固。由于间隔层的存在,纬编间隔结构具有较高的耐冲击性、耐热性及隔声性等优异品质,广泛应用于汽车、航空航天、储罐、船舶、桥梁、医学等领域。三维纬编间隔织物分为纱线连接与织物连接两种。织物连接摆脱了针床间距对织物厚度的限制,所以具有更大的应用潜力和发展价值。

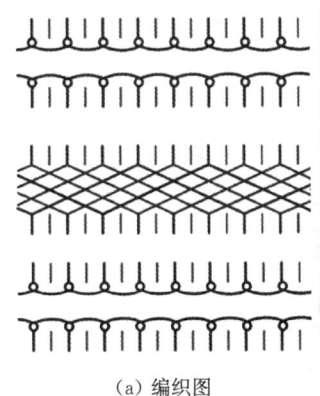

(a) 编织图　　　　　　　　　　　　(b) 纬编间隔织物

图 8-30　纬编间隔结构

8.5　非织造

8.5.1　梳理

梳理是干法非织造材料生产中的一个关键工序。其作用是将开松混合的纤维梳理成由单纤维组成的薄纤网,供铺叠成网,或直接进行纤网加固,也可再经气流成网,以制备三维杂乱排列的纤网。

8.5.1.1　梳理的作用

纤维原料的分梳是通过梳理机实现的,梳理加工要实现以下目标:

(1) 彻底分梳混合的纤维原料,使之成为单纤维状态。
(2) 进一步使纤维原料中各种成分均匀混合。
(3) 进一步清除纤维原料中的杂质。
(4) 使纤维平行伸直。

如图 8-31 所示,梳理机上的工作元件如刺辊、锡林、工作辊、剥取辊、盖板及道夫等,其表面都包覆有针布,针布的类型有钢丝针布(也称作弹性针布)和锯齿针布(也称作金属针布)。针布的齿向配套、相对速度、隔距及针齿裂度不同,可以对纤维产生不同的作用。图 8-31 所示是一种典型的罗拉式梳理机。

8.5.1.2　针布作用

针布的齿向配置、相对速度、相对隔距及针齿排列密度的变化,会对纤维产生不同的

图 8-31 罗拉式梳理机

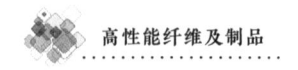

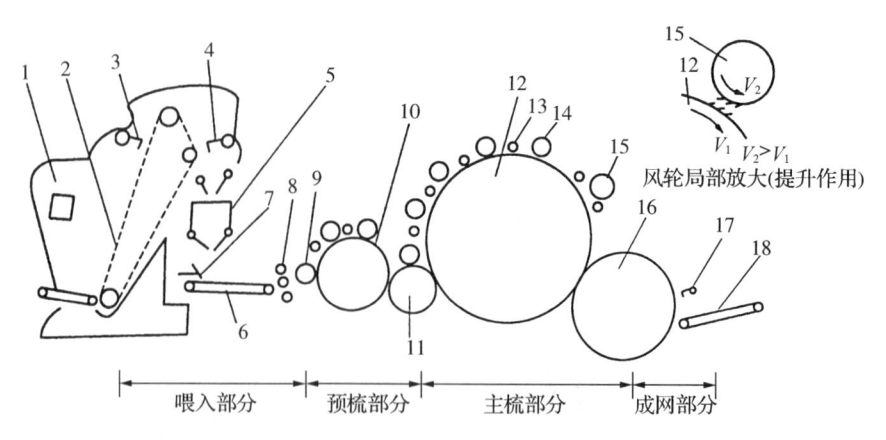

1—棉箱；2—抓棉帘；3—均棉罗拉；4—剥棉罗拉；5—料斗；6—水平喂给帘；7—推手板；
8—喂给罗拉；9—开松辊；10—刺辊；11—转移辊；12—主锡林；13—剥取罗拉；14—工作罗拉；
15—风轮；16—道夫；17—斩刀；18—输网帘

作用。两针面间的作用有以下三种：

（1）针布对纤维的分梳作用（$V_1 > V_2$）。

如图 8-32 所示。条件：针齿呈相对平行配置；A 针面的相对运动方向对着 B 针面的针尖方向；两针面隔距较小，针齿密度较大。

（2）针布对纤维的剥取作用（$V_1 > V_2$）。

如图 8-33 所示。条件：针齿呈交叉配置；A 针面的针齿尖端从 B 针面的针齿背上越过。

（3）针布对纤维的提升作用（$V_2 > V_1$）。

如图 8-34 所示。条件：针齿呈相对平行配置；A 针面的相对运动方向顺着 B 针面的针尖方向。

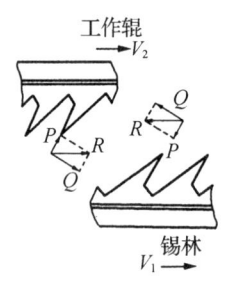

图 8-32 分梳作用

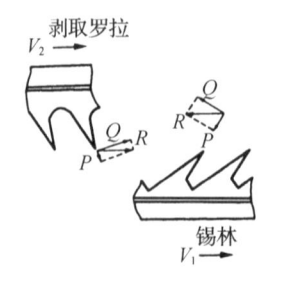

图 8-33 剥取作用　　　　图 8-34 提升作用

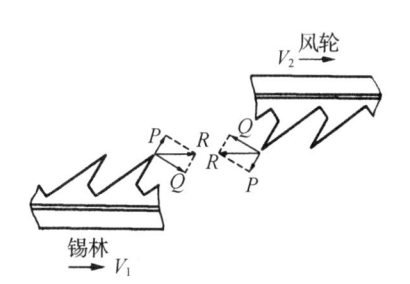

8.5.2 机械铺网

梳理机生产出的纤维网很薄，通常其面密度不超过 20 g/m²，即使采用双道夫，两层薄网叠合也只有 40 g/m² 左右。生产中用的厚纤网一般需通过进一步铺网来获得,铺网就是将一层层薄纤网进行铺叠以增加其面密度和厚度。铺网方式有平行式铺网和交叉式铺网,都属于机械铺网或机械铺叠成网。网铺叠后如经杂乱牵伸装置牵伸,可使厚纤网形成机械杂乱纤网。

8.5.2.1 平行式铺网

(1) 串联式铺网。串联式铺网就是把梳理机一台台直向串联排列,将各机输出的薄纤网叠合形成一定厚度的纤网。图 8-35 所示是由四台梳理机串联而成的铺网工艺。

1—喂给罗拉;2—刺辊;3—锡林;4—道夫;5—剥棉罗拉;6—输网帘;7—纤网;8—压网帘

图 8-35　串联式铺网

(2) 并联式铺网。这种铺网方式是将多台梳理机平行放置,梳理机输出的薄纤网经 90°折角后,再一层层铺叠成厚网,如图 8-36 所示。

以上两种方法制取的纤维网,结构上都是纵向定向(MD方向)纤网,其优点是外观好,均匀度高。但铺制的网厚受限制。由于配置的梳理机数量多,占地面积大,特别是当后道加固设备的生产速度低于梳理

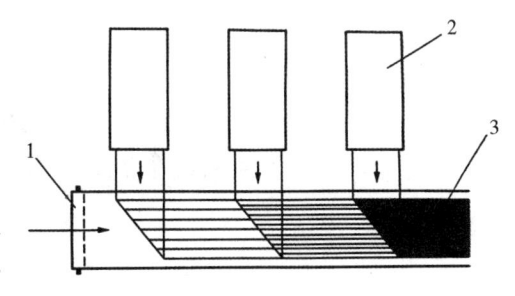

1—输网帘;2—梳理机;3—纤网

图 8-36　并联式铺网

机纤网输出速度时,梳理机的利用效率低。此外产品的宽度受梳理机工作宽度的限制。以这种方式铺制而成的纤网,主要用作医用卫生材料、服装衬、电器绝缘材料等。

8.5.2.2 交叉式铺网

这种铺网方式是在梳理机后专门配置一台铺网机,梳理机输出的纤网垂直于铺网机做往复运动,并以交叉方式铺叠,将平行式铺网中纤网的直线运动变成复合运动。复合运动中,各速度分量是矢量,不仅有大小,还有方向,当梳理机以确定速度输出薄纤网时,铺叠成的厚纤网可按后道加固设备要求以不同的速度输送,不需要降低梳理机的输出速度(图 8-37),梳理机的使用效率大幅提高,而且产品的宽度也不再受梳理机工作宽度的限制,适应性能明显提高。

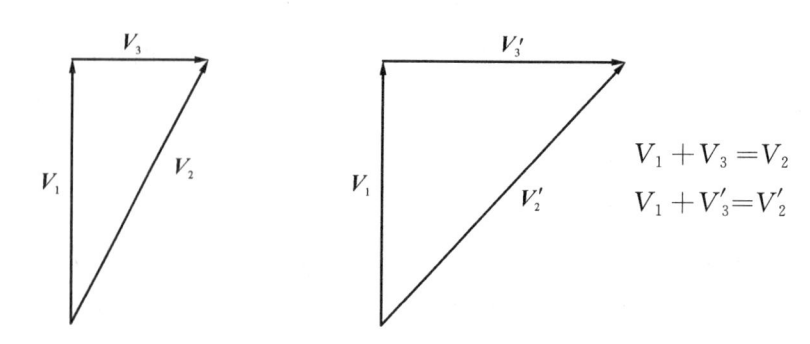

V_1—梳理机输出纤网速度;V_2,V_2'—铺网速度;V_3,V_3'—铺叠后输出速度

图 8-37 交叉式铺网的复合运动

采用交叉式铺网的设备在干法机械梳理成网加工中有广泛应用,按其铺叠方式,可以分成以下三种:

(1)立式铺网机。立式铺网机如图 8-38 所示,亦称驼背式铺网机。梳理机道夫输出的薄纤网经斜帘到顶端的横帘,再向下进入直立式夹持帘。夹持帘被滑车带着来回摆动,使薄纤网在成网帘上作横向往复运动,铺叠成一定厚度的纤网。

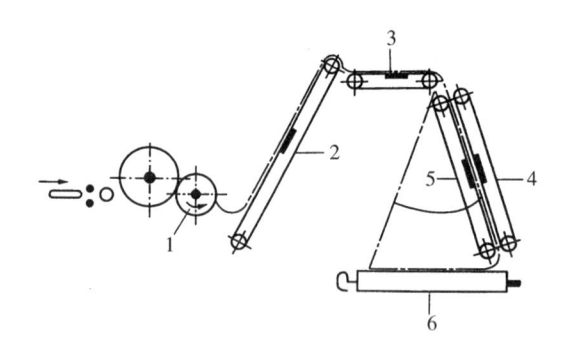

1—梳理机道夫;2—斜帘;3—横帘;4,5—立式夹持帘;6—成网帘

图 8-38 立式铺网机

立式铺网机由于夹持帘的运动方式限制了铺叠速度的提高,现绝大多数已被四帘式铺网机取代。

(2)四帘式铺网机。四帘式铺网机如图 8-39 所示。梳理机送出的薄纤网,经定向回转的输网帘和补偿帘,到达铺网帘。其中,补偿帘和铺网帘不仅做回转运动,还同时沿水平方向做往复运动,往复运动距离按需要的最终纤网宽度设置,于是薄纤网被往复铺叠到成网帘上,形成一定厚度的纤网,其面密度为 100～1000 g/m² 或更高,可由成网帘速度、梳理机输出薄纤网面密度以及配

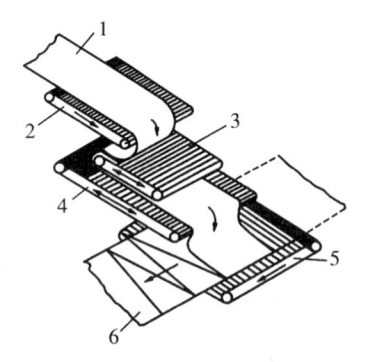

1—梳理机输出的薄网;2—输网帘;
3—补偿帘;4—铺网帘;
5—成网帘(输出帘);6—纤网

图 8-39 四帘式铺网机

置多台梳理机等方式进行调节。

成网帘上铺叠的纤网,其形状如图8-39所示。设道夫输出的薄纤网宽度$W(\mathrm{m})$,且纤网运行到铺网帘的宽度不变(事实上由于张力牵伸略变窄),如铺网帘的往复速度为$V_2(\mathrm{m/min})$,成网帘的移动速度为$V_3(\mathrm{m/min})$,在成网帘上铺叠成的纤网宽度为$L(\mathrm{m})$,则铺叠后纤网层数M可近似地用下式表示:

$$M \approx \frac{W \times V_2}{L \times V_3} \tag{8-1}$$

上式表明,铺网层数M与铺网帘往复速度V_2和薄纤网宽度W成正比,与成网帘移动速度V_3和铺网宽度L成反比。层数M越多,纤网越均匀,一般实际生产中要求至少达到6~8层,这样才能保证纤网的均匀性。

θ角俗称铺网角,铺网角过大,铺叠成的纤网均匀度差。显然,θ角的大小与铺网层数有关,铺网层数越少,θ角越大。因此,从上式以及实际生产要求的铺网层数,可导出相应的θ角表达式:

$$\theta = 2\arctan \frac{V_3}{V_2} \tag{8-2}$$

$$\theta = 2\arctan \frac{W}{M \times L} \tag{8-3}$$

8.5.3 针刺成形过程

非织造针刺加固的基本原理是:用截面为三角形(或其他形状)且棱边带有钩刺的针,对蓬松的纤网进行反复针刺,如图8-40所示。当成千上万枚刺针刺入纤网时,刺针上的钩刺就带住纤网表面和里层的一些纤维随刺针穿过纤网层,使纤维在运动过程中相互缠结,同时,由于摩擦力的作用和纤维的上下位移对纤网产生一定的挤压,纤网受到压缩。刺针刺入一定深度后回升,此时因钩刺是顺向,纤维脱离钩刺以近乎垂直的状态留在纤网内,犹如许多纤维束"销钉"钉入纤网,使已经压缩的纤网不会再恢复原状,这就制成具有一定厚度、一定强度的针刺非织造材料。

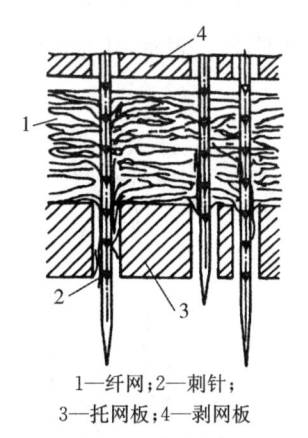

1—纤网;2—刺针;
3—托网板;4—剥网板
图8-40 针刺加固原理

针刺过程是由专门设计的针刺机来完成的。纤网由压网罗拉和输网帘握持喂入针刺区。针刺区由剥网板、托网板和针板等组成。刺针是镶嵌在针板上的,并随主轴和偏心轮的回转做上下运动,穿刺纤网。托网板起托持纤网作用,承受针刺过程中的针刺力;刺针完成穿刺加工做回程运动时,由于摩擦力会带着纤网一起运动,需利用剥网板挡住纤网,使刺针顺利地从纤网中退出,以便纤网做进给运动,因此剥网板起剥离纤网的作用。托网板和剥网板上均有与刺针位置相对应的孔眼以便刺针通过。在针刺过程中,纤网的运动由牵拉辊亦称输出辊传送。

用针刺加固生产的非织造材料具有透通性好、过滤性能和力学性能优良等特点,广泛用于制造土工布、过滤材料、人造革基材、地毯、造纸毛毯等产品。按产品外观,针刺工艺可分为平纹针刺、毛圈条纹针刺、花纹针刺和绒面针刺等。

8.6 高性能纤维编织成形

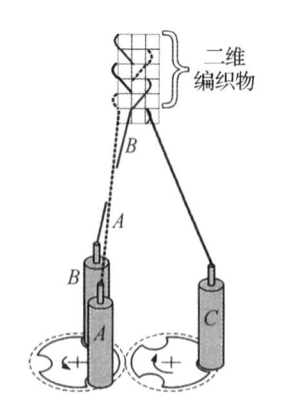

8.6.1 二维平面编织

8.6.1.1 二维平面编织成形技术

在二维平面编织过程中,第一步,所有左边的纱线必须交叉,这样左边的纱线会越过右边的纱线;第二步,所有右边的纱线必须交叉,这样右边的纱线会越过左边的纱线。同样的编织原理在机器上编织,被称为"二维平面编织"(图8-41)。二维平面编织的另一种加工方法是在二维管状编织(详见"8.6.2"部分)的基础上,将二维管状编织一起拉出,形成扁带形状。

8.6.1.2 二维平面编织织物结构

如图8-42所示,以三根纱线交织结构为例,对角线交错意味着纱线与织物轴形成一个角度,以 α 表示,其通常在30°~80°。α 称为编织角,是编织结构最重要的几何参数。

图8-41 二维平面编织成形技术

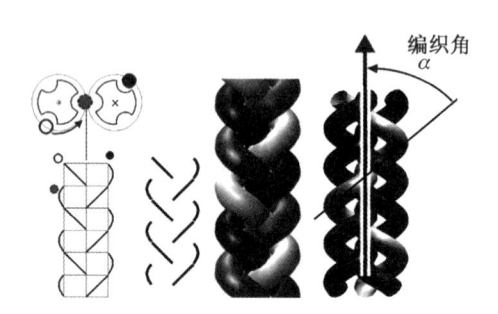

图8-42 二维平面编织结构

8.6.1.3 二维平面编织特性与应用

特性:纱线之间形成交织结构,具有一定的结构稳定性能,并且二维平面编织物具有一定的弹性和柔软性。

应用领域：二维平面编织物用来生产鞋带、电线外包皮、高压管增强、绳带、包覆材料等。

8.6.2 二维管状编织

8.6.2.1 二维管状编织成形技术

为了制备复杂的预成形体，编织过程可以在芯模上进行。在二维编织物的织造过程中，两组纱线在做反方向运动的同时也沿着轴向牵伸，并各自偏移一定的角度，形成交织结构。二维编织机如图 8-43 所示，二维编织机关键部件为圆形底盘和牵引装置，其中圆

图 8-43　平面编织携纱器轨迹

形底盘上包含两组纱锭，一组顺时针运动、一组逆时针运动，两组运动轨迹呈 8 字形。牵引装置让交织的纱线沿轴向运动，在形成编织角的同时使织造连续。当圆形底盘和牵引同时运动时，纱锭相遇并互相交错，这样纱线相互交织并沿着轴向运动，纱线和轴向牵伸方向形成夹角 $\pm\theta$ 角，θ 角称为编织角。

8.6.2.2 二维管状编织织物结构

如图 8-44 所示，依据芯模轴向速度 v_a、纱轴角速度 w_b 以及芯模直径 d，编织角 θ 定义如下：

$$\theta = \tan^{-1}\left(\frac{d \cdot w_b}{2 \cdot v_a}\right)$$

二维编织织物的基本结构分为菱形编织、常规编织和赫格利斯编织，如图 8-45 所示。菱形编织结构每根纱线交替并重复地覆盖单根纱线，又被单根纱线覆盖。常规编织结构每根纱线交替并重复地覆盖两根相邻纱线，又被两根相邻纱线覆盖。赫格利斯编织结构每根纱线交替并重复地覆盖三根连续纱线，又被连续三根纱线覆盖。

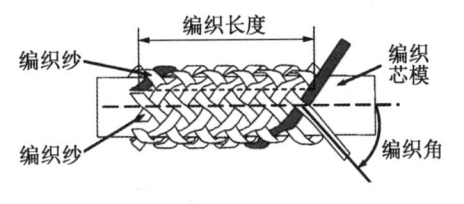

图 8-44　二维管状编织结构

(a) 2×2　　　　　(b) 4×4　　　　　(c) 6×6

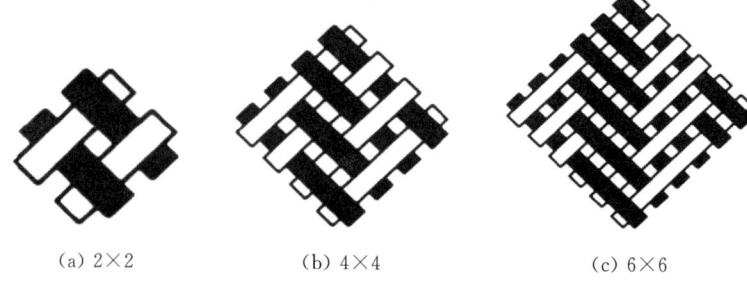

图 8-45　菱形编织(a)、常规编织(b)、赫格利斯编织结构(c)

在上述各种编织结构中，都可以沿织物成形方向加入一组纵向纱线，此种纱线被称为衬纱、轴纱或筋纱。衬纱在编织过程中并不运动，而只是被运动的编织纱包围、握持，最后形成织物的一部分。衬纱的引入提高了编织物的稳定性，提高了织物及所形成的复合材料在衬纱引入方向的抗拉、抗压强度和模量。带有衬纱的规则编织物结构如图 8-46 所示。

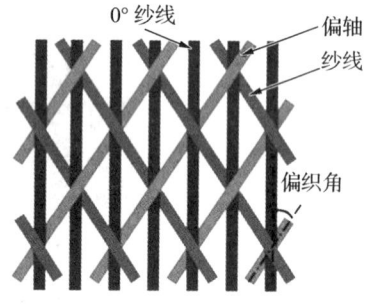

图 8-46　带有衬纱的编织物结构

8.6.2.2　二维管状编织复合材料特性与应用

特性：二维管状编织物使得编织物具有良好的柔性和透气性，能够适应各种形状和大小的物体。并且，织物结构可设计性能好、织物整体强度和稳定性好，对各种种类的纱线具有普遍适用性。

应用领域：二维管状编织物常用于制作保护套管、输送管道、电缆护套等。二维管状编织物也被用来制作复合材料的预制件，例如轻薄多孔的各类管子、无缝包装袋、各种绳索、圆筒形过滤布、人造血管等。二维管状编织应用范围广泛，其工艺成熟，自动化程度较高，设备种类也很齐全，生产效率高，成本较低，可以满足大部分管状织物的制作需求。

8.6.3　三维立体编织

三维立体编织增强材料是在传统的二维织物结构的基础上发展起来的。二维织物的厚度较小，需要采用多层铺叠的方法，以满足最终复合材料结构厚度需求。这种铺层结构由于层与层之间缺乏有效的纤维增强，制成的复合材料的层间性能较差，容易发生分层破坏。三维立体编织增强材料采用立体纺织技术将连续纤维按照一定的规律在三维空间相互交织而形成，是一个整体的纤维网络结构，贯穿空间各个方向的纤维提供了增强结构的整体性和稳定性。

8.6.3.1　三维立体编织成形技术

四步法编织工艺最早来源于 Florentine 提出的专利方法。一个携纱器可以控制纱线，每个携纱器以行和列的形式分布在其中。在编织过程中携纱器所携带的编织纱沿着每行或每列进行依次交替运动,可以形成三维编织预成形体(图8-47)。

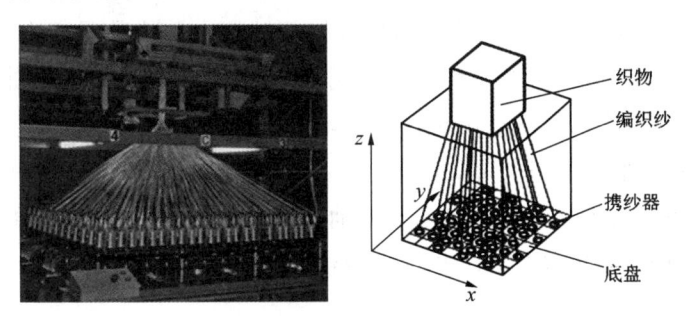

图8-47 三维立体编织技术

在四步法三维编织过程中,一个循环由四步组成:第一步,相邻两行中的携纱器沿着某方向移动一个位置;第二步,相邻两列中的携纱器沿着某方向移动一个位置;第三步与第一步的运动方向相反;第四步与第二步的运动方向相反。四步运动之后,携纱器回到最初的位置,完成编织循环。之后不断地重复以上步骤,最终纱线相互交织,形成预成形体。携纱器运动四步为一个编织循环,故又称四步法编织工艺,见图8-48(a)。

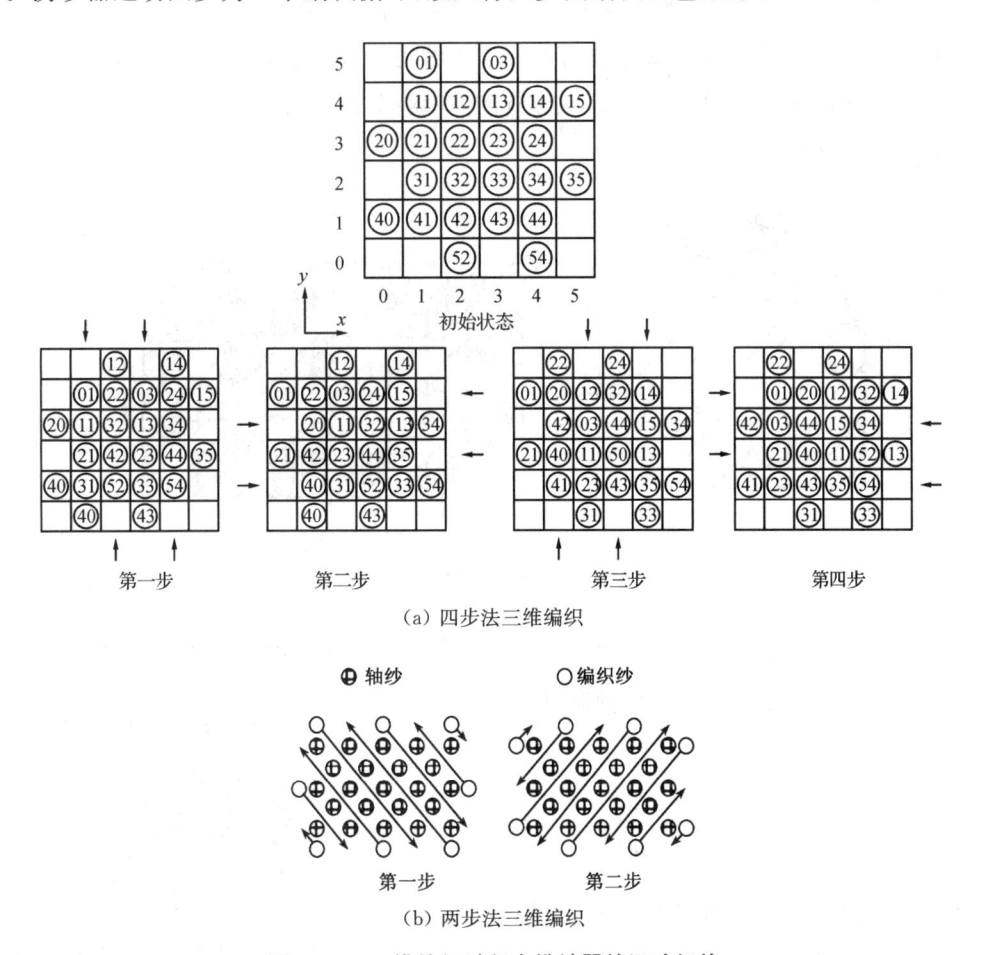

(a) 四步法三维编织

⊕ 轴纱　　○ 编织纱

第一步　　　第二步

(b) 两步法三维编织

图8-48 三维编织过程中携纱器的运动规律

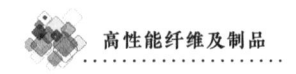

纱线在机器底盘上面的排列方式按照预成形体的外形进行设计，通过轴纱的排列方式进一步定义了两步法三维编织预制件，相邻轴纱在纱线数量上会少一根，偶数行比奇数行少一根。此方法主要采用两个纱线系统：一组是在编织过程中固定不动的轴纱系统；另一组是编织纱系统。编织过程中，轴纱在编织结构中会呈现为一条直线，同时将主体编织物的形状进行分布，编织纱以一定的规则进行运动，并相互交织。三维编织物预成形的形状主要依靠固定不动的轴纱进行控制，携纱器上面的纱线经过两个运动步骤之后回到最初状态，形成一个编织循环，此过程称为两步法三维编织，见图 8-48(b)。

8.6.3.2 三维立体织物结构

三维编织预制体由三维立体编织工艺制成，通过编织纱线位置交换实现相互交织而形成整体结构织物。以 1×1 结构为例，基本的 1×1 形式使每根纱线都通过织物的长、宽、厚方向，从而使纱线相交形成不分层的三维整体结构。织物中，所有纱线的取向均与织物成形方向有一定夹角。基本的 1×1 织物是三维四向结构，在 1×1 编织模式的四步法编织预制件的单胞理想模型如图 8-49 所示，沿着预成形表面呈 45°角将模型纵向切割的横截面，从而得到四步法编织预制件的真实纱线方向和交织状态。在基本形式中加入不动纱线系统，它平行或垂直于织物成形方向，在编织过程中保持不动，可形成三维五向或六向、七向结构。

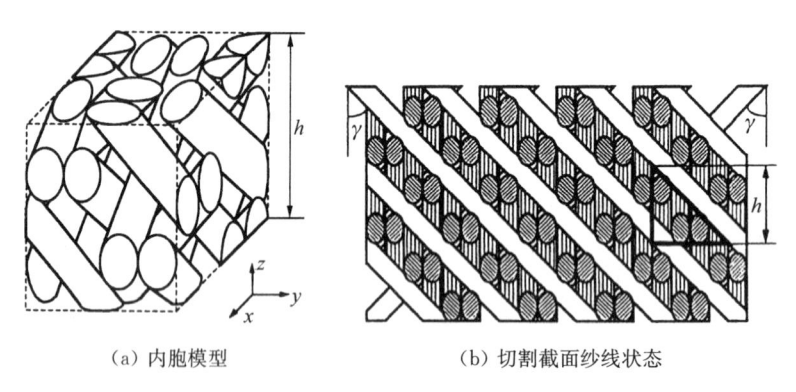

(a) 内胞模型　　(b) 切割截面纱线状态

图 8-49　三维立体编织织物结构

如图 8-50 所示，三维编织预制件工艺参数主要包括编织角、花节长度、花节宽度、纱线根数和预制件尺寸。编织角与预制件宽度、纱线排列和花节长度之间的关系如下：

$$\beta = \tan^{-1} \frac{2W}{mh}$$

其中：β 为编织角；W 为预制件宽度；m 为沿宽度方向的主体纱数量；h 为花节长度。

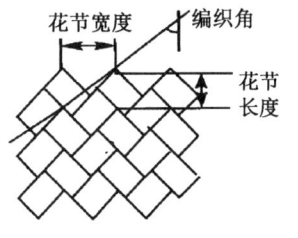

图 8-50　三维编织织物工艺参数

8.6.3.3 三维立体复合材料特性与应用

适应于多种异型构件的整体成形,例如工字、L字等,具有很强的可设计性;三维编织参数较多,可以提前根据要求设计出满足不同行业和用途的结构。三维编织复合材料具有很高的抗损伤容限性能。

应用领域:可应用在飞机机身隔板、机翼、机身环框和窗框等方面。

8.6.4 三维管状编织

8.6.3.1 三维管状编织成形技术

编织纱线按圆周和径向排列构成主体部分(图8-51)。纱线的运动轨迹与立体编织运动轨迹相似。如图8-52(a)所示,第一步:相邻径向的携纱器沿径向做相反方向运动;

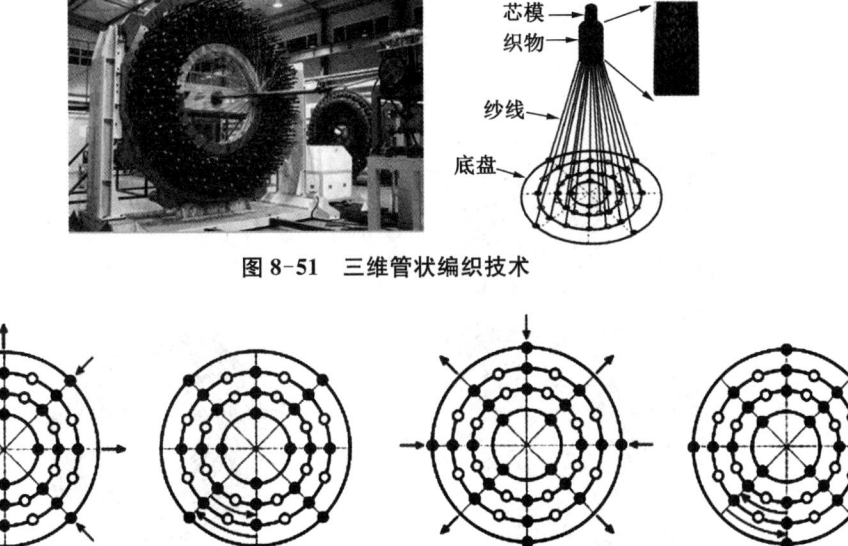

图8-51 三维管状编织技术

(a) 四步法圆形编织工艺

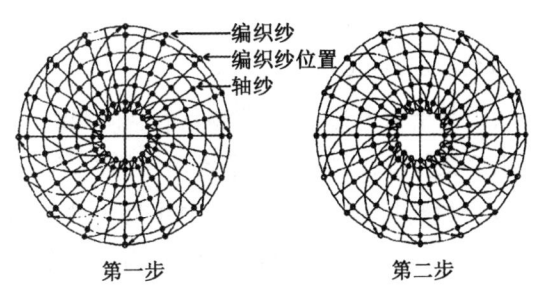

(b) 两步法圆形编织工艺

图8-52 三维圆形编织工艺

第二步:相邻周向的携纱器沿周向做相反方向运动;第三步:与第一步运动的方向相反;第四步:与第二步运动的方向相反。

图8-52(b)所示为两步法工艺织造的管状预制件的成形过程。轴纱在径向方向分为 m 层,圆周方向记为 n 层,排布在编织机上,奇数层轴纱、偶数层轴纱交替排列。具体编织步骤为:第一步,远离圆心位置编织纱穿过所有层的轴纱往圆心运动;第二步,圆心处编织纱穿过所有层的轴纱向最外层运动,从而完成一个周期的纱线交织运动。完成三维编织预制件纵向长度所需要的循环周期数后,得到圆形截面三维编织预制件。

8.6.3.2 三维管状编织物结构

三维管状编织加工过程中,所有编织层均由额外的纱线周期性地在任意两个相邻层之间移动而互锁交织在一起。图8-53(a)中,1、2、3分别表示编织物的外层、中间层及内层;4和5、6和7、8和9分别表示外层、中间层及内层的编织方式。每层中两个方向的纱线相互交错,形成多层三维管状编织物,其俯视图为同心圆环,如图8-53(b)所示。三维管状编织物除了编织角和花节长度,还具有编织厚度及编织管直径等参数。

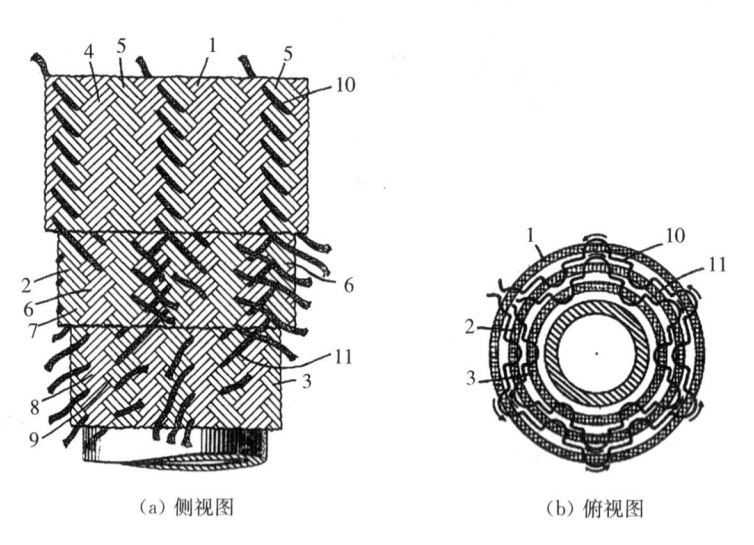

(a)侧视图　　(b)俯视图

图8-53　多层管状编织织物

8.6.6.3 三维管状复合材料特性与应用

特性:三维编织管状预制结构更为复杂,织物具有空间交织的整体结构。

应用领域:三维编织管状复合材料是航空器常用结构件,可应用于火箭的连接段、卫星太阳能电池帆板等。复合材料管状编织在工业中作为一种常用结构,如机身圆筒、传动轴等;在非航空航天领域的应用有汽车轻量化、管道、自行车车架、球拍等。

参考文献

[1] Huang T, Zheng B, Kou L, et al. Flexible high performance wet-spun graphene fiber

supercapacitors[J]. Rsc Advances，2013，3(46)：23957-23962.
[2] Aboutalebi S, Jalili R, Esrafilzadeh D, et al. High-performance multifunctional graphene yarns：toward wearable all-carbon energy storage textiles[J]. ACS Nano，2014，8(3)：2456-2466.
[3] 廉志军,史贤宁,井连英.高强高模聚乙烯纤维及其应用[J].纺织导报,2013(3)：58-60.
[4] 彭智勇,李威,许多,等.环锭纺纱技术解析及理想纱线结构构筑[J].棉纺织技术,2023,51(11)：1-6.
[5] 沈浩.喷气纺纱线的特点及其应用[J].纺织导报,2018(6)：42-44.
[6] 许金玉,蔡雨晴.超高分子量聚乙烯纤维纯纺纱的生产[J].纺织科技进展,2015(7)：26-29.
[7] 井沁沁,沈兰萍.芳砜纶纺纱研究进展及其应用[J].纺织科学与工程学报,2018,35(4)：142-147.
[8] 钟晓敏.芳砜纶纤维不同纺纱方法的比较研究[D].上海：东华大学,2014.
[9] 刘呈坤,丁彩玲,刘佳.芳纶短纤纱的生产技术进展[J].纺织导报,2018(7)：60-63.
[10] 汪军.纺纱新技术发展现状及趋势[J].棉纺织技术,2022,50(8)：1-6.
[11] 惠永久,王楷艳,王远.基于环锭纺的纺纱新技术研究[J].山东纺织科技,2023,64(3)：25-27.
[12] 汪军.转杯纺技术发展回顾与趋势展望[J].棉纺织技术,2023,51(10)：33-40.
[13] 丁倩,李俊玲,潘涛,等.转杯纺纺制纯聚酰亚胺纱工艺研究[J].纺织器材,2020,47(4)：1-3.
[14] 付立凡.消防用聚酰亚胺阻燃织物的开发与性能研究[D].无锡：江南大学,2019.
[15] 韩斌斌.三维机织间隔织物结构与织机虚拟样机研究[D].西安：西安工程大学,2015.
[16] Li Y, Li L, Li Y, et al. The through-thickness thermal conductivity and heat transport mechanism of carbon fiber three-dimensional orthogonal woven fabric composite[J]. Journal of The Textile Institute，2024，115(2)：308-315.
[17] Zheng L, Xiao Y, Liu L, et al. Experimental and numerical study of the behavior of epoxy foam-filled 3D woven spacer composites under bending load[J]. Polymer Composites，2022，43(5)：3057-3067.
[18] Zheng L, Zhang K, Liu L, et al. Biomimetic architectured Kevlar/polyimide composites with ultra-light, superior anti-compressive and flame-retardant properties[J]. Composites Part B-Engineering，2022，230.
[19] 谢章婷.三维机织间隔织物增强环氧泡沫夹芯板的开发[D].上海：东华大学,2021.
[20] 蒋金华,邵慧奇,陈南梁.经编增强复合材料的研究进展[J].纺织导报,2022(5)：28-35.
[21] Hahn L, Zierold K, Golla A, et al. 3D textiles based on warp knitted fabrics：a review[J]. Materials，2023，16(10)：3680.
[22] 李冰,马丕波.产业用经编结构材料应用现状与发展趋势[J].纺织导报,2022(5)：36+38-42.
[23] 周濛濛,蒋高明,高哲,等.纬编衬经衬纬管状织物增强复合材料研究进展[J].纺织学报,2021,42(7)：184-191.
[24] Hasani H, Hassanzadeh S, Abghary M, et al. Biaxial weft-knitted fabrics as composite reinforcements：A review. Journal of Industrial Textiles. 2017，46(7)：1439-1473.
[25] 李晓英,蒋高明,马丕波,等.三维横编间隔织物的编织工艺及其性能[J].纺织学报,2016,37(7)：66-70.

[26] Fu S, Zeng P, Zhou L, et al. Sound absorption coefficient analysis and verification of weft-knitted spacer fabrics for noise reduction application[J]. Textile Research Journal, 2022, 92(23/24): 4541-4550.

[27] 柯勤飞. 非织造学(第3版)[M]. 上海, 东华大学出版社, 2016.

[28] Kyosev Y. Braiding technology for textiles: Principles, design and processes[M]. Amsterdam: Elsevier, 2014.

[29] 夏燕茂. 二维编织复合材料的结构及力学性能研究[D]. 石家庄: 河北科技大学, 2015.

[30] Bogdanovich A. An overview of three-dimensional braiding technologies[J]. Advances in braiding technology, 2016: 3-78.

[31] Li W, Hammad M, El-Shiekh A. Structural analysis of 3-D braided preforms for composites. Part I: The four-step preforms[J]. Journal of the Textile Institute, 1990, 81(4): 491-514.

[32] Wang Y Q, Wang A S D. On the topological yarn structure of 3-D rectangular and tubular braided preforms[J]. Composites Science and Technology, 1994, 51(4): 575-586.

第 9 章 高性能纤维制品及应用

9.1 防护领域高性能纤维制品

据统计,我国高性能纤维产能规模已居世界前列,主要包括碳纤维、芳纶、超高相对分子质量聚乙烯纤维、聚酰亚胺纤维、玄武岩纤维等,其中:碳纤维主要用于国防、航空航天等工业领域;芳纶1313主要用于耐高温阻燃防护领域;芳纶1414主要用于制备防弹、防切割、防刺及密封材料,应用于国防军工和个体防护领域;超高相对分子质量聚乙烯纤维主要用于特种绳索、防弹衣、武器设备;玄武岩纤维主要用于防切割手套、体育器材、耐磨材料等领域。

9.1.1 高性能纤维防刺服

防刺服也称为防刀衣、防刃衣或防刃服,具有防刀割、防刀砍、防刀刺、防带棱角物体刮划、耐磨损、防盗等功能。穿着防刺服,如遇磨损或尖刀(利刃、尖锐物体等)切、割、砍、刮、蹭、划,可保护穿着者不受割伤、划伤、蹭伤、砍伤。防刺服一般由公安、武警、军队、保安、司机、玻璃加工等从业人员在有被割伤的危险情况下穿着,也适用于老人、儿童、中小学生的安全防护。部分高性能纤维(如芳纶、超高相对分子质量聚乙烯纤维、聚对苯撑苯并二噁唑纤维等)具有高强度、高模量、耐高温等优良特性,广泛应用于防刺服的开发与生产。超高相对分子质量聚乙烯纤维和芳纶具有超高的强度和模量,常用于制备防刺服的核心防护层。超高相对分子质量聚乙烯纤维的强度高、密度小(低于水),是做轻质柔软防刺服的理想材料,但该纤维熔点低,在温度较高的环境中,性能会显著下降。这一缺陷限制了超高相对分子质量聚乙烯纤维在一些特殊环境中的应用。芳纶的强度、模量和断裂伸长均低于超高相对分子质量聚乙烯纤维,但芳纶的热学稳定性优异,可服务高温环境。为结合两种纤维的优点,新型软质防刺服可利用超高相对分子质量聚乙烯纤维和芳纶复合制备,已经成为新的产品开发方向(图9-1)。

图 9-1 应用高性能纤维的新型软质防刺服

9.1.2 高性能纤维防割手套

防割手套是特种手部劳保用品,具有优异的防割和耐磨性能(图9-2)。一副防割手套的使用寿命相当于500副普通线手套,称得上是"以一当百"。防割手套广泛用于食肉分割、玻璃加工、金属加工、石油化工、救灾抢险、消防救援等行业。防割手套多采用高强度材质(如芳纶、超高相对分子质量聚乙烯纤维)制作而成,用韧性对抗坚硬刀刃。芳纶具有优异的热稳定性和阻燃性,可耐500℃高温,其强度是钢丝的5~6倍,模量为钢丝的2~3倍,韧性是钢丝的2倍,而质量仅为钢丝的1/5左右,同时兼具绝缘性、抗腐蚀性和较长的生命周期,也被誉为"合成钢丝"。高强高模聚乙烯纤维则以超高强度著称,约是同等质量优质钢的15倍,低密度也让它展现出高灵活度及轻量、耐用等特性,在作为防割手套材料时,能以其强度和韧性为使用者提供相当的保护。

防割纱线根据包覆材料和芯材不同可分为聚乙烯纤维包玻纤、聚乙烯纤维包钢丝、芳纶包玻纤、芳纶包钢丝四种,其防割性能依次降低。舒适性方面,则是芳纶优于聚乙烯纤维,钢丝优于玻纤。玻纤较脆,在使用时易断裂形成短纤,易脱落,粘在皮肤上,对体质敏感的人会造成刺痒、红肿等,因此国内很少采用玻璃纤维类耐切割纱线织成防割手套,而国外使用较多。

图9-2 防割手套

9.2 过滤领域高性能纤维制品

9.2.1 高温空气滤材制品

随着应用领域的要求日益严格,国家对环保的日益重视,排放标准的逐渐严格,环境保护压力推动了空气过滤材料的迅速发展。钢铁、冶金、水泥、化工行业以及电力和垃圾焚烧等行业排放的尾气,亟需空气过滤材料。常规纤维空气过滤材料朝着低运行阻力、低能耗及功能性方向发展,而高温空气过滤材料需要过滤高温、含腐蚀性气体且烟尘浓度高的尾气,因而对耐高温性、耐强腐蚀性、耐久性等提出了更严格的要求。高端滤料市场主要被欧美公司垄断,但部分纤维产品实现了国产化,价格也大幅度下降,这促进了高温滤材的推广应用。制备高温空气过滤材料主要使用以下四类高性能纤维:

(1)聚苯硫醚纤维。聚苯硫醚可长期暴露在酸性环境中,具有耐温、阻燃和纺织加工性优良等特点,被广泛应用于火力发电、钢铁工业、水泥工业以及化学品过滤等领域。聚苯硫醚纤维针刺非织造布或机织物,可服务于热腐蚀性环境下的过滤。由于袋式除尘行业的迅猛发展,聚苯硫醚纤维袋式除尘滤材的市场前景会更好。聚苯硫醚纤维由于无法满足耐高温和耐腐蚀的需求,其制作的滤袋在高温或腐蚀环境中使用,性能会大幅下降甚至破损。因此耐高温和耐化学性更优的材料得到青睐,如聚四氟乙烯纤维、聚苯硫醚与聚四氟乙烯混纺材料、聚苯硫醚与聚酰亚胺混纺材料。

(2) 聚四氟乙烯纤维。聚四氟乙烯纤维具有较高的耐腐蚀性和耐高温性。在我国垃圾焚烧行业,聚四氟乙烯纤维覆膜滤料得到广泛应用。聚四氟乙烯材料经过双向拉伸,可形成自带微孔的薄膜,将其覆在基材表面,就可以用于过滤。捕集颗粒物时,由于薄膜表面光滑、孔径小,粉尘在薄膜表面形成的尘饼易脱落,具有效率高、易清灰的优点。

(3) 玻璃纤维。玻纤覆膜滤袋也常应用在袋式除尘器中。典型的结构是聚四氟乙烯薄膜复合在玻纤机织材料上,薄膜阻止粉尘穿透,玻纤机织材料作为支撑结构。理想环境中,玻纤覆膜滤袋运行稳定,但是在储存和安装时薄膜容易受损,磨损性粉尘和油类燃烧产物会对薄膜产生磨损或堵塞,较高的风速或者较差的烟气分布也经常造成薄膜损坏,这些都会缩短薄膜的寿命,增加压差和粉尘排放。

(4) 聚酰亚胺纤维。P84®纤维是聚酰亚胺纤维中唯一一种具有不规则多叶形横面的纤维,在其生产过程中,每根纤维都自然地形成多叶形横截面。P84®纤维具有更大的比表面积,因此在捕集大量粉尘后,滤材依然可保持较高的孔隙率和通量(图9-3)。这对于粉尘超低排放、稳定的低运行阻力、压缩空气的低消耗都意义重大。

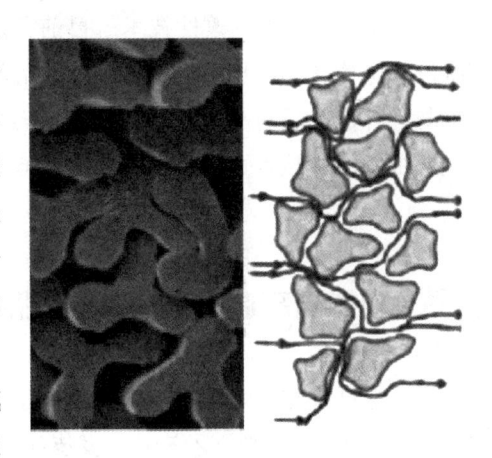

图 9-3 P84®纤维的截面(左)和形成尘饼层后的截面(右)

近年来,其他高性能纤维在高温过滤领域的应用也得到愈来愈多的关注,如碳纤维、聚对苯撑苯并二噁唑纤维、芳砜纶纤维、不锈钢纤维、玄武岩纤维等,结合各种纤维自身的特点,分别采取气流成网、水刺加固等方法制成耐高温滤料,满足各种工况的实际需求。

9.2.2 高温滤材加工工艺

目前,市面上由高性能纤维制备而成的除尘滤料多数以针刺加固方式加工,水刺加工滤料尚处于起步阶段。

(1) 针刺加固。针刺加固是将梳理成网或气流成网的纤维网,或者两层纤网中间加有基布的纤网,经多道针刺形成上下勾连、具有三维结构的材料,其具有较高的过滤效率和透气性,经一定的整理后,具有更高的捕集效率和清灰能力,是目前高性能纤维制备而成的主流除尘滤料。

(2)水刺加工。由于针刺加工对滤料有损伤,水刺加工滤料工艺也在不断发展完善中。水刺加工非织造工艺被称为射流喷网或水力缠结工艺,通过高压水流的连续喷射产生水力作用,排列好的纤维开始涌动、位移而重新排列,并且相互缠结,纤网在这种作用下加固。水刺加固的材料表面更光滑,孔径分布相对集中,材料纵横向强力好,具有手感柔软、无化学黏合剂以及透气性好等特点。

9.2.3 袋式除尘技术问题分析

(1)高性能废弃滤料的回收再利用。耐高温滤料大都是由聚苯硫醚、芳香族聚酰胺、聚四氟乙烯、聚酰亚胺等高性能纤维纯纺或混纺而成的。纯纺的滤料经清洗、干燥、开松或粉碎等方法,可以回收再利用,重新制作滤袋;而绝大多数滤袋是通过混纺、覆膜、浸渍等加工而生产的,这种废弃滤料的数量巨大,二次污染严重,回收后可以制成耐高温隔热毡或填充材料。但国内目前对这类废弃滤料回收的研究还很鲜见,尚无成熟的回收厂。

(2)高性能纤维的改性技术。目前,芳纶、聚苯硫醚纤维、聚四氟乙烯纤维等高性能纤维已经国产化,并且纤维性能在逐步完善和改进。但是在性能和稳定生产方面,国产纤维与国外产品还有一定差距,导致国产纤维应用受阻。另外,芳纶、聚苯硫醚纤维等高性能纤维的改性技术也是当前的研究热点,相关技术也亟待攻克。

9.3 阻燃耐高温高性能纤维制品

高性能纤维在阻燃耐高温产品的制造中扮演着关键的角色,为各种领域提供了卓越的性能。这些纤维被广泛应用于服装和工业等领域,以满足对产品阻燃性和高温稳定性的需求。制造阻燃耐高温产品的主要动力在于提高产品的安全性和性能。高性能纤维的引入有效地增强了产品在高温环境下的表现,同时降低了火灾发生的风险。这些纤维具有卓越的耐热性、阻燃性、抗腐蚀性和机械强度。这使得它们成为制造高温环境下工作产品的理想选择。与传统材料相比,高性能纤维展现出更高的性能质量比,促进了产品设计的效率和多样性。在阻燃耐高温产品的制造中,复合材料也得到广泛应用。特别是像碳纤维这样的高性能纤维,由于其卓越的阻燃性、稳定性和耐高温性能,被广泛用于制造阻燃耐高温产品。其他纤维材料,如芳纶,也在这一领域发挥着重要作用。

9.3.1 阻燃纤维制品

9.3.1.1 高性能阻燃纤维特征和阻燃机理

评价纤维阻燃性能最常用的指标为极限氧指数(Limiting oxygen index,LOI),它是指材料在氮气和氧气混合气体中能够支撑材料燃烧时所需氧气的最低体积分数,是表征纤维燃烧行为的一个指数,同时可以间接表征阻燃纤维燃烧的难易程度。LOI 的计算公式如下:

$$\mathrm{LOI}=\frac{V_{\mathrm{O_2}}}{V_{\mathrm{O_2}}+V_{\mathrm{N_2}}}\times 100\% \tag{9-1}$$

式中:$V_{\mathrm{O_2}}$ 和 $V_{\mathrm{N_2}}$ 分别为氧气和氮气的体积。

LOI 数值越大,说明纤维燃烧时所需氧气的浓度越高,常态下越难燃烧。具体方法是将一定尺寸的试样置于燃烧筒中的试样夹上,调节氧气和氮气比例,用规定的点火器点燃试样,其燃烧一段时间后自熄或损毁长度为一定值时自熄,此时的氧、氮流量表中的氧气所占的体积数值即该试样的极限氧指数。我国标准 GB/T 5454—1997《纺织品 燃烧性能测定 氧指数法》规定,氧指数为能够使试样损毁长度达到 40 mm 时自熄,或者损毁长度虽达不到恰好 40 mm,但是燃烧时间达到 2 min 以上时所需的最低氧流量。从理论分析,纺织材料的极限氧指数超过 21%,其在空气中就有自灭阻燃的特性。但实际发生火灾时,由于空气流动和纺织材料分解产生氧气等因素的影响,纺织材料的极限氧指数要大于 27%,才能达到自灭效果。由于空气组成中氮气(N_2)含量 78%、氧气(O_2)含量 21%、稀有气体含量 0.94%、二氧化碳(CO_2)含量 0.03%、水蒸气和杂质含量 0.03%,因此一般认为,材料的极限氧指数小于 22% 时属于易燃性材料,在 22%～27% 时属于可燃性材料,大于 27% 时属于难燃性材料。表 9-1 归类了几种传统纤维和应用较为广泛的阻燃纤维的极限氧指数和燃烧性能。

表 9-1 传统纤维和阻燃纤维的极限氧指数和燃烧性能

序号	纤维名称	极限氧指数/%	燃烧性能
1	棉	18	易燃
2	亚麻	18	易燃
3	涤纶	21	易燃
4	羊毛	24～25	可燃
5	蚕丝	23～24	可燃
6	阻燃黏胶纤维	28	难燃
7	腈氯纶	32	难燃
8	对位芳纶	29	难燃

(续表)

序号	纤维名称	极限氧指数/%	燃烧性能
9	间位芳纶	28	难燃
10	聚酰亚胺纤维	38	难燃
11	聚苯硫醚纤维	34	难燃

物质的燃烧需要具备三个因素：可燃物、助燃物、火源。因此，通过抑制或减小其中一个因素或多个因素可以实现纤维阻燃。其中主要包括热量的移除、提高纤维的热稳定性阻碍纤维的热分解、阻断热反馈回路、改变热分解反应机理（化学机理）、以及形成非可燃性保护层或高密度气体隔离层、稀释 O_2 和可燃气体等几种措施。不同的材料采用不同的阻燃方法、不同的阻燃元素，因此阻燃机理各不相同。归纳起来，可将纤维阻燃机理分为以下四大类：

（1）覆盖层理论。阻燃剂在高温下能在纤维表面形成覆盖层，起隔绝作用，一方面阻止氧气介入，另一方面阻止可燃气体的扩散，从而达到阻燃的目的。如磷系阻燃剂，它们可生成磷酸的非燃性液态膜和进一步脱水生成偏磷酸，偏磷酸进而聚合成聚偏磷酸。在这一过程中，不仅磷酸生成的液态膜起覆盖作用，而且聚偏磷酸是强酸和强脱水剂，它可使高分子材料脱水而炭化，形成碳膜覆盖层。这种碳膜隔绝了空气，从而使磷化物发挥更好的阻燃作用。

（2）不燃性气体理论。阻燃剂受热分解产生的不燃性气体会稀释纤维受热分解产生的可燃性气体，其浓度下降，或者捕获活性游离基而产生阻燃作用。如卤化物阻燃剂，它们发生反应生成活性离子而捕获自由基，抑制燃烧反应，形成自熄。但卤素溴化合物和释放不燃气体的阻燃剂会危害人体健康和污染环境。

（3）吸热理论。阻燃物质在高温下发生相变而大量吸热，这会降低环境温度，减少热裂解所需的能量，减缓材料热分解的速率，从而阻止燃烧。如无机阻燃剂，即金属氧化物和水合物，其一方面可大量吸热，另一方面可稀释可燃气体，还有可能形成炭化层。

（4）催化脱水理论。阻燃剂在高温下产生脱水剂，使纤维脱水炭化，改变高聚物的热分解模式，从而减少可燃性气体的产生并消耗热能。如磷系阻燃剂的作用，见前文的覆盖层理论。

总而言之，材料的燃烧和阻燃都是非常复杂的过程，影响因素也众多，因此其阻燃并非依靠单一的阻燃机理发挥作用，而往往是综合了两种甚至两种以上阻燃机理协同作用的效果。实践中更多采用的是难燃纤维和阻燃涂层的方法。

9.3.1.2 高性能阻燃纤维实现方法

纤维的阻燃功能除了使用难燃或不燃高聚物或无机物通过纺丝加工获得外，一般还会采用能阻止或减少纤维热分解、隔绝或稀释氧气和快速降温，进而使燃烧终止的阻燃剂来实现。阻燃剂可通过聚合、共混、共聚、复合纺丝、接枝改性等方法加入纤维，或用后整理方法将阻燃剂涂覆在纤维表面或浸渍于纤维内，以提高纤维的阻燃性。目前，阻燃纤维按获得途径主要分为两类：一类是在纺丝原液中加入阻燃剂，通过混合纺丝制成的，如黏胶纤维、腈纶、涤纶、丙纶等阻燃纤维，这类纤维的 LOI 可达到 30% 左右；另一类是由难燃的聚合物通过纺丝加工而形成的，如间位芳纶（Nomex®）、酚醛树脂纤维（Kynol®）、聚酰亚胺纤维等。阻燃纤维的主要特征是 LOI＞26%，LOI 越大则阻燃性越高。阻燃纤维一般可分为本征阻燃纤维和改性阻燃纤维。织物阻燃可通过纤维选择、纺纱方式、织物组织设计和阻燃整理来实现。

(1) 本征阻燃纤维。本征阻燃纤维的阻燃特性由其化学结构决定，纤维大分子链上具有阻燃性基团，在 250～300 ℃温度范围内可长时间使用，不仅具有永久阻燃性，而且普遍具有高温下尺寸无变化、热分解温度高的特征，长期暴露在高温下能保持一定的机械和力学特性，如刚性、弹性和加工性能；耐高温纤维结构稳定，强度刚性大，同时具有抗氧化性等特点。目前，耐高温纤维已有几十种，但大量投入使用的不多，主要是价格较高的影响，其次是生产工艺、纤维性能及纤维可纺性方面的影响。如聚苯硫醚纤维、芳纶、芳砜纶、聚苯并咪唑纤维、酚醛树脂纤维、聚酰亚胺纤维等，这些纤维的阻燃效果都较好，在特殊工业等领域的应用广泛。

(2) 改性阻燃纤维。使用阻燃剂，将本身不具有阻燃功能的纤维进行阻燃整理而得到的阻燃纤维。具体的加工方法是通过共混、共聚、复合纺丝、接枝改性等，将阻燃剂渗入纤维内部或牢固地附着于纤维表面，使纤维得到永久阻燃性，如阻燃黏胶纤维、阻燃涤纶、阻燃聚丙烯腈纤维、阻燃聚乙烯醇纤维、阻燃聚丙烯纤维、阻燃聚酰胺纤维等。

9.3.1.3 高性能阻燃纤维服装及饰品

在消防服、工作服上，高性能阻燃纤维有着广泛的应用。其中，芳纶纤维因其本征阻燃的特性常直接用于（或与其他纤维混纺）制作消防服和阻燃工作服。美国于 1967 年开发出商品名为 Nomex® 的阻燃纤维，我国称其为芳纶 1313，属于间位芳纶系列，具有优异的耐热性、阻燃性和耐腐蚀性，极限氧指数为 28%～31%。这种材料被推荐用于石油工人和消防人员的服装。现如今，Nomex® 在服装领域使用了 50 余年，已经扩展和发展到与凯夫拉（Kevlar®）及其他固有阻燃材料和静态耗散纤维等进行复合使用，可用于阻燃的纤维家族已有七个品类，其产品涉及消防防护服、阻燃性防护头套、阻燃面罩、医用防护服、军用防护服等。我国在 2022 年由中国石化仪征化纤公司开发出具有中国自主知识产权的阻燃防静电工作服，并为公司内接触易燃易爆介质的岗位职工全部配备。

在日常穿着以及非直接面对高温或明火的情况下，阻燃棉纤维、阻燃涤纶、阻燃麻纤维等改性阻燃纤维的使用量要高于本征阻燃纤维。美国一家专注于工作服和工装的公司开发出 FR（Flame-Resistance）阻燃系列服装，在延续其品牌坚固耐用的特征的同时，通过使用阻燃棉纤维、阻燃麻纤维等改性阻燃纤维，设计出专门用于日常穿着的阻燃工作裤和阻燃外套、阻燃夹克，在满足日常穿着和工作需求的同时实现阻燃功能。其面料

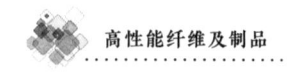

分成耐久性阻燃面料和永久性阻燃面料。具体使用的阻燃面料包括普通阻燃采用全棉阻燃面料或涤/棉混纺（CVC）阻燃面料、中端阻燃采用棉/锦（C/N）面料或腈/棉阻燃面料、高档阻燃采用芳纶阻燃面料或芳纶3A阻燃面料。针对不同的行业，在阻燃功能的基础上，增加面料的其他物理性能，如防油防水阻燃面料、防静电阻燃面料、防电弧阻燃面料、防紫外线阻燃面料、防酸碱阻燃面料等。

此外，芳砜纶因其优良的耐热性、热稳定性、高温尺寸稳定性、阻燃性、电绝缘性及抗辐射性，以及良好的物理机械性能、化学稳定性和染色性，常用于制作阻燃饰品。芳砜纶制品可在250 ℃的温度下长期使用，极限氧指数为29%，在抗燃和抗氧化性能方面优于Nomex®，可广泛应用于电力、冶金、化工、军工、航空航天等领域。我国自主研发的大飞机C919机舱内部首次启用芳砜纶纤维制作椅罩、门帘，使得飞机减重30 kg以上，每架飞机能够节省超万元成本。

9.3.1.4　高性能阻燃纤维工业制品

碳纤维在工业领域的应用越来越广泛，因其独特的性能，成为材料领域的瑰宝。在航空工业中，碳纤维的出色特性使其成为首选材料之一。不仅可以有效减轻飞机的整体质量，提高燃油效率，还能够增强材料的强度和耐久性，赋予飞机阻燃性能。在飞机的各个关键部位，碳纤维正逐步取代传统的金属材料，以降低整体质量和阻力。在飞机外皮、刹车盘、中翼箱、舱门、机翼和尾翼等关键结构中，碳纤维广泛应用，为飞机提供了轻量化和高强度的结构支持。碳纤维的抗拉强度和刚度使得飞机在飞行过程中能够更为灵活和稳定。与此同时，在飞机飞行过程中，这些部位由于工作或与空气摩擦会产生高温，碳纤维不仅能够承受这些极端条件，而且能够保持所制备器件在工作时的稳定性和强度，从而确保飞机的长时间可靠运行。

以空客A350XWB为例，其入口门采用了85%碳纤维增强塑料，其余15%由钛和铝构成。这种结构不仅在减轻飞机整体质量上有显著效果，还为飞机提供了出色的耐用性和抗风险性能。此外，在发动机部件方面，碳纤维可以与双马来酰亚胺或聚酰亚胺等耐高温耐高压的复合材料进行组合，以应对不同发动机产生的恶劣高温环境。这种复合材料的运用提高了发动机部件的性能和寿命，为航空工业的不断发展提供了关键支持。

9.3.2　耐高温纤维制品

（1）高性能耐高温纤维防护用具。消防员和宇航员等特殊工作人员在极端温度环境条件下工作，需要穿着耐高温防护服，以确保人身安全。热防护服是对在高温或超高温条件下工作的人员进行安全保护，从而避免热源对人体造成伤害的各种保护性服装。在热防护服的实际使用中，大多数使用者并不直接接触火焰，但外界热量会以热对流、热辐射和热传导的方式到达人体，进而对人体造成伤害。因此，使用具有良好隔热性的热防护服，就可以在外界高温和人体之间为使用者提供一道保护屏障，使外界热量难以通过服装达到人体,从而保证使用者在高温环境中安全工作。

在热防护织物中应用的纤维材料有芳纶、聚苯并咪唑纤维、聚苯硫醚纤维等有机耐高温纤维及玻璃纤维、碳纤维、硅纤维等无机耐高温纤维。目前,世界上一半以上的防护服使用芳纶阻燃面料,并且有持续增长的趋势。芳纶纤维主要分为两种:对位芳酰胺纤维和间位芳酰胺纤维。其中,间位芳酰胺纤维主要以芳纶1313为代表,有"防火纤维"之美称。芳纶1313最突出的特点就是耐高温性能好,可在220 ℃高温下长期使用而不老化,其电学性能与力学性能的有效性可保持10年之久,而且尺寸稳定性极佳,在250 ℃左右的条件下热收缩率仅为1%,短时间暴露于300 ℃高温环境中不会发生收缩、脆化、软化或者熔融,在370 ℃以上的强温条件下才开始分解,400 ℃左右开始炭化。用芳纶1313制作的特种防护服,遇火时不燃烧、不熔滴、不发烟,具有优异的防火效果。尤其在突遇900~1500 ℃的高温时,芳纶1313织物表面会迅速炭化、增厚,形成特有的绝热屏障,保护穿着者逃生。用芳纶1313有色纤维可制作飞行服、消防服及炉前工作服、电焊工作服、均压服、防辐射工作服、化学防护服、高压屏蔽服等防护服装,用于航空、航天、军队、消防、石化、电气、燃气、冶金、赛车等诸多领域。除此之外,在发达国家,芳纶织物还普遍用作宾馆纺织品、救生通道、家用防火装饰品、熨衣板覆面、厨房手套以及保护老人和儿童的难燃睡衣等。

(2)高性能耐高温纤维电子电气用品。随着科学技术的进步,以及宇航、电子电气、核能等高新技术的发展,人们对绝缘材料的耐热性能提出了越来越高的要求。大容量电机在工作时放出的热量大幅增加,因此,必须提高电机绝缘材料的耐热等级,这样才能保证电机的正常运转。绝缘材料的耐热性能提升对电器、电机实现小型化、大容量化有重要作用。此类耐高温电绝缘功能材料主要有聚苯硫醚纤维、聚四氟乙烯纤维、碳纤维、陶瓷纤维等。

从20世纪60年代开始,航天航空事业和电子工业快速发展,许多以芳环、芳杂环为主要结构的高性能工程塑料被应用于绝缘材料领域,如芳香聚酰胺绝缘纸能耐受180 ℃,聚酰亚胺材料能耐受200 ℃以上。汽车零部件、引擎室零部件、食品加工机、电饭煲、厨卫的混合阀等多种电子电气产品,开始应用聚苯硫醚耐高温高性能纤维。特康™是一种具有卓越的耐热性、耐化学性、抗水解性及阻燃性等品质的高性能纤维,其熔点为285 ℃,能在190 ℃下连续使用。它在需要耐热性和和耐化学性的各种应用中备受青睐。

(3)高性能耐高温纤维航空航天用品。国之重器航空发动机作为飞机的"心脏",是一种能够在高温、高压、高转速和交变负荷的极端恶劣条件下长期稳定运行的复杂热力机械。如今飞机的飞行高度、速度不断提高,作战适用性和机动性不断增强。因而对航空发动机在高温或变温下的运行稳定性有了更苛刻的要求。在飞机整个飞行包线范围内,航空发动机的进气温度、压力、空气流量、气流的压力场和温度场等参数,均有很大变化,而且需要长期在200 ℃以上的条件下工作,并且能够经受420 ℃瞬时高温。

航空航天、国防军事领域常用的耐高温高性能纤维主要有 PBI 纤维和 PBO 纤维。PBI 纤维具有突出的耐高温性能,暴露在 300 ℃ 的温度下 1 h,依然能保持 100% 的原强度;在 350 ℃ 下放置 6 h,质量损失不足 10%。即在 815 ℃ 的高温下,PBI 纤维也可短时间承受热流。PBI 纤维还具有高温环境下的长期服务稳定性。在 230 ℃ 环境中 8 周后,该纤维能保留 66% 的原强度。相较于其他高性能纤维,如玻璃纤维、聚芳酰胺纤维,PBI 纤维的热收缩率较小。其沸水收缩率为 2%,300 ℃ 空气中收缩率为 0.1%,400 ℃ 空气中收缩率小于 1%,500 ℃ 时收缩率仅为 5%~8%。因而,PBI 纤维织物在高温下甚至炭化时仍能保持尺寸稳定性、柔软性和完整性。PBI 纤维在高温条件下不会产生有害气体,产生的烟雾也比较少。PBI 纤维熔点为 580 ℃,比 Nomex® III 的熔点(430 ℃)更高,且高温下失重率更小,耐高温性能更优异。同时,PBI 纤维的耐低温性能相当突出,即使在 −196 ℃ 条件下,纤维也有一定韧性,不发脆。PBI 纤维虽然性能优异,但价格过于昂贵,若要扩大生产及应用,亟待降低生产成本。

PBO 纤维被誉为 21 世纪的超级纤维,是有机高性能纤维中力学性能和耐热性最高的品种,它的强度、模量、耐热性、抗燃性、耐冲击性、耐摩擦性和尺寸稳定性均很优异,并且质轻而柔软,是极其理想的特种纺织原料。PBO 纤维的热分解温度高达 650 ℃,没有熔点,在高温下不会熔融,热稳定性优于芳纶和 PBI 纤维,是迄今为止耐高温性能最好的有机纤维,可以在 300 ℃ 的温度下长期使用。PBO 纤维在产业用耐高温纺织品和纤维增强材料中有广泛的应用前景,适合制作宇宙空间使用的扣子、带子等,也适合用作耐热性探测气球的材料,可在 −10~460 ℃ 的宇宙空间环境下工作。

(4) 高性能耐高温纤维交通运输用品。随着交通工具的发展,交通客流的增加、环境保护要求的提高和能源的节约意识增强,都对未来的交通工具提出了轻量化、高效率的要求。制造交通工具的材料必将越来越多地采用高性能耐高温材料,例如天然气能源的储藏罐、轮胎帘子布及刹车制动片等。聚苯硫醚具有多种性能,能够承受高温、机械应力和腐蚀性汽车油液。例如聚苯硫醚由于耐高温性能和绝缘性能,作为汽车电机绝缘零部件,在定子铁芯与定子绕组之间发挥电气绝缘作用;由于耐高温性能用和耐化学性能,聚苯硫醚材料制作燃油喷射装置,用来将燃油喷入气缸。

在汽车领域,一些汽车零部件也需要耐高温性能,如发动机部件、刹车系统部件等。常用的汽车部件耐高温纤维是碳纤维,能够提高零部件的耐高温和耐腐蚀性能。高温下,碳纤维热膨胀系数通常比金属材料低一个数量级,这一特性使得碳纤维在高温环境下能够保持尺寸稳定,进而保证其材料的整体性能稳定。此外,碳纤维还具有很高的热导率,使得它在高温下能够有效地传递热量,可为各种高温设备提供良好的散热通道。碳纤维在高温下还具有很高的化学稳定性,不易氧化、腐蚀,使得其成为各种恶劣环境下的理想材料。同时,碳纤维具有很好的抗疲劳性能,即使经过反复的高温高压处理,其整体性能也不会出现明显的下降。

(5) 高性能耐高温纤维建筑用产品。在建筑领域,常用到高温绝热材料搭建屋顶、墙体、地板。为提升建筑用材的安全性,耐高温绝热纤维材料逐步替换现有常规材料,如玄武岩纤维等。玄武岩纤维为非晶态无机硅酸盐物质,热传导系数低,绝热性能好,无热收缩现象。其使用温度范围一般为 $-269 \sim 700$ ℃,软化点为 960 ℃,高于玻璃纤维和碳纤维的最高使用温度。玄武岩纤维在 500 ℃下时抗热振稳定性不变,质量损失不到 2%,在 600 ℃条件下工作时,其断裂强度保持原始强度的 80%。全球玄武岩纤维产业发展目前尚处于初级阶段,玄武岩技术突破难度大,生产厂家体量小,其产业化发展有很大空间。玄武岩纤维 Basfiber® 的应用温度最高 460 ℃,短期工作温度最高 1000 ℃,软化点 1060 ℃,熔点 1250 ℃。玄武岩纤维 Basfiber® 可用于制造防火毯、防火帘等防护用具和高温过滤领域的过滤基布、过滤材料、耐高温毡等。

9.4 绳缆类高性能纤维制品

9.4.1 绳索用绳缆

由于航空航天、海洋工程等特殊领域对绳缆性能及轻量化有很高的要求,高性能合成纤维,包括对位芳纶、高模量聚乙烯纤维、超高相对分子质量聚乙烯纤维和聚芳酯纤维,逐渐取代了钢丝,成为高性能绳缆的主流原材料。

早在 20 世纪 70 年代,为了减轻降落伞系统的质量,开始探索使用对位芳纶 Kevlar® K29 编织绳来取代尼龙(聚酰胺)绳,整个降落伞系统因此从 1020 kg 减重至 907 kg。基于高性能对位芳纶的高性能系泊缆 MAGNARO® Aramid,同于常规的高性能系泊缆(会在 50 ℃左右失去强度,因此在系泊的操作过程中引起安全问题),可以在高至 427 ℃的环境中保持性能,适用于非常炎热的环境。与此同时,系泊缆 MAGNARO® Aramid 兼具蠕变小和回弹低的特点,而且可以回收再利用,以实现节能减排和可持续发展。

HMPE 纤维已应用于多种工业绳缆和绳索。在同等质量情况下,其强度比钢材高出 15 倍,而典型的高结晶线性聚乙烯可以使 HMPE 纤维漂浮于水面。HMPE 纤维绳缆比水轻,强度非常高。与芳纶纤维相比,HMPE 纤维绳缆不易受到轴向压缩疲劳。然而,HMPE 纤维绳缆会产生蠕变,最终可能会在张力下失效。由 HMPE 纤维制作的高性能绳缆主要被应用在平台固定缆、码头系泊缆、拖缆、渔网和吊装缆等海洋工程,还有降落伞和滑翔伞的吊绳、竞技帆船的索具等。

UHMWPE 纤维品牌 Dyneema® 通过凝胶纺丝工艺制成,纤维经过抽丝、加热、拉长和冷却,其中拉伸和旋转导致分子的整齐排列、高结晶度和低密度。接下来推出的 Dyneema® Max 技术(Dyneema® DM20),设计用于考虑蠕变的恒定载荷应用中。利用这种技术制成的缆绳专为海上应用而开发,它比钢缆强韧 7 倍,使用寿命长,主要应用领域包括海上深水系泊缆绳、漂浮式风电场的系泊解决方案、支索和拉索及织带。

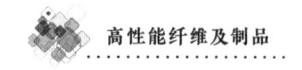

LCP 纤维高性能绳缆主要用在钓鱼线、网绳等特殊船用绳缆,以及系泊缆绳、张力缆绳、制动器缆绳、吊索和系泊缆等方面。LCP 纤维绳缆也可应用于弯曲疲劳结构,如连续弯曲滑轮(CBOS),通常与 HMPE 纤维混合使用。目前,包括 Cortland、Teufelberger 和 AtlanticBraids 在内的多家绳缆制造商,均供应基于 Vectran® 的高性能绳缆。将 Siveras® 纤维和现有的 LCP 纤维分别做成直径为 12 mm 的绳子,用 Siveras® 纤维制备的绳子的强力能达到 73 kN,而用 LCP 纤维制备的绳子的强力仅能达到 56 kN。

9.4.2　电力用电缆

架空线中传输的电流增大时,会产生电缆发热现象。如果电缆的耐热性差,其承载力会下降,从而产生弧垂。弧垂是一个重要的电能损耗来源,也是限制架空线提高传输容量的主要因素。

碳纤维复合芯材铝导线(Aluminum conductor composite core,ACCC)以碳纤维复合材料替代金属作为芯材,为解决架空线弧垂问题开辟了更有效的技术途径。ACCC 是一种新型导线,主要用于航天设备及空间站。ACCC 的芯线是以碳纤维为中心层、外包覆玻璃纤维制成的单根芯棒,其外层与邻外层铝线股为梯形截面,是一种性能优越的新型导线。碳纤维导线分为碳纤维棒芯铝绞线和耐热碳纤维棒芯铝合金绞线,结构与常规钢芯铝绞线相同。2005 年,基于 ACCC 专利技术,推出了商业化 ACCC 导线产品,这种 FRP 芯材 ACCC 导线强度是同等质量钢芯铝导线的 2 倍,传输的电流容量是其他芯材铝导线的 2 倍,线损比其他芯材铝导线降低了 25%～40%,高容高效和低弧垂等性能远远超越其他材质芯材的导线。

图 9.4　ACCC 导线横截面

9.4.3　光缆

芳纶是一种综合性能非常优异的高性能纤维,非常适合作为光电线缆的增强材料,其中芳纶 1414 和杂环芳纶(芳纶Ⅲ型)大量应用于光缆的制备。比如,对位芳纶大量用于光缆的光纤保护层材料,它具有质量轻、外径小、跨距大、抗雷击、不受电磁干扰和易于施工等特点。相较于其他纤维保护材料,对位芳纶的用量更少,设计冗余更高,线径更小,抗弯性更好,可使光缆具有更高的工作可靠性。由芳纶制备的光电线缆一般分为单芯与双芯软光缆、布线光缆、分支光缆和全介质自承式光缆(ADSS)四类,其中前三种为室内光缆。

光纤以大带宽、高速率、低损耗的明显优势,有力地推进了全光网络的快速发展。光纤传输网络不断向用户终端延伸,数据中心、机房设备以及光纤到桌面等领域大量采用单、双芯软光缆。在移动宽带通信网络密集布网中,需要建设大量的基站和室内密集时分系统,大量采用拉远光缆和微型光电混合缆。无论是单、双芯软光缆还是拉远光缆和微型光电混合缆,采用高强高模柔韧的芳纶纤维作为增强元件(图9-5),芳纶纤维可通过与光纤充分接触来缓冲外界的应力,保护光纤,完全满足光缆对增强元件的机械保护、阻燃、环保、耐环境的性能要求。

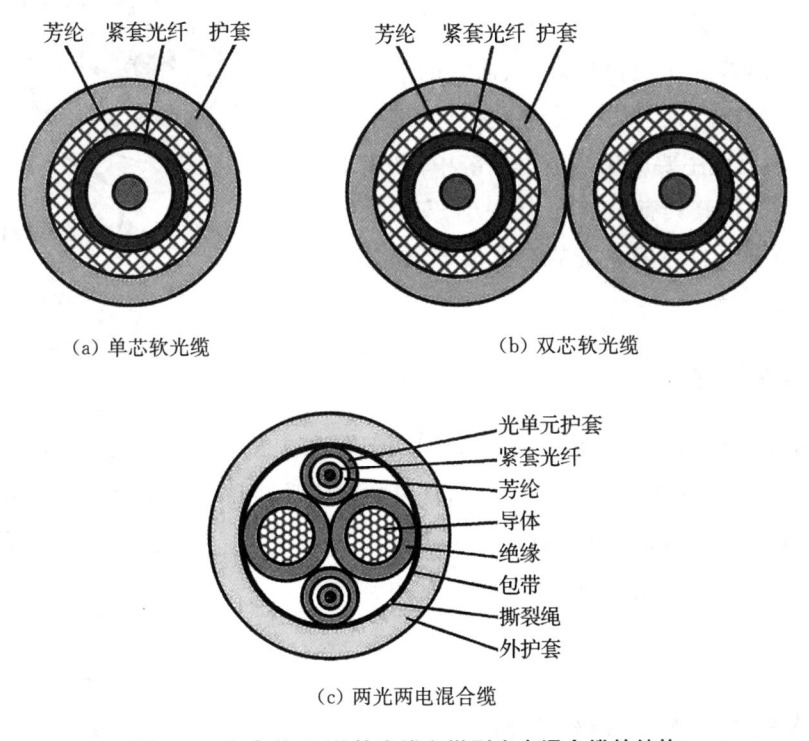

(a) 单芯软光缆　　(b) 双芯软光缆

(c) 两光两电混合缆

图9-5　室内单、双芯软光缆和微型光电混合缆的结构

布线光缆是重要的光缆形式,缆芯由6~24根紧套光纤单层或双层绞合,再挤制护套而成,所用的紧套光纤直径为0.9 mm或0.6 mm,缆芯光纤密度较高。布线光缆采用芳纶作为增强元件,如图9-6(a)所示,可同时起到隔热、缓冲和加强作用。分支光缆又称为扇出光缆,缆芯常用外径为2.0 mm的单芯软线(单芯软光缆)绞合,根据光缆芯数采用单层绞和多层绞,可采用刚性中心加强件,缆芯外挤制护套而成。分支光缆绞合单元所用的单芯软线采用芳纶作为增强元件,如图9-6(b)所示,以有效保护光纤。

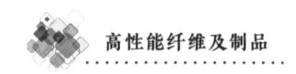

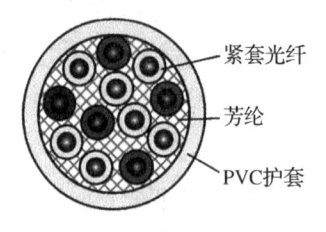

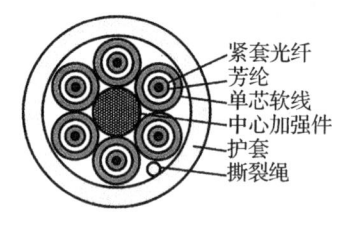

(a) 布线光缆　　　　　　　　(b) 分支光缆

图 9-6　布线光缆和分支光缆的结构

全介质自承式光缆(All dielectric self-supporting optical fiber cable，ADSS 光缆)是一种圆形截面结构、以自承方式挂在高压输电线路杆塔上的全介质光缆(图 9-7)，其结构中不含任何电导体材料，使用的高强高模低线膨胀系数芳纶纤维等材料可承受较大张力，热膨胀系数较小，受温度变化的影响小。作为 ADSS 光缆的增强材料，对位芳纶纱线处于内衬层外，以适宜的节距和张力均匀地绞合在内衬层周围，层与层之间纱线的绞向相反。ADSS 光缆主要应用在电力系统中，其成本略高于普通光缆，但其具有寿命长、耗损少、安全性能好等优点，可减少电力通信系统的建设成本，同时可提高电力通信的质量。

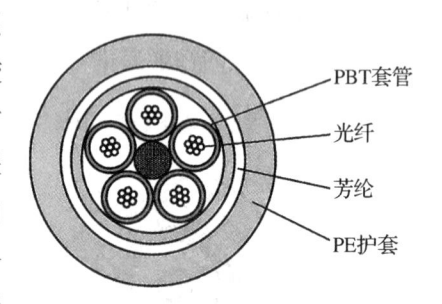

图 9-7　ADSS 光缆结构组成

9.4.4　绳网用绳缆

绳网在海水中极易因为被海水浸泡而出现腐烂、生锈腐蚀问题，缩短了渔具的使用寿命。UHMWPE 纤维的化学稳定性好，优良的耐化学性和防水性使其逐渐用作深水网箱、围栏养殖等设施的基身材料，在网线强度相同的情况下，其质量比用普通纤维制成的渔网轻至 40%，使得捕捞养殖渔具的性价比得到提升。

9.5　体育类高性能纤维制品

高性能纤维广泛用于制造体育用品，如羽毛球拍、网球拍、高尔夫球杆、钓鱼杆和自行车等。提高效率和减轻质量一直是在体育用品中使用高性能纤维的首要驱动因素，因为它们提高了运动表现并降低了受伤的威胁。此外，与钛、合金、高抗拉强度钢等其他传统材料相比，复合材料具有更高的强度质量比能力，从而有助于提高设计的效率和多样性。碳纤维复合材料因其质量轻、拉伸强度高、耐用性、冲击吸收性、抗性和刚度高而被广泛使用。玻璃纤维也是制造商的首选之一，因为它能给体育用品提供强度、柔韧、耐用、稳定、轻质、耐热和耐湿等性能。

9.5.1 大型高性能纤维体育用品

9.5.1.1 独木舟

在独木舟和橡皮船上,碳纤维以及玻璃纤维均有广泛的应用,包括船体结构强化、划桨和帆具、防浪裙、安全设备等。杜邦公司采用 Kevlar 纤维制成的独木舟和橡皮船的船壳更易于运送和操纵,因为它们比其他材料制成的船壳更轻,而且抗冲击性更强。在划桨制造中使用 Kevlar® 纤维还有助于提高刚性、效率和耐冲击性。此外,加拿大造船商 Swift Canes & Kayaks 推出了 Keewaydin16 独木舟模型,它采用 TeXtreme® 碳纤维混编织材料。该材料本身就具有非常高的强度和硬度,被应用于自行车赛、美洲杯游艇赛、F1方程赛事、曲棍球赛事、高尔夫俱乐部等领域的产品。

此外,芳纶及其复合材料在帆船上的应用也较为广泛,大多应用于帆船板体。用特定工艺将该类材料融入帆船板体的制备中,可实现帆船板体的轻量化设计,提升其抗海水侵蚀能力,在较长时间内不会轻易产生形变。芳纶也可以应用于登山绳索、速降绳索、帆船角绳索等运动绳索的制造,充分发挥耐磨、耐腐蚀、高强的优势,促进体育器材和船舶器材的发展。

9.5.1.2 赛车

碳纤维在赛车上的应用已经非常成熟,一般赛车用碳纤维的种类可以分为两种:干式与湿式。干式碳纤维在制造时,参与的树脂更少,制造出来的部件强度高,价钱贵。湿式碳纤维的树脂含量更高,制作成本低,价格亲民。两种材质的碳纤维均有质量轻、强度高、柔软度高的特性,受到不少汽车制造厂和改装车爱好者的欢迎。

碳纤维一般仅用在赛车框架、座椅、机舱盖、传动轴、后视镜等部件上。汽车用碳纤维具有四大优势:

(1) 轻量化。碳纤维应用于汽车后,给汽车制造带来最显著的好处就是汽车轻量化,同时影响的就是节能、加速、制动性能的提高。汽车质量每减少 100 kg,可节省燃油 $0.3 \sim 0.5$ L/(100 km),减少 CO_2 排放 $8 \sim 11$ g/(100 km),加速性能提升 $8\% \sim 10\%$,制动距离缩短 $2 \sim 7$ m。

(2) 静音性。碳纤维材料具有一定韧性,对整车的噪声振动控制有很好的提升,实现汽车的静音性。

(3) 寿命延长。赛车配件往往要求耐腐蚀,还要经过高温、低寒、受潮等恶劣环境下的长期考验,普通金属零部件难以满足需求。碳纤维不存在腐蚀和生锈问题,大幅延长了汽车部件的使用寿命,可谓是汽车领域里的"材料之王"。

(4) 可靠性。碳纤维具有更高的疲劳强度,碰撞吸能性好,在减轻车辆质量的同时还能保住强度和安全性,降低了轻量化后带来的安全风险系数。

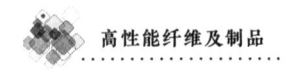

9.5.2 中型高性能纤维体育用品

自行车竞赛也是一项热门的运动赛事,以往的自行车多采用钢材制备,对人体的能量消耗较大。随着合成纤维材料的研发与应用,出现了碳纤维自行车车身骨架,有效减轻了自行车的质量,也增加了其韧性。如今,自行车的多个部件均可应用合成纤维制备(表9-2)。

表9-2 自行车上合成纤维的使用情况

部件	材料
车架	碳纤维增强复合材料(CFRP)、玻璃钢(FRP)
车轮	CF增强锦纶(PA)、CF增强聚丙烯(PP)、CFRP
鞍座	聚氯乙烯(PVC)、PA、聚碳酸酯(PC)、丙烯腈-丁二烯-苯乙烯共聚物(ABS)
脚蹬	PP、PVC
链条	芳香族聚酰胺纤维
制动杠杆	纤维增强PA、CFRP、聚甲醇(POM)

碳纤维在自行车上有多重呈现方式:生丝、纤维布以及短切纤维。短切碳纤维一般用在踏板上,碳纤维布一般用在车架上,碳纤维生丝在自行车行业比较少见,只有少数的自行车制造商,比如Giant和Time,拥有处理碳纤维生丝的工艺能力。

除碳纤维以外,玻璃纤维也广泛应用于自行车行业。传统电动自行车的曲柄多采用铁镀锌材料。这种材料较重,加工不便,且生产成本高。为了降低成本并实现以塑代钢,电动自行车的曲柄使用了玻纤增强尼龙材料。这种材料具有高强度、低密度、工艺简单、设计自由度高以及自润滑性和耐磨性良好等特点。玻纤增强尼龙材料是在尼龙中添加玻璃纤维和增韧剂等物质制成的。随着玻纤含量增加,玻纤增强尼龙材料的拉伸强度和弯曲强度显著提高,冲击强度则因增韧剂的加入而大幅提升,因此材料的综合力学性能得到优化。

9.5.3 小型高性能纤维体育用品

9.5.3.1 球拍类

高性能纤维在球拍上有多种运用,其中常见的是碳纤维复合材料。碳纤维球拍质量轻、击球手感好,相比于传统的木质、金属质球拍,具有更优异的力学性能。乒乓球拍也逐渐使用碳纤维作为主要的加工材料。底板使用碳纤维复合材料的乒乓球拍,与仅使用木芯材料的球拍相比,反弹速度提升20%,在相同的入射条件下,球与底板的接触时间提升40%以上。

使用高性能聚乙烯纤维制得的球拍具有轻便、高强度、不易变形和减震等优点。尤尼克斯推出的疾光1000Z羽毛球拍的球杆由高弹性碳素和ULTRA-聚乙烯纤维复合制备而成(图9-8)。此球拍的中杆非常硬,但是弹性也非常好,能充分发力,球拍有一定的进攻性,打出高远球非常轻松。

利用聚醚醚酮纤维加工而成的网球拍线具有超耐磨、高弹性等优点。Ashaway公司推出了由聚醚醚酮纤维制得的Zyex®网球拍线,其性能可与天然牛肠线媲美,并且经久耐用。Ashaway公司在室温下进行的网球拍线摩擦性能测试中,PEEK纤维的使用寿命比芳纶长约5.5倍。PEEK

图9-8 尤尼克斯推出的疾光1000Z球拍

纤维的吸湿率也非常低,仅为0.1%,这意味着在下雨天携带球拍时不需要使用防水袋,并且由PEEK纤维制备的网球拍线适用于恶劣的雷雨天气条件下的网球运动。

9.5.3.2 高尔夫球杆

目前,碳纤维和钛合金是高尔夫球杆制造中使用非常广泛的材料。碳纤维球杆是体育休闲用品中的重要产品,每年用于生产高尔夫球杆的碳纤维多达数千吨,占据世界碳纤维消耗量的比重较大。我国是碳纤维高尔夫球杆产量最大的国家,其次为日本以及墨西哥、孟加拉国等。不同规格的高尔夫球杆的质量不尽相同,超轻碳纤维杆身质量为45~55 g,轻碳纤维杆身质量为56~70 g,一般碳纤维杆身质量为71~90 g。碳纤维材质的高尔夫球杆与钢杆和钛杆相比,在减轻质量方面有明显的优势,从而在一定程度上减少了球杆过重引发的运动损伤。

美国的阿尔迪公司是世界上生产碳纤维高尔夫球杆最著名的企业,在1972—1989年的17年间,所有的高尔夫球杆都产自美国。制造碳纤维球杆的工艺主要有3种,分别为纤维缠绕工艺、软外壳辅助模压工艺、预浸料卷绕工艺,纤维缠绕工艺风行于20世纪90年代,至今仍有一部分厂商在使用,用这种工艺制造的高尔夫球杆设计灵活性较差,不能充分发挥材料本身的性能,也不能使用大丝束碳纤维;软外壳辅助模压工艺则会使生产成本增高,生产出来的球杆杆身光洁度不够,需二次加工,因此产出率较低;预浸料卷绕工艺是被高尔夫制造企业广泛采用的工艺种类,具有工艺简单、成本低以及可使用廉价的大丝束碳纤维等优点。

9.5.3.3 鱼杆

高性能纤维在鱼杆上的应用主要体现在轻盈性、强度和灵敏度方面。其中,碳纤维和玻璃纤维是常见的运用在鱼杆上的高性能纤维材料。在轻盈性方面,使用碳纤维制作的鱼杆可以比传统的玻璃纤维鱼杆更轻,提供更好的操控性和使用体验。在强度方面,碳纤维和玻璃纤维的结合可以在鱼杆上实现更好的强度平衡。碳纤维提供了高强度和刚性，而玻璃纤维则增加了鱼杆的韧性和耐冲击性。在灵敏度方面，高性能纤维材料具有良好的传导性能，可以将鱼的动态和水下状态的微小振动传递到钓杆和钓线上，使钓友能够更好地感知鱼的活动。碳纤维的高传导性能使得鱼杆更加灵敏，能够更准确地感知到鱼的咬钩动作。

9.6 乐器类高性能纤维制品

9.6.1 小提琴、大提琴

碳纤维作为新型复合材料现如今已经应用于多种乐器，如碳纤维大提琴、碳纤维小提琴等。大提琴常见的制作材料为云杉，一把好的提琴对于云杉的选择是较为苛刻的，需经过三年时间的晾晒，待其水分完全蒸发才能作为材料使用，在日常储存中云杉也极易受到环境影响，湿度过高木质会被腐蚀，虫蛀也是不可避免的问题。而碳纤维本身具有优异的物理化学性能，受外界环境的影响较小，在恶劣的储存环境下，仍可以保持很好的稳定性，同时，碳纤维具有较强的延展性，可承受琴弦在长时间存放时的张力，使其不易弯曲变形。

玻璃纤维复合材料主要用于制作管乐器和弹拨乐器的外壳和部件。管乐器和弹拨乐器的外壳和部件通常需要具备较高的强度和刚度，以承受乐器演奏时的振动和压力，而玻璃纤维复合材料的强度和刚度较高，可以满足这些要求。此外，玻璃纤维复合材料还具有较好的吸声性能，可以减少乐器内部的共鸣和噪声，提高音质。

9.6.2 吉他

早在1985年就报道了一种构造新颖、技术领先的"无音品"胶合滑音碳纤维电吉他，已经在英国和国际市场露面，在音乐界引起了很大反响。1994年Simon Farmer of Gus Guitars公司将单向碳纤维制造吉他的颈部，以增强其抵抗因弦的张力而产生的弯曲，编织碳纤维与木质琴体相连而构成吉他的主体。在这种吉他上大量使用碳纤维，不仅减轻了它的质量，而且使其强度更高，弹奏更舒适，并能产生优美的共振音调。同时据报道，英国Taytor工程塑料公司制造的碳纤维增强聚氨酯吉他的音调优美，弹奏欢快，轻质高强，弹奏前不需要调音。碳纤维吉他的钢性和韧性都比较优秀，甚至不需要传统吉他的音梁来支撑。它不磨损、不变形，能永久锁住制作完成时的完美音质。2021年，恩雅乐器推出全球首把集成大功率音响的超便携碳纤维智能吉他NEXG，在技术配置方面明显领先全球。智能吉他NEXG一经发布，就受到全球吉他爱好者的热捧，在市场低迷的情况下，助力企业逆势增长。

9.6.3 西洋管乐器

目前,大部分西洋管乐器的管身使用传统材料,如铜、银、其他合金等金属材料,并辅以电镀等后加工方式成形。管乐器制造的最终目的是满足使用者的需求,在保证质量的前提下,为其提供尽可能长的乐器使用寿命。

碳纤维作为一种复合材料,最大限度地给乐器提供优质的使用条件,有效地避免演奏者在长时间演奏情况下出现的主观破坏现象,如唾液、手汗造成的乐器表面缺陷。同时,碳纤维也有良好的耐疲劳能力。西洋管乐器在使用的过程中会发生断裂、弯曲等不良现象,乐器的物理力学性能会退化。西洋管乐器中的碳纤维密度较低、比模量高,力学性能良好。在西洋管乐器中的有效部位使用碳纤维,不易甚至不会出现弯曲和损坏的现象。例如在长号拉管等铜管乐器中,日常演奏时会发生不可预料的"乐器卡顿"现象,而碳纤维能够有效地降低该故障发生的可能性,从而为乐器的使用提供保障,演奏者不会因乐器的质量问题影响到正常的演奏进程。

9.6.4 钢琴

美国 MASON&HAMLIN 钢琴公司生产的卧式钢琴,使用以 Wessell,Nickel & Gross(WNG)公司开发的复合材料制造的击弦机。该击弦机采用一套非木质结构的复合材料,其由碳纤维和玻纤尼龙复合材料组成。WNG 复合材料不受气候的影响,耐磨性和强度比木料更优异、更可靠,并且在发音时只产生极小的偏差。

WNG 复合材料的优点在于:第一,更加坚固且稳定,不会因为温湿度变化而变形,寿命更持久。第二,由此材料制成的弦槌柄,硬度是木质槌柄的 10 倍,且有一定的弹性,成人双手一般无法折断。可提供更多更好的演奏控制量,保持持久、清晰的音质,这也使得钢琴调律师在听拍音或整音判断毡头软硬方面更加容易。第三,复合材料的使用为古董旧琴修复开启了完美修缮领域的"大门"。旧琴损坏遗失的机芯配件不再局限于寻求原厂家的木材质地配件,可按存留下的木质零件定制出适应性强的复合材料的击弦机部件,几乎能够满足任何翻新及维护需要。第四,利用先进复合材料的设计灵活性,已经把联动器中心重力移向中心轴。这种转变大大减少了联动器的转动力量,并使人们在弹奏时更轻便,木质材料的不可塑性导致其不可能达到这样的效果。

9.7 医疗领域高性能纤维制品

纤维材料被用于生产高性能医疗设备,如核磁共振设备、残疾人用复合材料义肢、体内支撑性产品和医用器件等产品。

9.7.1 放射诊断设备壳体

随着人们对健康的关注和现代医疗科学技术的不断发展,放射诊断及设备正朝着放射剂量尽可能小及成像分析数字化的方向发展。碳纤维复合材料医疗面板在放射性治疗中应用较多,例如碳纤维乳腺检查托板、碳纤维医疗头托、直肠癌用碳纤维腹板固定板等。目前,高档医疗设备采用的面板几乎全部为碳纤维复合材料板。如数字化 X 光机、X 射线计算机断层摄影装置(CT 机)、核磁共振机(MR 机)、医用加速器(用于癌症治疗)等,其床面板及相关部件均选用碳纤维复合材料制造。除此之外,正电子发射计算机断层扫描设备(PET 机)及单光子发射计算机断层扫描仪(SPECT 机)也应用该类材料。

碳纤维被应用于放射类医疗设备领域,首先因其强度高,质量轻,具有高比强度和比模量,强度和刚性均明显优于聚碳酸脂、酚醛树脂板等传统床面板。其次,碳纤维复合材料允许射线以任何角度照射在床板上而不产生折射,不同于铝板、胶合板和酚醛树脂板等传统医用材料,碳纤维材料能以 1/10 的射线剂量达到优异的 X 射线透过性能,只需小剂量的射线即可获得清晰的造影。采用碳纤维复合材料制造 X 射线放射通路上的配件(床面板等)可使放射剂量大幅度降低,尽量减少患者及医护人员受到的辐射危害。

用碳纤维复合材料制造的 CT 医疗床板,以碳纤维复合材料作为面板、低密度泡沫作为芯材,可以在质量增加很少的前提下,大幅度提高结构刚度,达到减重增强效果。除了通用、西门子、飞利浦公司,国外其他医疗设备制造厂家也选用碳纤维复合材料制造放射设备配件。如佳能公司开发出可查看动态 X 射线图像和采集静态 X 射线图像的全新数字 X 射线成像(平板 DR)系统,选用碳纤维医疗板材作为 DR 系统面板,以达到最佳的减重和影像效果。国内的主要医疗设备制造厂商也越来越多地将碳纤维复合材料应用于高档设备。

9.7.2 体内支撑性产品

9.7.2.1 医用骨植入材料

在医用骨植入材料中,不锈钢、钛合金是应用广泛的材料,然而这类医用金属材料普遍存在质量偏重及金属疲劳等问题,往往满足了力学需求,但接骨板会存在过重或长期应用中疲劳失效的问题。密度低、比强度高、屈强比高、耐疲劳性优异的医用材料,能够极大地解决医用金属材料的应用问题。

以碳纤维及其织物为增强体制成的碳纤维复合材料具有质量轻、可设计性强、无伪影等特点,且生物相容性、化学稳定性、力学性能均得到一定提高,现被用于接骨板产品。目前,碳纤维接骨板产品由碳陶复合材料、碳/碳-碳化硅复合材料等构成,并在孔隙和表面稳定黏附羟基磷灰石,提高复合材料的生物活性,促进骨生长和诱导骨增殖。

9.7.2.2 半月板替代材料

半月板撕裂被广泛报道,是很常见的膝关节损伤之一,为了避免继发性骨关节炎的发生,进而加重痛感和病情,国内外开始设法使用合成支架、天然半月板组织或复合材料来替代半月板(图9-9)。美国Active Implants公司的对应产品为NUsurface,其植入物由聚碳酸酯聚氨酯(PCU)组成,内部用超高相对分子质量聚乙烯纤维加固。纤维的圆周方向有助于控制PCU材料的变形,并改善其压力分布。牛津生物材料有限公司公开了一种可植入软骨组织修复装置,由蚕丝经缠绕或编织或压缩毡合或捻合或针织或编结或缝合或刺绣或结合布层中的一种或多种方法,形成立体纤维层并浇注水凝胶。另外,也可以基于纤维编织结构,使用胶原纤维、蚕丝纤维、聚碳酸酯等生物材料,制作三维编织半月板支架。

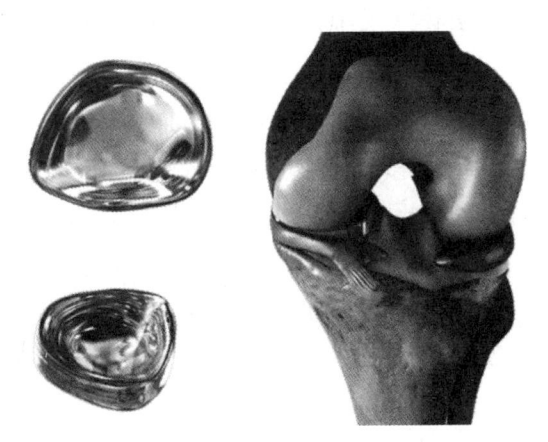

图9-9 半月板植入物

9.7.3 植入式医疗器械

工信部发布的《医疗装备产业发展规划(2021—2025年)》已将植介入器械列为七个重点发展领域之一,明确要求推动应用先进材料、3D打印等技术,发展生物活性复合材料、新型人工血管、人工肌腱、人工神经、仿生皮肤组织等。

9.7.3.1 手术缝合线

近年来,随着人们对UHMWPE纤维的深入认识,发现UHMWPE纤维不仅仅可以应用在工业领域,还能够广泛应用于医疗器械领域,比如,聚乙烯自身的化学惰性和疏水性质,使UHMWPE纤维表现出良好的生物相容性以及高生物稳定性,在植入人体后可长时间保持自身性能,不与接触的组织发生反应。UHMWPE纤维最常见的植入方式是作为医用纺织品,比如作为手术缝合线,用于缝合软骨、半月板、肌腱、韧带等需要长期固定且不可再生的软骨组织(图9-10)。

国际上UHMWPE纤维现有两大品牌,即Dyneema(荷兰皇家帝斯曼公司)和Spectra(美国霍尼韦尔公司)。

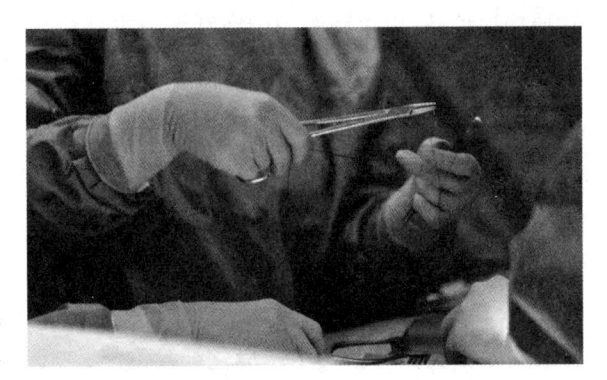

图9-10 非吸收性外科缝线

近十年来,我国 UHMWPE 纤维发展较快,技术路线也分为湿法纺丝和干法纺丝。湿法纺丝技术主要由东华大学开发,形成具有我国自主知识产权的成套技术。

9.7.3.2　吸收性或自降解性缝合线

聚乳酸纤维手术缝合线的生物相容性较好,柔软,易染成深色,拉伸强度高,缝合和打结比较方便;具有较强的抗张强度,能有效控制降解速率,随着伤口愈合,缝合线自动缓慢降解;中间产物乳酸也是体内正常代谢的产物,对人体无毒,无积累,是一类比较理想的可吸收手术缝合线。美国强生公司将 PLA 应用于人体可吸收的手术缝合线——薇乔缝线 Vicryl®(聚乳酸 910),它与人体具有良好的生物相容性,阳性致敏率为零,不用担心致敏或安全问题。Vicryl® 于 1974 年问世,是最早的合成可吸收缝合线之一。1979 年,Vicryl® 添加了涂层,这改善了其操作特性。如今,它已成为世界上最常用的缝合线之一。

9.7.3.3　人工血管

占人类死亡病因的首位要数心血管疾病,因此人工血管是各国研究的热点之一。国际上的研究主要集中于制作小口径血管(小于 6 mm)及心瓣膜,将细胞贴附在聚合物支架上植入体内,愈合成机体的一部分而发挥正常生理机能。膨体聚四氟乙烯人工血管的市场占比较高。此外,在聚四氟乙烯材料中间引入硅胶层,可增加人工血管的耐穿刺性。

9.7.4　急救用品与治疗用品

中空纤维分离膜在医疗领域占有举足轻重的地位,应用场景包括:①气体分离,使空气中的氧浓度由 21% 提高至 30%~40%;②血浆交换治疗(如中空纤维膜元件);③腹水浓缩治疗(如中空纤维透析器);④尿毒症治疗(如中空纤维透析器)。中空纤维透析膜可用于人工肾和人工肺等产品。

9.7.4.1　人工肾

人工肾(血液透析机)是一种能够替代部分肾功能,解决或暂缓人体器官衰竭的体外物质交换设备,以生物医用中空纤维为主材料。人工肾需要保留血液中的蛋白质和血球成分,去除低分子的无用物或有害物,如尿素等。全球最大的中空纤维透析膜厂家即德国 Fresenius(费森尤斯)医疗保健公司使用的中空纤维为聚砜,产品包括血液透析、腹膜透析、自动腹膜透析和连续步行腹膜透析等(图 9-11)。旭化成可乐丽医疗公司的中空纤维透析器材质有聚砜、聚丙烯腈、聚烯烃、聚乙烯醇和乙烯-乙烯醇(EV-OH)共聚中空纤维。东洋纺生产三醋酸纤维素人工肾,还开发了经过亲水处理的聚醚砜中空纤维品种,用于人工肾。德国 Polypore 膜公司生产铜氨和聚醚砜中空纤维人工肾。瑞典 Althin 医疗公司及其美国分公司生产皂化纤维素酯、二醋酸纤维素及改性醋酸纤维素等三种中空纤维人工肾。

图 9-11　费森尤斯 FX CorDiax 80 中空纤维血液透析过滤器

图 9-12　ERUMO 中空纤维膜式氧合器(膜肺)

9.7.4.2　人工肺

人工肺(体外膜肺氧合,ECMO)装置能够代替人体肺脏排出二氧化碳、摄取氧气,进行气体交换(图 9-12)。美、欧、日的生产厂家皆采用聚丙烯中空纤维气体分离膜作为人工肺和动脉一体化的滤材。我国在 20 世纪 80 年代,首先由上海复旦大学研发成功中空纤维人工肺,并投入小批量生产,材质也是聚丙烯。值得介绍的是日本特鲁莫公司开发和销售的新生儿和婴儿手术用的人工心肺器,手术时用管子将循环于体内的血液引出至体外,在管状的聚丙烯中空纤维中通入氧气,透过中空纤维膜壁的微孔,进行血液中气体的交换。

9.7.5　残疾人用复合材料义肢

截至 2022 年,我国残疾人总数高达 8500 万,其中有很大一部分属于截肢类型。目前的医学技术还不能使人的断肢重生,为了保障残疾人基本的生活能力,医院一般采用安装假肢的方法。

义肢构件包括义脚、膝关节、踝关节、腿管和接受腔。这些构件原来使用木、铸钢、铝、硅胶、不锈钢等材料制造。目前,碳纤维是比较流行的一种材料,具有很多特性和优点。一是与钛等金属相比,碳纤维材料更轻、更耐用,可以通过使用高压釜固化、高压釜外固化、气囊成型、铸造成型和压缩成型等多种形式加工。二是碳纤维复合材料具有较高的耐疲劳性、柔韧性和良好的生物相容性,X 射线可以穿透碳纤维,人体可以接受碳纤维植入物。用于接受腔的碳纤维复合材料能很好地承担起人体的

图 9-13　德林公司五连杆碳纤维气压膝

质量,并能有效控制义肢,使残肢在腔内更加舒适自如。三是碳纤维义肢的密度与人体骨骼密度相似,可以更好地被人体接受,而且碳纤维义肢可以通过改变纤维角度来保证它各个方向的强度和平衡性,不论是平行于纤维方向还是横向对其施加压力,纤维都会以不同的机械方式响应。四是可根据不同患者自身的机能特性进行定制及调整,现已实现碳纤维假脚、碳纤维膝关节、碳纤维踝关节等产品。德国奥托博克公司在柔性脚中采用碳纤维复合材料制作踝关节,可以完成弹跳的动作。台湾德林公司生产了碳纤维万向足踝、碳纤维固定软根足踝等人工踝关节。

9.8 压力容器领域高性能纤维制品

高性能纤维在压力容器领域发挥着重要作用。压力容器广泛应用于化工、石油、航空航天等行业,用于储存和传输各种高压、高温或有毒的介质。传统的压力容器多是以金属或合金为容器壁制造,成本和质量较高,结构也比较简单,存在应力分布不均匀、高温与高压耐受性差、耐腐蚀性差等缺陷,难以满足某些特殊工况对压力容器的要求,限制了其在实际生产过程中的应用。在这些应用中,使用高性能纤维可以显著提高压力容器的性能和安全性。

复合材料压力容器通常是采用纤维缠绕增强材料来提高压力容器的承载力,具有优异的密封性能,由于纤维材料的致密性和均匀性,它们能够有效地防止介质泄漏,确保系统的安全运行,通过调整纤维的排列方式和比例来实现不同的强度和刚度要求,以满足不同应用场景的需求。高性能纤维是复合压力容器的主要增强体(表9-3)。在高性能纤维压力容器中,碳纤维、有机纤维、陶瓷纤维及其复合材料等是常用的材料。通过对高性能纤维的含量、张力、缠绕轨迹等进行设计和控制,可充分发挥高性能纤维的性能,确保复合压力容器性能均一、稳定,爆破压力离散差小。通过成型工艺的优化可以实现高性能纤维压力容器复杂的形状和结构设计,为压力容器的优化提供更大的空间。

表9-3 复合压力容器缠绕增强用高性能纤维的性能对比

纤维名称	密度/ ($g \cdot cm^{-3}$)	拉伸强度/ MPa	弹性模量/ GPa	比强度/ ($GPa \cdot cm^3 \cdot g^{-1}$)	比模量/ ($GPa \cdot cm^3 \cdot g^{-1}$)
E-玻纤	2.55	3510	73.8	1.38	28.9
S-玻纤	2.49	4920	83.9	1.97	35.3
碳化硅纤维	2.74	2800	270	1.02	98.5
氧化铝纤维	2.50	2000	300	0.61	90.9
硼纤维	3.30	3500	420	1.40	169.0

(续表)

纤维名称	密度/ (g·cm^{-3})	拉伸强度/ MPa	弹性模量/ GPa	比强度/ (GPa·cm^3·g^{-1})	比模量/ (GPa·cm^3·g^{-1})
石墨纤维	2.50	2500	273	1.46	159.6
T300 碳纤维	1.71	3530	230	2.00	130.7
T700 碳纤维	1.79	4900	235	2.74	131.3
T1000 碳纤维	1.79	6330	304	3.54	169.8
凯夫拉 49 纤维	1.45	3790	121	2.61	83.4
聚对苯撑苯并二噁唑纤维-AS	1.54	5800	180	3.77	11639
聚对苯撑苯并二噁唑纤维-HM	1.54	5800	270	3.77	175.3

9.8.1 碳纤维复合材料制品

9.8.1.1 碳纤维复合材料压力容器的特性和结构

碳纤维因其高强度、高模量和低密度的特性，成为首选的缠绕纤维材料，以碳纤维复合材料压力容器为代表的新型复合材料压力容器受到了广泛关注。碳纤维的密度为 $1.7 \sim 2 \text{ g/cm}^3$，相当于钢密度的 1/4、铝合金密度的 1/2，这使得它在强度和模量上比钢高 $4 \sim 5$ 倍，并且具有出色的耐磨、耐腐蚀、耐冲击和耐高温性能。碳纤维的高强度和低密度使得压力容器在承受高压的同时能够保持较低的质量，有助于降低运输成本和安装难度，也减少了对基础结构的负荷。

碳纤维复合材料压力容器的结构主要包括内衬层和碳纤维复合材料层，内衬主要作用为存储、防漏和防化学腐蚀，而复合材料层则是压力的主要承载体。碳纤维复合材料层是由碳纤维及基体组成，其中，碳纤维是增强相，基体则可以起到传递载荷、固化及保护碳纤维材料的作用。将浸过树脂胶液的碳纤维按照特定的方式缠绕到内衬上，经固化、自紧等工序后，便获得碳纤维复合材料压力容器。碳纤维/环氧树脂、碳纤维/聚醚醚酮等碳纤维增强树脂基复合材料具有低密度、高强度、耐化学腐蚀、便于加工设计等优势，广泛应用于复合材料压力容器的设计制造。

9.8.1.2 碳纤维复合材料压力容器的应用

自 20 世纪 80 年代碳纤维增强铝合金内衬压力容器问世以来，碳纤维复合材料压力容器的应用也越来越广泛。当前，碳纤维复合材料压力容器主要应用有：医疗呼吸器系统，包括家用及医用氧气呼吸器，用于消防的自给式正压空气呼吸器及救援用压缩氧气循环式呼吸器等；航空航天领域，包括飞机逃生滑梯充气装置、弹射座椅以及壳体等；新能源汽车领域,包括钢内胆碳纤维环向缠绕钢复合材料气瓶(CNG-2)、铝内胆碳纤维全缠绕复合材料气瓶(CNG-3)、塑料内胆全缠绕复合材料气瓶(CNG-4)等压缩天然气储气瓶、高压储氢气压力容器等。

9.8.2 玻璃纤维复合材料制品

9.8.2.1 玻璃纤维复合材料压力容器的特性

玻璃纤维及其复合材料在高性能纤维压力容器的制造中扮演关键的角色。此类压力容器主要采用全复合材料结构,例如由聚酰胺或高密度聚乙烯(HDPE)制成的内胆,内胆外部缠绕碳纤维或碳纤维/玻璃纤维混合的复合材料,复合材料承受全部的结构载荷。虽然碳纤维复合材料在许多方面都表现出色,但其成本较高,因此在某些应用中,玻璃纤维复合材料可能会因其低成本和良好的力学性能而成为首选。目前,玻璃纤维复合材料压力容器已经在航空航天、军事、化工等领域得到广泛应用。

9.8.2.2 玻璃纤维复合材料压力容器的结构形式

玻璃纤维复合材料压力容器的结构形式主要有圆筒形、球形、环形和矩形四种。其中,全复合材料结构的类型Ⅳ压力容器通常采用聚酰胺或高密度聚乙烯制成的内胆,内胆外部缠绕碳纤维或碳纤维/玻璃纤维混合的复合材料,复合材料承受全部的结构载荷。此外,类型Ⅴ的压力容器内胆完全由复合材料构成。用于缠绕复合材料压力容器的连续纤维一般有E-玻璃纤维、S-玻璃纤维等。同时,抗冲击性能好的玻璃纤维复合材料在容器表面多层缠绕,以及做好外涂层表面处理,进而有效保护压力容器的技术,也在不断提升。

9.9 建筑领域高性能纤维制品

高性能纤维是一类在建筑领域中广泛应用的材料,其具备许多优点和卓越的性能,因此受到了广泛关注和采用。首先,高性能纤维具有高强度和刚度,使其能够有效增强结构的承载能力和抗震性能。相比传统材料,如钢筋和混凝土,高性能纤维的强度更高,质量更轻,能够提供更好的结构支撑,减少结构自重,从而实现更高的安全性和可靠性。其次,高性能纤维具备良好的耐久性和耐腐蚀性能,能够抵抗氧化、化学腐蚀和紫外线等因素的侵蚀,延长建筑物的使用寿命,减少维护和修复成本。此外,高性能纤维还具有优异的热性能和隔热性能。它们能够有效抵御热传导和热辐射,减少热量流失和能源消耗,提高建筑物的隔热性能,降低室内能耗,实现节能效果。总之,高性能纤维具有高强度、轻质化、耐腐蚀、耐久性强、热性能好、隔热性能优越等多种优点。它们被广泛应用于建筑领域,用于加固和增强结构、提高抗震性能、延长使用寿命、降低能耗、实现节能环保等目标。这些优势使高性能纤维成为现代建筑设计和工程实践中重要的建筑材料之一，推动了建筑行业的创新和可持续发展。

9.9.1 住宅设施

9.9.1.1 房屋

混凝土作为常见的建筑材料之一，在高层建筑或大型建筑中的应用较为广泛。钢纤维混凝土由于具有抗拉强度好、抗冲击性能强等优点，故在房屋建筑中的应用也日益广泛。钢纤维对基体混凝土裂缝的萌生及扩展具有抑制作用，其抗拉强度、抗冲击性能及抗弯曲韧性均较强，在房屋建筑工程中，少数特殊部位对钢板的应力及抗冲切要求较高，故需要较大的厚度，如顶柱和楼板接触部的柱帽、桩基承台板等特殊部位的厚度必须符合要求。如果将钢纤维混凝土应用于这项特殊部位，板的抗裂性能、承载力及结构耐久性均会得到大大的提高，并能有效减少板厚。

9.9.1.2 家具设计

碳纤维复合材料具有丰富的设计表现力，能够满足使用者对于家具造型形态多样化与轻量化的需求。其优秀的物理力学性能和高尺寸稳定性以及良好的装饰性，使其在家具设计中有着广阔的应用前景。"C"系列家具来源自比利时，其以碳纤维复合材料为原料制作而成，在远观时呈现出雕塑的形态。制作时先设计椅子模型，然后以碳纤维为材料进行缠绕。整件家具形态轻盈、线条流畅，体现出未来感的特征。碳纤维复合材料具有优异特性且渐趋普遍，引发了许多国内设计师的关注。2015年，出现一款使用碳纤维材料制成的创新家具——"大天地"系列碳纤维椅，造型灵感来自明式南官帽椅，完美结合了东方美学与新材料，引领了国内家具的时尚潮流。

9.9.2 市政工程

9.9.2.1 地铁

玻璃纤维筋作为一种具有抗拉强度高、抗腐蚀性能好、抗电磁性能高、质量轻、热传导能力低、可切割性好等诸多优点的纤维复合材料，可以在某些特定条件下代替普通钢筋。其在盾构机进洞位置处地下连续墙中的应用，实现了盾构机对围护结构的直接削掘，避免了事前破除洞门、切割钢筋等烦琐的预处理工作。利用其与同直径的普通钢筋相比，抗拉性能相当、抗剪性能较差的特征，取代盾构始发井地下连续墙围护结构中的普通钢筋，从而在满足地下连续墙围护作用要求的同时，实现了盾构对围护墙的直接穿行要求，减少了盾构施工时地下连续墙凿除。该施工技术的应用在简化盾构施工工艺的同时，降低了预处理措施带来的安全风险，缩短了地铁工程施工工期，节省了地铁工程施工成本。

9.9.2.2 道路

道路工程中常存在对路面强度要求较高的工况,例如高速公路路面、高等级公路路面、桥梁路面、铁路沿线路面、机场跑道等,使用普通的混凝土难以满足此类工况对路面的性能要求。针对这种现象,各道路工程单位使用在普通混凝土中添加钢纤维掺料的方式,构成具有钢纤维特性的复合混凝土材料。相较于普通混凝土,钢纤维混凝土具有抗拉强度和极限延伸率高的应用优势,并且能够保持出色的抗拉强度、抗弯强度、抗剪强度、抗阻裂性、耐疲劳性、高韧性等性能,常应用于桥面的铺装工作。在对桥面进行铺装的过程中,使用钢纤维混凝土具有很多传统混凝土无法比拟的优势,不仅能够使桥梁路面的抗压性能、耐久性能得到很大程度的提升,而且能够保证施工过程中的安全性。

9.9.2.3 桥梁

碳纤维加强塑料以碳纤维材料为基础,通过特定的工艺与树脂材料复合而成,应力和应变完全呈线弹性,无塑性区。在混凝土结构的加固中常采用碳纤维布,其中的碳纤维长丝沿特定的主方向均匀铺设,非主方向辅以少量的碳纤维丝,抗拉强度约为3550 MPa。在使用碳纤维布加固混凝土结构时,根据加固要求、碳纤维布性能的不同,对应的卷材长度、幅宽、厚度也不相同,可根据实际情况灵活控制,保证加固的有效性。碳纤维板的力学性能良好,如抗拉伸强度高、抗冲击性能好、抗蠕变性能突出、抗震效果优异等,抗拉强度达到普通钢材的10~15倍,但质量仅为钢材的1/5。碳纤维板的多项力学性能优势使其在钢筋混凝土结构的修补中可取得良好的效果,可根据施工要求盘卷,无特殊情况时无需搭接。还有,在桥梁加固中采用碳纤维板时,全程无需使用大型机械设备,且灵活性突出,可以根据实际加固需求对碳纤维板做剪裁处理,得到满足加固尺寸要求的碳纤维板。碳纤维板的耐腐蚀性、耐久性突出,具有耐酸、耐碱的特点,对环境的适应能力强,无需定期维护。碳纤维板的纤维排列更顺直,一块1.2 mm厚的碳纤维板相当于10层碳纤维布的作用,更有利于发挥碳纤维在加固方面的优势。碳纤维板在砖混结构加固中的应用效果更为突出,若采用碳纤维-玻璃纤维混合板,还可提升结构的延伸性。

碳纤维板加固桥梁结构的应用主要是加固混凝土结构,依靠渗透力和黏结性较好的树脂实现。以裂缝的修补为例,先确定裂缝的发生范围,对该处的构件找平,再在清理干净的混凝土面粘贴碳纤维板,连接成一体,以此提高结构的承压性能,保证结构的稳定性。玻璃纤维增强水泥是以玻璃纤维为增强材料,以水泥净浆或水泥砂浆为基体而形成的一种复合材料。该材料不仅可以提高水泥基的抗弯、抗拉强度,还可以提高抗冲击强度,克服了以水泥为基体的建筑材料抗弯、抗拉强度和抗冲击强度低的缺陷。用玻璃纤维加固钢筋混凝土梁具有质量轻、可现场裁剪、粘贴方便、材料不生锈等优点,因此在桥梁加固中得到广泛应用。

9.9.3 水利工程

9.9.3.1 大坝面板

玻璃纤维筋由玻璃纤维、树脂基体及固化剂组成,是采用成型固化工艺复合而成的筋材。玻璃纤维筋的外观形状一般为螺纹形式,纤维含量在70%~80%,密度为1.9~2.2 g/cm³。传统的水库大坝面板均采用普通热轧带肋钢筋,其中的钢筋质量大,安装进度缓慢,所需人力较多。玻璃纤维材料作为新型建筑材料,自面世以来在铁路、建筑、市政等行业领域陆续得到广泛应用。玻璃纤维筋的质量较轻,施工方便、高效,投入成本低于使用钢筋的成本。2019年底,文登抽水蓄能电站参建各方提出将玻璃纤维筋材料应用于水电领域的想法,综合考虑材料性能指标、结构物自身受力特点以及对后期检修维护的影响程度等因素,在技术支撑资料相对完备的条件下,在下库大坝面板采用了玻璃纤维筋的试验和上水库大坝面板大规模使用。

图9-14 玻璃纤维筋绑扎

9.9.3.2 管道修复

油气管道作为石油生产的重要设施,其完整性管理越来越受到石化行业的重视,通过管道完整性检测评价发现管道本体缺陷后,应采取合适的修复方法进行修复,以确保管道效能处于良好受控状态。凯夫拉纤维补强修复材料主要由凯夫拉纤维和配套环氧树脂组成。凯夫拉纤维具有密度低、强度高、韧性好、耐高温、防腐蚀、良好的电绝缘性等特点,不会产生电磁干扰,易于弯折施工。凯夫拉纤管道修复技术使用简单,不需要复杂的安装工具及设备,与管卡式产品相比更为轻便灵活。此外该技术适用广泛,可以永久修复管道内外腐蚀缺陷、裂纹、机械损伤、焊缝缺陷、材质缺陷,对于弯头、三通、管道焊接部位的不平整表面,同样可以修复。目前该技术先进,修复前采用专业的计算机软件进行分析,保证修复管道的可靠性。凯夫拉纤维补强技术可以在不影响管道正常输送的情况下,更加安全地完成管道维抢修施工。

9.10 军事领域高性能纤维制品

高性能纤维是指对外界的物理和化学作用具有特殊耐受能力的一种材料,被称为"第三代合成纤维",其在情报信息和军事装备等国防军事领域起着不可替代的作用,是体现一个国家综合实力与技术创新的标志之一。随着科学技术的迅速发展,各种高性能纤维材料不断涌现,它们在新产品开发与应用中的作用日益重要。高性能纤维材料对新型武器装备的研制生产与应用起到了举足轻重的作用,是现代工业不可缺少的重要组成。

9.10.1 装甲防护应用制品

9.10.1.1 坦克

高性能玻纤、芳纶、陶瓷聚合物、高效多功能防中子内衬材料、碳纤维等,已经成功应用于装甲车上的复合材料。美国的 M1 主战坦克的主装甲使用贫铀合金/Kevlar-29 纤维增强环氧树脂复合材料,同时采用轻质空隙陶瓷板连接前后结构单元,缓冲穿甲弹的冲击,吸收和分散能量。T-80 坦克车体正面采用复合装甲,前上装甲板由多层组成,其中外层为钢板,中间层为玻璃纤维和钢板,内衬层为非金属材料。碳纤维复合材料主要用于制造火炮的身管、大架、摇架、热护套等部件,能够进一步降低火炮质量,提高火炮的性能。德国豹Ⅰ主战坦克的坦克炮采用两段玻璃钢热护套,防止火炮身管因受阳光或射击热量而出现弯曲,提高命中率。碳化硅也被广泛用作军用车辆护甲材料,包括坦克和装甲车,由于其高硬度和耐冲击性能,可以提供优异的防护性能,抵御来自敌方的炮弹和爆炸冲击。

9.10.1.2 舰艇

装甲防护领域如碳纤维装甲舰艇均有应用。装甲舰艇中使用的碳纤维增强基复合材料除装甲防护外,还能提高速度、节省燃料。如美国的"短剑"高速快艇是使用碳纤维增强基复合材料一次成型制造的船体,船体外表光滑,质量大大降低,同时其磁信号特征也非常小,不易触发水雷。即使被鱼雷和导弹击中,碳纤维船体也很难完全解体,可避免毁灭性后果。

9.10.1.3 防弹装备

防弹装备是保障士兵安全的重要屏障,其材料由原始的钢板、铝合金发展到防弹锦纶加铝片或陶瓷片,再到高强度锦纶和芳纶、超高相对分子质量聚乙烯纤维及剪切增稠液防弹材料,防弹性能有了很大突破。其中,作为高性能纤维的芳纶和超高相对分子质量聚乙烯纤维在防弹服上广泛应用。剑桥大学研究人员研制出一种由许多小碳纳米管组成的新型碳纤维,不仅拥有传统碳纤维的优异性能,而且能很好地克服传统碳纤维的缺点。由这种新型碳纤维制作的超级防弹背心,与其他防弹防刺服相比,强度更高,质量更轻,更结实,更擅长吸收高速运行子弹的能量,可最大程度地减小子弹对人体的损伤。我国公安部第一研究所研制的芳纶Ⅲ"金蝉甲"防弹衣的防弹芯片采用国产芳纶Ⅲ材料,通过特定树脂体系和独特加工工艺制成 UD 无纬布叠合而成。该产品达到标准 GA 141—2010《警用防弹衣》的要求。芳纶Ⅲ"金蝉甲"防弹衣与防护等级相同的芳纶Ⅱ防弹衣相比,在减重效果和轻薄程度等方面都具有明显的优势。

应用于装甲车辆的防护板、坦克的防护内衬、防弹头盔、盾牌、防弹衣、防雷靴、防暴毯、防切割手套、轻型复合装甲、战地医院、战地帐篷等,内部掺入超相对分子质量聚乙烯纤维。碳纤维防弹衣的面料有质量轻、结构强度大、导热性好的特点,子弹打到上面,不仅可以迅速分散受力,还可以快速传导热量,减少局部受损情况。碳纤维复合材料还可以用来做防弹衣的夹心材料,也就是防护板。既然碳纤维复合材料可以用来制作飞机上的骨架结构,说明这种材料的强度够大,自然可用来制作防弹衣的防护板。关键是用碳纤维复合材料制作的防护板质量轻,结构强度大,在有效防护士兵生命安全的同时,能尽量减少对士兵行动能力的影响。

9.10.2 装备应用制品

9.10.2.1 导弹

火箭发动机罩、发射助推器、发射筒、防护机体罩、导弹弹头等结构采用了碳纤维/玻璃纤维增强复合材料、芳纶等。我国在研发导弹时运用了碳纤维增强复合材料,比如我国陆基机动洲际弹道导弹东风-31(DF-31)和东风-31A(DF-31A),其弹头都是由碳纤维增强复合材料制成。使用碳纤维复合材料制作的导弹,高强质轻,便于搬运,射程大,落点准确。碳/碳纤维复合材料(C/CFRP)是用来制造洲际弹道导弹的鼻锥、发动机喷管和壳体的优选材料,其不仅具有优异的热力学性能,而且在烧蚀过程中烧蚀率低、烧蚀均匀和对称,能够保持良好的气动外形,有利于减少非制导误差,在美国民兵、三叉戟、MK 等战略导弹上已成熟应用。碳纤维复合材料还应用于固体发动机壳体,如美国的战斧式巡航导弹和大力神-4 火箭、法国的阿里安-2 火箭改型、日本的 M-5 火箭等。

导弹和火箭弹的碳化硅弹头材料,它的高硬度和耐高温性能可以提供有效的穿透能力和毁伤能力,增强弹头的杀伤效果。军事航空领域的高温部件使用碳化硅材料,如发动机喷嘴、尾焰抑制器和燃烧室等,可以承受高温气流和高压力环境,提供稳定的性能和可靠的工作。碳化硅激光器材料用于军事激光器系统,由于其良好的热导性和热稳定性,可以有效地散发激光器产生的热量,避免器件过热。

9.10.2.2 枪械

碳纤维已应用在机枪的枪架及枪管上。采用碳纤维复合材料制备的大口径枪架,可以大幅度减轻机枪质量,提高机枪的机动性。与钢枪架比较,碳纤维复合材料枪架的质量减小了25%。在大幅度减轻机枪质量的情况下,机枪的连发射击散布精度仍能保证且有所改善。普通机枪型号配备表面带凹槽的不锈钢枪管,更高级的机枪型号配备的是 BSF 碳纤维包裹枪管。不锈钢枪管和碳纤维包裹枪管均有 0.75 MOA 精度保证。配备碳纤维包裹枪管的机枪,在连续发射 10 发弹药之后,没有感觉到枪管有明显升温现象。

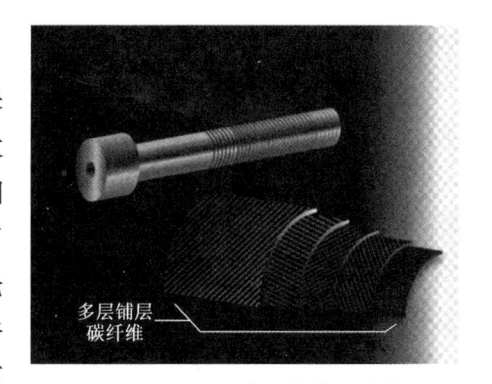

图 9-15 多层碳纤维铺层枪管

9.10.3 场所应用制品

9.10.3.1 雷达

目前,雷达天线罩纤维增强树脂基复合材料的增强材料主要有玻璃纤维、石英纤维、芳纶和聚乙烯纤维等。在众多的雷达波吸波剂中,碳化硅具有耐高温、密度小、韧性好、强度大、电阻率高等特点,同时吸波性能好,能减弱发动机红外信号。天线整流罩、导弹罩、雷达防护外壳罩等,军舰和装甲车缆绳与牵引绳、水雷系留索、降落伞绳等军用绳索,以及飞船结构、浮标部件、特种伞材等,均含有超高相对分子质量聚乙烯纤维。美国 Philco-Ford 公司和 GE 公司分别研制了石英纤维织物增强二氧化硅复合材料(SiO_2/SiO_2),其中 AS-3DX 材料常温时 5.841 GHz 下的介电常数 $\varepsilon = 2.88$,损耗角正切 $\tan\delta = 0.006\,12$,已用于美国"三叉戟"潜地导弹。为满足中远程地战术导弹和战略导弹天线罩需求,国内航天材料及工艺研究所(703 所)、山东工业陶瓷研究设计院等单位研制了石英纤维织物增强二氧化硅基复合材料(3D SiO_2/SiO_2),其密度为 $1.58 \sim 1.61\,g/cm^3$,已在巡航导弹、反导型和战术型导弹及航天飞机雷达上得到应用。

9.10.3.2 **军事基础设施**

高性能纤维材料可以用于制造弹药储存设施的保护层,如碳化硅纤维、芳纶、碳纤维等。这些纤维材料具有良好的抗冲击和抗爆炸性能,可以减少事故发生时的伤害风险;也可用于加固战壕和掩体,以提高其耐久性和防护性能;还可以增强结构的稳定性,并减少来自爆炸、枪火和炮弹等威胁的伤害。军事通信设施中的电缆和光纤传输线路,具有较低的信号损耗和高速数据传输能力,可以提高通信系统的效率和可靠性。高性能纤维也常应用在营房、哨所、医院、军用机场、道路、桥梁、舟桥、库房等军事场所。

9.10.3.3 **军事车辆**

新型车的正面采用复合装甲,包括 8 mm 厚的钢装甲、15 mm 厚的凯夫拉纤维层压板和 22～35 mm 厚的附加装甲,车内采用隔舱化措施。二战期间,美国已经成功研制玻纤/聚酯装甲材料。目前树脂基复合材料应用纤维主要是 E-玻璃纤维、S-玻璃纤维及芳纶。高性能玻璃钢被看作是第一代复合装甲材料,在"二战"时期就开始装备,抗弹能力可达钢材的数倍。最早由苏联研制的 T-64 主战坦克车体使用的是钢-玻璃钢-钢的复合装甲。最早使用复合装甲的装甲车之一即美国陆军主战坦克 M1 使用了芳纶层压板与钢板复合作为装甲,可防破甲厚度约 700 mm 的反坦克导弹,还能减少被破甲弹击中后驾驶舱内形成的瞬时压力效应(图 9-16)。装甲车内的关键部位也可以装备芳纶复合材料,提供装甲防护。

图 9-16 芳纶层压板与钢板复合装甲的 T-64 坦克

9.11 航空航天领域高性能纤维制品

进入 21 世纪,航空材料正朝着高性能化、高功能化、多功能化、结构功能一体化、复合化、智能化、低成本以及与环境相容的方向发展。航空航天飞行器长期在大气层或外层空间运行,需要极高的可靠性和安全性、优良的飞行性和机动性,除了优化结构满足气动需求、工艺性要求和使用维护要求外,更依赖材料的优异特性和功能。高性能纤维及其复合材料具备强度高、质量轻、耐各种深空极端环境(如强射线、强粒子流冲击、高低温循环)等多项优异性能,是结构轻量化的首选材料,也是极端服役环境中不可替代的功能材料,可以有效改善航空器或航天器的性能及运行效率,主要应用于航天服、航空航天器的结构材料、隔热材料,还可用于运载火箭的壳体。

9.11.1 航天类高性能纤维制品

9.11.1.1 航天员舱外活动装备(EMU)/航天服

航天服结构,从内层到外层,大致分为内衣舒适层、保暖层和隔热层、通风服和水冷服、气密限制层及外罩防护层。高性能纤维在保暖隔热层、气密限制层和外罩防护层均有广泛应用。目前,航天服使用的高性能纤维制品主要由芳纶、聚四氟乙烯纤维、碳纤维、聚酰亚胺纤维等制得。

保暖隔热层一般采用高性能纤维制备,如 Nomex® 纤维。Nomex® 纤维的玻璃化温度为 275 ℃,具有优良的耐热性能,而相对较低的比热值则显示出良好的热绝缘性能。美国使用的 Nomex® 纤维热绝缘层证明可以适应极端高温或低温的环境条件,同时 Nomex® 纤维的模量为 123 cN/dtex,断裂伸长率为 22%,可承载冲击负荷,并在负载条件下表现出很好的稳定性。美国阿波罗-9 号和阿波罗-11 号使用的太空服面料的多层结构中均配置了两层 Nomex® 纤维热绝缘层。

气密限制层分为气密和限制两部分,限制层需选用强度高、伸长率低的织物,常用芳纶 1313 和聚酰亚胺纤维等。这一层结构的选材和设计都比较难,是航天服的关键层。它既要充气加压使身体有足够的压力,不能漏气,又不能使服装过于膨胀,防止外界的磨损,还要使各关节活动自如。美国的宇航服选用了凯夫拉纤维。

外罩防护层需要具备很高的抗紫外线辐射和耐粒子流等性能,主要采用具有一定防辐射性能的碳纤维、聚酰亚胺纤维和 Nomex® 纤维等。美国火星宇航服热机械性能结构材料层部分耐冲击、耐刺破以及阻燃和耐高温织物层选用了凯夫拉纤维、Nomex® 纤维和 PBO 纤维,而耐高能辐射层则使用 60% 的碳纤维和聚醚醚酮纤维的复合材料。与阿波罗探月飞行和航天飞机使用的航天服比较,火星航天服明显轻量化,其厚度可控制在 4.8 mm 左右。与美国、俄罗斯的半硬式舱外航天服相比,我国自主研制的"飞天"航天服外防护层织物为独特的 PTFE 纤维和 Nomex® 纤维长丝双层复合结构,具有良好的综合防护性能。

9.11.1.2 人造卫星

卫星使用的材料必须满足高刚度、轻型化和抵抗热变形三个方面的要求。常见的铝合金的热膨胀系数较高,玻璃纤维复合材料的比刚度较低,芳纶复合材料的比模量较低等,在卫星应用方面均受到一定限制。高模量碳纤维复合材料的热膨胀系数几乎为零、质轻,因而是目前开发卫星结构的首选材料,主要用于制备卫星主次结构、太阳能电池板、天线结构及桁架结构。

卫星本体结构是卫星最重要的部分。由高模量碳纤维复合材料制成的结构,模量与密度比值更高,能适应不断增加的卫星本体结构设计趋势,其刚度和弹性模量较高,可保证主星的稳定性和功能性,使卫星在轨运行过程中不受仪器震动、空间热应力与发射系统共振等的影响,保持材料的尺寸稳定性及信息反馈的精确性。我国的"东方红三号"卫星、"资源一号"卫星和"资源二号"卫星的承力筒采用 M40 碳纤维树脂基复合材料,"亚太二号"卫星使用的是 M60J 碳纤维复合材料圆柱壳体。

高模量碳纤维复合材料制得的桁架结构,承载强度高、尺寸稳定性好。桁架结构由可拆卸式的桁架杆件及桁架接头构成。高模量碳纤维的比强度、比刚度更高，膨胀系数几乎为零，是复合材料接头的理想材料。由该材料制得的桁架结构在受到外力作用时可以在保证设备的相对位置保持不变的同时，确保高精度安装及在轨的稳定性。国外的桁架结构多采用钛合金和碳纤维复合材料，我国CZ-2E卫星的对接支架采用碳纤维复合材料。

高模量碳纤维复合材料制得的卫星天线罩，不仅能保证自身的强度和刚度，还具备良好的透波性和电绝缘性。传统的金属材料难以达到如此优异的综合性能。美国"通信卫星"(GSAT-702)天线罩由碳纤维增强聚合物复合材料制成，其厚度仅为4 mm左右，质量也仅有5 kg左右，远低于传统的铝合金材料。碳纤维本身具有较强的导电性，所以整个天线罩的透波率较高，可使信号传输距离更远，提高了卫星的通信能力。

卫星部件的内隔离层可用玻璃纤维制备，以便对卫星进行有效的热管理。Jason-3地球观测卫星使用了美国和欧洲气象卫星组织研发的专用于测量海洋表面高度的微波辐射计，其高温隔热贴片采用精细玻璃纤维非织造材料作为内隔离层，从而能对卫星进行有效的热管理。

卫星部件的内隔离层可用玻璃纤维制备，以对卫星进行有效的热管理。在Jason-3地球观测卫星中，使用了美国和欧洲气象卫星组织研发的专用于测量海洋表面高度的微波辐射计，其高温隔热贴片中便采用了精细玻璃纤维非织造材料作为内隔离层，从而能对卫星进行有效的热管理。

运载火箭整流罩一般为面板蜂窝夹层复合结构，包括面板和蜂窝夹芯两部分。在面板方面，国内外常用的高性能增强材料包括碳纤维、玻璃纤维和芳纶等与树脂材料复合制成，具有抗冲击性强、耐腐蚀性强和耐热性能优异的特点。石英玻璃纤维是介电性能最优的玻璃纤维，其介电性能在较宽的频带范围内基本不变化，可实现整流罩的宽频透波性，在高温下透波性能优异，目前国外先进整流罩大多已采用石英玻璃纤维作为增强材料。在蜂窝夹芯材料方面，先进复合材料常采用Nomex®纸蜂窝、玻璃钢蜂窝、铝蜂窝等，具有低导热系数，力学性能优异等特点。

固体火箭发动机中，高性能纤维在壳体的应用优势主要体现在其优异的强度与刚度。在壳面的应用主要体现在其良好的烧蚀防热性能。壳体部分主要使用玻璃纤维、芳纶和碳纤维等高性能纤维与树脂复合。用于固体火箭发动机壳体的玻璃纤维主要为高强玻璃纤维(S-玻璃纤维)，其特点是高强度、低密度、高比强度、耐高温、阻燃、复合材料纤维强度转化率高等。我国"开拓者一号"(KT-1)固体小运载火箭第二级和第三级发动机为玻璃纤维复合材料壳体。随着对壳体刚度等要求的提高，T800、T1000等型号的高强碳纤维成为制造固体火箭发动机的主要材料，其中T1000等高级别碳纤维材料更是制造性能优异的固体火箭发动机的关键。壳面中烧蚀材料能在高温和高速气流作用下保护结构材料不被腐蚀和烧毁。陶瓷是烧蚀材料中的佼佼者，而纤维补强陶瓷材料是最佳选择。高弹性模量的纤维(如碳纤维、硼纤维、碳化锆纤维和氧化铝纤维)制成的碳化物、氮化物复合陶瓷是性能优异的烧蚀材料，成为航天飞行器的"不破盔甲"。

9.11.2 航空类高性能纤维制品

9.11.2.1 飞机

碳纤维复合材料在现代先进飞行器的结构制造中占据了主要地位,主要应用于飞机的骨架层和蒙皮层,起到减重增强及吸波作用。一方面,碳纤维复合材料的应用,可减轻飞行器的结构质量,使其密度降低的同时提升强度。碳纤维复合材料以其轻质高强的优势大量取代金属材料,改善了飞行器的性能和运行效率。客机 B787 上的碳纤维增强复合材料和玻璃纤维增强材料已占全机结构质量的 50%,可节省燃油 20%。另一方面,碳纤维基增强体可有效改善客机的结构强度,并可有效地覆盖客机的舱门、客货舱的地面等部分。飞机上常用的碳纤维增强复合材料是树脂基复合材料。图 9-17 所示为 A380 上的 CFRP 材料应用分布。除了环氧树脂基/酚醛树脂基、CF/GF 等基体,中国 C919 大型客机也采用芳纶蜂窝等增强体。再者,吸波性能主要体现在飞机蒙皮的应用中。蒙皮是飞机重要的雷达反射源,主要采用层合结构,其夹层常以高性能纤维作为基材,由碳纤维制备得到的夹层承力很大,且为飞机内部提供很好的隔热保护,同时凭借其电磁和力学性能的独特优势,对雷达产生的超声波进行吸收,极大地提高了飞机的隐身性能,使战机更有效地躲避敌方的雷达。目前,该材料在各类飞机的机翼、机身等主承力结构到蒙皮、飞机雷达罩、舱门、整流罩、垂直尾翼、水平尾翼、进气口、扰流板及方向舵等承载小的部件上,都有广泛应用,如表 9-4 所示。

图 9-17 高性能纤维制得的复合材料在 A380 上的应用分布

表 9-4 碳纤维增强复合材料在各航空器上的应用

类型	可应用部位	部分代表性机型	所用部位及材料
民用飞机	(1) 主要承力部件:机身、机翼、平尾、垂尾等 (2) 部分非承力部件:飞机雷达罩、舱门、整流罩、垂直尾翼、水平尾翼及方向舵等	波音 B787	机身、机翼为碳纤维增强树脂基材料(T800S/3900-2B)
		空客 A350	机身、机翼为碳纤维增强树脂基材料(IMA/M21E)
		湾流 G650	水平尾翼、垂直尾翼、升降舵和方向舵由 CF/PPS 热塑性复合材料构件焊接而成
		C919 客机	机身和平尾尾为 T800 碳纤维增强复合材料,翼前后缘、活动翼面、翼梢小翼、翼身整流罩等部件采用碳纤维增强复合材料

(续表)

类型	可应用部位	部分代表性机型	所用部位及材料
军机	(1) 主要受力构件：垂直尾翼、水平尾翼、进气口、鸭翼以及机翼、机身等 (2) 其他部位：翼肋、襟翼、缝翼、扰流板	国外的 F-15、F-16、Mig-29、幻影 2000 等军机和国内第三代歼-10 的鸭翼结构	碳纤维增强复合材料
		上海飞机制造有限公司 A400	舱门外蒙皮为碳纤维/环氧树脂层合板结构，起落架、内外侧副翼、中央翼等部位为中模量碳纤维/环氧树脂材料
无人机	机翼、尾翼、发动机短舱、机身	中大型无人机	主体受力骨架采用金属，其余采用复合材料
		中小型无人机	碳纤维、玻璃纤维以及碳纤维、玻璃纤维混杂材料
		无人战斗机（翼身融合布局）	碳纤维
		小型低速无人机	玻璃纤维、纸蜂窝、木质材料
		微小型无人机	碳纤维、Kevlar
直升机	旋翼、机体前部组件、尾梁、主桨叶、机翼蒙皮、直升机尾翼部件等	RAH-66 直升机	机体为碳纤维/环氧（IM7/8552）复合材料，机体前部组件、尾梁、主桨叶等也大量采用碳纤维复合材料
		NH-90 直升机	旋翼为碳纤维和玻璃纤维增强复合材料
		H-160 直升机	桨毂中央件采用碳纤维增强聚醚醚酮树脂基热塑性复合材料

芳纶和玻璃纤维等复合材料制品也常用于航空器的部件中。如美国"捕食者"无人机 2022 结构几乎全部采用复合材料，包括碳纤维、玻璃纤维、芳纶复合材料及蜂窝、泡沫、轻木等夹层结构，用量约为结构总质量的 92%。机身大量采用碳纤维织物/Nomex® 蜂窝夹芯结构加筋壁板。芳纶强度高、质量轻并具有一定的耐腐蚀性，也可用于飞机、航天器的机身、主翼、尾翼等结构件的制造。随着航天材料要求越来越苛刻，芳纶逐渐由承受冲击力的结构部件发展到二次结构材料，如机舱门窗、整流罩体表面以及机内天花板、隔板、舱壁、行李架、座椅等。此外，玻璃纤维还可作为纤维预浸料，与其他材料叠合热压而形成层状复合材料，或者与金属材料制成蜂窝夹层复合材料，用于翼面、舱面、舱盖、地板、发动机护罩、消声板、隔热板等（图 9-18）。我国的 A400M 平尾前缘设计采用额外四层玻璃纤维铺层进行区域加强，用以改善力学性能，承受鸟撞载荷。

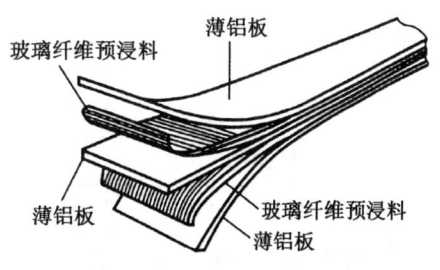

图 9-18 玻璃纤维增强铝合金层压板

玻璃纤维等无机纤维也常用于航空器的部件中,主要体现在吸声和隔热两个方面。机舱内的降噪处理十分必要,因为航天飞行器的巨大噪声不仅会对舱内人员的健康造成危害,还可能损坏飞行器自身结构。目前,飞行器普遍使用轻质玻璃纤维棉毡作为吸声材料,具备优异的隔声性能和质轻、多孔、疏松等优点。飞机机体的隔热材料也十分重要。为了保护只能耐受177 ℃的铝合金外壳,飞机的外蒙皮采用了大量以无机纤维为主要材料的绝热瓦。例如,适用于飞机的高级柔性重复使用表面绝热材料(AFRI),其结构是两层玻璃纤维布中间夹一层二氧化硅纤维毡(1~5 cm厚),并用二氧化硅玻璃线缝制,一次使用温度高达1000 ℃,多次使用温度可达750 ℃。近年来,利用碳纤维增强聚合物复合材料制备热防护层,已成为一个热门的研究方向。如美国X-38C空天飞行器机身表面采用碳纤维增强聚合物复合材料制作的热防护层,取得了不错的效果。

连续玄武岩纤维复合材料在航空器中也有少量应用,因其具有质量轻、高的比强度和比刚度、优良的耐高低温性能、耐老化和耐腐蚀、适应空间环境等优异的性能,可应用于飞机机身、地板、门、座椅、内饰件、发动机零件。

9.11.2.2 航空发动机

航空发动机部件的工作温度高,需使用高温结构材料,常采用高温陶瓷纤维/高温陶瓷复合材料(HTCf/HTC)复合材料。为了提高航空发动机的效率,必须提升其工作温度。该材料在高温下有足够的强度,且有良好的抗氧化能力和抗热震性,可应用于整体燃烧室、叶片、排气喷管、涡轮间过渡机匣、尾喷管等。发动机系统的保温吸声、气体动力装置排气通道吸声材料等,也可采用连续玄武岩纤维隔热/吸声薄板。

民用航空发动机的风扇叶片、风扇机闸、反推装置、短舱部件等结构件也广泛应用碳纤维复合材料,如表9-5所示。因为碳纤维不仅比模量高、密度小,也是一种优异的热学材料,其导热系数很低,可以有效地降低发动机的摩擦损失,提高燃油利用率,还能够满足发动机减重和降噪的需求。

表9-5 部分民用航空发动机碳纤维增强复合材料使用情况

发动机型号	使用部位	材料名称
PW4084	风扇叶片垫块	碳纤维/环氧树脂
PW4168	反推装置、短舱部件	碳纤维/环氧树脂
GEnx	风扇机匣	T700碳纤维/PR520
BR710	压气机可调静子叶片衬套	碳纤维织物增强聚酰亚胺
GE90/GEnx	风扇叶片	IM7/8551-7
LEAP-X	风扇叶片	IM7丝束/PR520
TRENT-1000	风扇叶片	IM7/M91
超级风扇(UltraFan®)	风扇叶片	碳纤维/韧性树脂

9.12 轨道交通领域高性能纤维制品

高性能纤维在轨道交通中被广泛应用,如高铁、电动汽车的电池盒、道路建设、轴承等。高性能纤维主要包括碳纤维、玻璃纤维、芳纶、玄武岩纤维和超高相对分子质量聚乙烯纤维等。高性能纤维具有高强度、高模量、低密度与耐腐蚀等多种综合性能,可以满足轨道交通方面高力学强度、减振降噪、碰撞吸能、耐疲劳、耐环境腐蚀等多重设计指标,而且高性能纤维与其他材料的复合材料具有高比强度与刚度、隔热、耐疲劳、阻燃、耐腐蚀、可设计性强等优点,是轨道交通应用的主要材料之一。另外,随着高性能纤维制造的越来越便捷及各种各样使用功能的增加,高性能纤维在轨道交通方面的用量持续上升。

9.12.1 高铁领域应用制品

9.12.1.1 高铁轻量化车体

实现车体结构质量减轻的重要方法是轻量化选材。与钢、铝等传统金属材料相比,以碳纤维复合材料为主的先进复合材料,在轻量化、节能、电磁屏蔽、碰撞吸能等方面,具有明显的优势。传统的高铁前端车罩采用的是玻璃纤维材质,其强度和质量都不及碳纤维和碳纤维复合材料,同时在采用碳纤维复合材料制作的过程中,会添加泡沫夹芯材质,获得更好的保温、隔声效果。目前,高铁前段车罩结构为外部加蒙皮、内部夹芯板。碳纤维制品相比于传统产品,能起到非常高的减重效果。另外,碳纤维罩体的耐腐蚀性更好,这得益于碳纤维耐酸耐碱的优势,使得高铁车头体在使用中有更好的寿命表现。在车身结构件中,比如高铁侧墙板,采用碳纤维复合材料能够进一步降低车身的质量,耐腐蚀性更好,并且能够做到一体成型,使得高铁整体的流动性更好,能够更好地高速运行,同时延长高铁的使用寿命。

高铁上的内部结构件,比如高铁的驾驶舱,整体采用碳纤维材质,这使得整车的质量大大降低,还提升了整车的性能优势,更好地降低能耗。另外,碳纤维制品的稳定性更好,能够保证各向数据的呈现比较完善。还有,窗把手、写字板支架、门把手、推拉门导轨等受力件,在过去大部分是由金属材质制成的,不仅质量大,并且在使用过程中会出现磨损、腐蚀等现象,不仅影响外观,对使用寿命也会造成严重影响。当这些产品采用了碳纤维材质,就能有很好的表现,也会有更高的使用寿命,不容易腐蚀。

9.12.1.2 高铁电力传输材料

接触网支撑杆是高铁接触网的重要组成部分,负责支撑和固定接触线。高性能纤维如碳纤维和玻璃纤维可以用于制造接触网支撑杆,利用其高强度、高刚性和耐腐蚀等特性,提高支撑杆的强度和稳定性,确保接触网的正常运转。

受电弓滑块是高铁受电弓的重要部件,负责将电流传输到列车上。由于受电弓滑块需要在高温、高压、高速等极端环境下工作,因此需要使用高性能纤维材料。例如,碳纤维复合材料可以用于制造受电弓滑块,其具有的高强度、轻量化和耐腐蚀等优点,可以提高受电弓滑块的性能和使用寿命。

高铁列车电缆需要承受高速运行中的震动和冲击,同时还需要承受恶劣环境下的腐蚀和老化等影响。高性能纤维如聚酰亚胺纤维可以用于制造电缆保护套,利用其高耐温、高绝缘、耐腐蚀等特性,提高电缆的防护能力和使用寿命。

9.12.2 汽车领域应用制品

9.12.2.1 汽车轻量化

将多种轻量化材料进行集成应用,尽可能地降低汽车的质量,从而提高汽车的动力性能,减少燃料消耗、降低废气污染。实验表明:汽车的质量降低10%,可使燃油效率提高6%~8%,每减少100 kg,可使100 km的油耗降低0.3~0.6 L,CO_2排放减少5 g/km。

汽车生产巨头们一直是碳纤维增强复合材料(CFRP)的引领者和推动者。采用碳纤维增强复合材料替代传统的金属材料,能使汽车的底盘和车身减重40%~60%,其应用范围已从最初的高端轿车继续延伸至普通轿车及大型客车等领域;全碳纤轮毂比锻造合金轮毂轻了35%,可显著降低整车的质量;另外,CFRP制动盘的制动稳定性能十分优异,可在50 m距离内将汽车的行驶速度由300 km/h减至50 km/h,而且并不受此过程中制动盘温度急剧上升至900 ℃的影响。此外,保险杠、车顶、前脸部件、发动机罩和隔音板等汽车部件可以采用热塑性或热固性树脂作为基体的玻璃纤维增强材料(玻璃钢)来制作,其质轻、高强、绝热、隔音、防水、易着色、成型方便等特点非常适合用于制造轿车、客车、货车等车身及配件,能够达到减轻自重、提高车辆强度的效果。

9.12.2.2 轴承

近年来,随着电动车驱动系统的小型化、轻量化,以及驱动电机高效率化的市场需求不断加大,对驱动电机支撑用球轴承提出了更高转速的要求。将高性能纤维运用到轴承中,可以显著提高轴承的性能。

为了抑制大直径轴承高速旋转产生的大离心力所导致的变形,汽车用轴承首次采用碳纤维强化聚醚醚酮作为轴承保持器用材料,实现了高速稳定旋转,避免了超高速运转时保持架的变形,大幅提高了保持器的耐久性。

9.12.2.3 电池盒

随着汽车轻量化进程的发展,碳纤维复合材料在汽车特别是新能源车中的应用也越来越多。目前,大型电动车辆的电池箱体材料多采用钢板焊接组合而成,但小型电动车一般采取底盘悬挂式电池包,对整车质量尤其电池包的质量要求非常高,因此需要采用碳纤维复合材料制作这类质量轻、强度大的电池箱体,以分担电池包的质量压力。

动力电池箱体首先是个承载体,需要能承受住整个电池包的质量,小型纯电动车的电池包总质量大多在150～200 kg,动力电池箱体在承受这些质量的同时,必须尽量减轻自重,否则还是会增加整车质量,不利于车辆的节能环保。碳纤维复合材料相较传统的钣金件具有更好的效果。首先,碳纤维密度是钢的五分之一,强度却是钢的数倍,与铝合金相比,也能减重30%以上。以国内某公司的某款碳纤维电池箱体为例,整个电池箱体容积约为35 L,壁厚2 mm,但质量仅为2.7 kg,与传统钢结构材料制作的电池箱体相比,大约能减重80%,在强度和荷载力上仍能达到甚至远超原有的技术要求。其次,碳纤维符合材料具备更高的可设计性,不同的铺层方式具有不同的荷载力,不同的角度取向能够根据承担荷载的类型选择,能最大程度地利用纤维轴向的高性能,这种可调整变化的荷载应对性使得碳纤维复合材料的应用更加灵活。

9.12.3 路桥建设领域应用制品

9.12.3.1 提升路桥使用寿命

玻璃钢可做成板,也可织成布。比如用玻璃钢制成梯形或六角形空心长筒,再把它们黏合成整体,形成"蜂窝桥面板",然后横铺在主梁上构成行车道板,其质量仅相当于混凝土的1/5,可大大减轻桥梁自重,相当于提高了承载能力;玻璃钢还可做成永久性桥墩模板,在腐蚀环境中更能发挥其抗腐蚀优势,大大提高桥墩耐久性;在加固桥墩立柱时,可用玻璃丝布将立柱缠绕起来,分层用环氧树脂浸透,可以为立柱砼提供侧限,同时起到保护作用;用玻璃钢制成各种土工织物即玻璃纤维土工格栅,可解决道路建设中的诸多问题。

道路专用玻璃纤维土工格栅是一种增强道路路面的新型优良基材,它采用纤维长丝双面涂敷而成,具有很高的纵横向抗拉强度,延伸率低,耐高温。经表面处理之后,抗碱性较高,可应用于沥青混凝土路面和水泥混凝土路面工程,有效防止了道路反射裂缝、龟裂、网裂等质量通病。

9.12.3.2 路桥建设与修补

芳纶属于芳族聚酰胺纤维,其分子结构具有很高的伸直平行度和取向度,具有很高的强度和模量,以及良好的热稳定性、耐腐蚀性和防潮性。高性能芳纶增强复合材料具有强力高、伸长小、质量轻、柔软、寿命长等特点,代表性产品主要包括用于路桥建设的芳纶布、筋棒和芳纶混凝土等。这些材料除了具有一般复合材料共有的轻质高强、高弹性模量、耐腐蚀等特点外,还具有非常好的抗冲击、抗剪切、抗疲劳、延展性、电绝缘性特点,是一种理想的加固修补材料。在桥梁加固方式包括抗弯和抗剪,其中在进行抗弯加固时,芳纶纤维方向与梁的轴向一致,一般贴在梁的受拉侧,以提高梁的承载能力。据试验表明:贴一层芳纶布可提高承载30%,贴两层可提高40%。在进行抗剪加固时,芳纶布的纤维方向与梁轴向垂直。使用该种材料进行加固修补后,可节省大笔维修费用,且其本身可以起到对内部混凝土结构的保护作用,达到双重加固修补的目的。

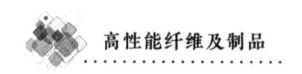

将芳纶编成束,经过树脂浸渍和热处理制成直径约 3~16 mm 粗的筋棒。这种筋棒能够承受 8~250 kN 的拉力,极限拉伸率为 2.0%,同时具有极高的抗酸碱腐蚀性能,可以弯曲成很小的半径,作为螺旋筋使用。该复合材料可被制成桥墩构建,并起到加固桥梁的作用。在混凝土中加入一定量的芳纶短纤,可制成增强混凝土,该材料除了强度高、质量轻以外,还能耐盐类腐蚀,可延长建筑物寿命,用于路桥建设中可实现普通混凝土达不到的效果。

9.13 能源领域高性能纤维制品

从全球低碳经济进程看,结构的轻量化是应对全球气候变化、保障能源供应的重要手段。高性能纤维是轻量化的首选材料,其中的碳纤维已应用于光伏制造、风电、节能减排等能源领域,正逐步成为实现"双碳"战略目标的重要途径之一。

9.13.1 光伏碳/碳热场材料

9.13.1.1 碳/碳复合材料

碳/碳复合材料以碳纤维及其织物为增强材料,以碳为基体,其制备工艺主要有两种方法:化学气相法和液相浸渍-炭化法。新型的碳/碳复合材料具有使用寿命长、稳定性高、节能效果好、易于超薄加工及可加工成异型结构等优势,并且随着其生产规模的扩大,价格明显下降。碳/碳复合材料的强度远大于石墨材料,其尺寸稳定性、耐冲击性、抗震性和综合力学性能都优于石墨材料。碳/碳复合材料可根据产品需要编织出任意尺寸和形状的预制件,再通过一定的增密工艺(浸渍或气相沉积)制造出所需产品,因此产品尺寸越大,其性价比越高。碳/碳复合材料的导热系数低至 30 W/(m·K)以下,大幅低于石墨的 80~140 W/(m·K)。这一特性使碳/碳复合材料导流筒更能加速硅棒生长,保温筒能降低热量损失,进而降低单晶炉运行功率,节省电费。

表 9-6 碳/碳复合材料与石墨材料物理特性对比

物理特性	碳/碳复合材料	石墨材料
密度/(g·cm^{-3})	1.64~1.69	1.72~1.90
孔隙度/%	2~15	9~12
热导率/(W·m^{-1}·K^{-1})	100	70~130
断裂韧度/MPa	13	1
耐压强度/Pa	11~33	4.2~22
抗弯强度/MPa	16~42	1.3~7

9.13.1.2 碳/碳复合材料的工艺优化

针对碳/碳复合材料结构件和保温件在使用过程中出现的氧化问题,可以采用碳化硅涂层技术,来提高碳/碳复合材料的使用效果和寿命。通过选择增强体的种类、控制基体碳的形式、调节碳纤维取向、热处理温度等加工工艺参数,可以获得性能各异的碳/碳复合材料制品用作光伏设备的不同部件。

9.13.1.3 碳/碳复合材料的应用

其在光伏行业的应用主要包括:多晶硅氢化炉用内、外保温筒、U型加热器、保温板,多晶硅铸锭炉用盖板、坩埚护板、坩埚底托、保温板,直拉硅单晶炉用坩埚、导流筒、发热体、盖板、底托、内外保温筒等。

9.13.2 风电应用制品

9.13.2.1 风电叶片

开发大型化、轻量化和低成本的风电叶片是近来的趋势。风电领域应用复合材料初期,增强体一般选用价格较为低廉的玻璃纤维,基体则主要使用不饱和聚酯树脂;为满足叶片的大型化、轻质化要求,从成本方面考虑,增强体逐步开始采用碳纤维与玻璃纤维混杂的方式,基体树脂则以环氧树脂为主;近年来,随着叶片尺寸进一步加大,对叶片强度和刚度提出了更高的要求,特别是风电叶片主梁,作为承担叶片载荷的主要结构,叶片的承载能力直接取决于主梁的结构强度与刚度,叶片主梁用增强材料开始纷纷由玻璃纤维或玻碳混杂纤维转向碳纤维。当前,叶片上应用的碳纤维多选择48~50 K的大丝束。风电领域用碳纤维主要型号及性能参数见表9-7。

表9-7 风电叶片用碳纤维主要型号及性能参数

厂家	东丽	三菱	台塑	拓展	精功	中复神鹰
牌号	T620S	TRW4050L	TC35	TZ300	G4524	SY45
丝束	24 K	50 K	48 K	24 K	25 K	24 K
拉伸强度/MPa	4400	4100	4000	4200	4000	4500
模量/GPa	235	240	240	240	240	230

目前,大丝束碳纤维已经部分应用于叶片梁帽、叶根、蒙皮全表面,未来碳纤维及其复合材料在风电叶片领域必将更广泛地使用。

9.13.2.2 风机导流罩

在风电机组中,导流罩具有保护风机装置及减阻汇流的作用,海上风电对导流罩防腐性能、刚度、强度及轻量化有强烈的需求。随着风机机型的持续增大,海上风电对风机导流罩的尺寸、运输、成本及综合性能要求越来越高。

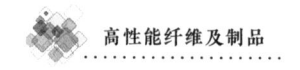

碳纤维复合材料风机导流罩结构/材料/功能一体化设计方法,在满足刚度性能的条件下,与风机钢制导流罩作对比,最大应力降幅为24%,汇流风量增幅为9.1%,轻量化效果显著提高。

9.13.2.3 栓接连接件

现有高性能复合材料栓接连接件多为小规格(一般M20以下),通常利用高性能纤维增强热塑性树脂基复合材料及连续纤维增强陶瓷基复合材料等材料体系经过热拉挤成型、对模成型、机械加工、模压成型、缠绕成型、三维编制、注塑成型和拉挤-缠绕成型等方式制备。复合材料栓接连接件的某些力学性能(如抗拉强度等)达到了常规金属栓接连接件的性能要求,并且具有质轻高强、耐腐蚀、抗疲劳、电气绝缘等显著优势的高性能纤维复合材料栓接连接件在海上风电扮演着越来越重要的角色。

9.13.2.4 风电运维无人机

在风电运维无人机方面,我国已达到世界领先水平,所用材料通常为国产碳纤维及碳纤维与玻璃纤维、芳酰胺纤维、超高相对分子质量聚乙烯纤维、玄武岩纤维等组成的混杂复合材料。中国电子科技集团公司第53研究所研制的复合材料连接轴具有高强度、高刚性和高疲劳强度等优点,产品综合指标达到或超过国外同类产品,广泛应用于1.0 MW和1.3 MW等不同功率的风力发电机。国网智能研究院通过高强度玻璃纤维混杂技术,研制了具有一定价格优势的高强度玻璃纤维/碳纤维混杂增强复合材料芯导线,达到国际先进水平。

9.13.3 节能减排应用制品

9.13.3.1 飞机制造

目前,新型飞机制造都采用碳纤维复合材料和芳纶蜂窝材料。碳纤维复合材料一般作为硬质表层或主受力结构件,芳纶则以蜂窝形式用于夹芯或作为次受力结构件。这些材料的共同特点是轻质高强,用这些材料取代传统铝材,可以实现更好的燃油效率和更低的维护成本。

9.13.3.2 导弹发射发动机

在洲际导弹方面,发动机轻量化是提高射程的有效方法。高性能纤维增强的树脂基复合材料能够满足在射程不变的情况下,减轻发动机质量,可以降低推进剂的使用量,达到节能,现已装备于多种战略战术导弹发动机,如美国三叉戟系列导弹及法国M-4潜地导弹的部分发动机壳体都采用凯夫拉芳纶增强的环氧复合材料,发动机质量比达到0.91以上。俄罗斯的SS-24、SS-25及当前技术最先进的"白杨-M"(即SS-27)等洲际导弹发动机壳体采用APMOC芳纶作为增强材料,发动机质量比达到0.92以上。还有些新型导弹发动机壳体采用碳纤维增强,如法国M51潜射导弹,美国三叉戟-ⅡD5潜射弹道导弹等。

9.13.3.3 汽车储氢罐

伦敦大学和沃尔沃公司合作将碳纤维复合材料制成一种新型电池材料的研究项目，这种电池材料预期可用于混合动力和电动汽车，使车身质量轻、能源效率高、充电间隔时间更长、驾驶距离更远。奔驰 B 级燃料电池车的储氢罐使用碳纤维耐压壳体，在 2.2 倍正常压力下可以保证碰撞时的密封性。此储氢罐置于车身中部的底板下。

9.13.3.4 汽车轮胎

芳纶增强轮胎具有使用寿命长、安全系数高、滚动阻力小等优点，成为轮胎发展的里程碑。如日本帝人公司通过应用其 Sulfron3001 芳纶，轮胎的滚动阻力可以降低 15%~30%。杜邦公司也表示，用芳纶制作的轿车子午胎带束层可降低轮胎滚动阻力 5%~7%，节油效果明显。目前，米其林、普利司通、固特异、倍耐力等知名轮胎生产企业都推出了应用芳纶材料的轮胎。

9.13.3.5 汽车车身和零部件

采用碳纤维复合材料部分代替金属材料，是实现汽车轻量化最有效的办法。汽车制造采用碳纤维复合材料可以使汽车质量降低 40% 以上，据了解，汽车结构减重 10%，可节约燃油 7%。在等刚度或等强度下，碳纤维复合材料可比钢、镁铝合金减重很多，同时碳纤维的安全性能、抗疲劳性能更优异，此外碳纤维复合材料结构的整体成型、设计性更强。表 9-8 所示为碳纤维在汽车上的应用实例。

表 9-8 碳纤维在汽车上的应用实例

公司	车型	部位
通用 GM	C8	发动机饰盖
通用 GM	载重汽车	传动轴
宝马	I3,I8	车厢主体座舱
宝马	Z-9,Z-22	车身
宝马	M3	顶盖和车身
日产	Shyline GT-R	外装（后备箱车盖）
丰田	MARK Ⅱ	内装
雅马哈	SRC 新概念跑车	底盘
大众	2L 车	车身等
发过 SP	Boxster S	发动机罩盖
Daimler	Dodge Viper	挡板支架系统
SGL Carbon AG	Porsche AG	碳纤维-陶瓷制动盘
福特	野马 Shelby GT350R	轮毂

9.13.3.6 轨道交通零部件

列车车体结构的质量在整个列车中所占的比例较大，因此提高列车速度最直接的方法就是实现车体结构的轻量化。高性能纤维增强复合材料在轨道交通中的应用主要是车体、承力构件、内饰、刹车片等,还应用于轨枕、地铁支撑防护系统、轨道电缆支架等。

日本新干线高速客车的内部结构和欧洲之星列车的头部都采用了玻纤增强的复合材料。意大利 ETR500 高速列车的车头前突部分采用芳纶增强环氧树脂复合材料,用这种材料模压成形的车头具有优异的抗冲击能力,当列车以 300 km/h 速度行驶时有很好的尺寸稳定性。法国对未来的 TGV 高速列车轻量化研究表明,用碳纤维复合材料,车体预计可比铝制车的质量减少 25%,同时提高了车体的舒适性。

9.13.3.7 船舶制造

船舶行业大多采用玻璃纤维增强聚酯树脂复合材料,随着复合材料向低成本、高性能化发展及对制品性能要求的提高,船舶行业开始采用高性能碳纤维增强复合材料。碳纤维增强复合材料应用于船舶上层建筑,可减轻上层建筑的质量,提高安全性能;用于舰船推进器,如碳纤维增强复合材料螺旋桨具有可批量生产、成本低、质量轻、使用寿命长等优点;还可用于制造复合材料桅杆、船体结构等。

9.13.3.8 石油开采抽油杆

传统金属抽油杆质量大、易腐蚀、耐疲劳性差,采油效率低,事故率高,制约现有的采油发展和壮大。碳纤维连续抽油杆具有轻质、高强、耐高温、耐腐蚀、耐磨损等优点,采油效率高,事故发生率也比使用传统抽油杆时大为减少,且节能效果显著。我国抽油机的保有量在 10 万台以上,电动机装机总容量为 3500 MW,每年耗电量逾百亿度。按照使用碳纤维抽油杆平均节能 50% 以上,以 0% 油井采用碳纤维抽油杆计算,每年可以节能 10 亿度。

9.13.3.9 输电导线

电力是国家能源的重中之重,随着国民经济的快速发展,用电负荷也快速增长,原有的导线传输容量不能满足大负荷供电的要求。碳纤维复合导线是解决这一问题的有效措施。碳纤维复合导线的强度高,可以增加塔杆跨距,降低工程成本;导电率高,减少损耗,节能明显;线膨胀系数小和驰度小,可提高导线运行的安全性和可靠性;还有质量轻,使用寿命长,便于施工等优点。

9.14 其他领域高性能纤维制品

9.14.1 机械零部件

9.14.1.1 轴承

轴承是当代机械设备中的一种重要零部件。它的主要功能是支撑机械旋转体,降低其运动过程中的摩擦因数,汽车用轴承首次采用碳纤维强化 PEEK 作为保持器用材料,实现了高速稳定旋转,大幅提高了保持器的耐久性;碳纤维也可用于轴承,它具有轻量化、高强度、低磨损的优势;应用聚四氟乙烯作为轴承材料,摩擦因数小,且当载荷增大时,摩擦因数相应减小,常添加玻璃纤维、石墨、青铜粉等以提高各项性能指标;CSB-FWB®轴承材料以高强度玻璃纤维增强高温环氧树脂作为承载层,以特种纤维和 PTFE 纤维作为滑动层,使得轴承在高载低速工况条件下具有优良的耐磨性和很低的摩擦因数,在长时间不加油的情况下仍能发挥良好的自润滑特性和很高的轴承载荷。

9.14.1.2 齿轮

齿轮在机械部件中是常见的基础零部件。采用连续碳纤维增强 PEEK 复合材料制作机械传动部位的齿轮零部件,PEEK 本身具有自润滑性和耐磨特性,完全可以替代金属齿轮并且不用加润滑油,洁净无污染;齿轮的材质也会用玻纤增强尼龙来制作;玻璃纤维增强聚甲酯铁氟龙、芳纶纤维增强聚甲酯铁氟龙、玻璃纤维聚甲酯铁氟龙等组合也可作为齿轮的材料。

9.14.1.3 弹簧和减震器

弹簧和减震器可用于机器制造、输送装置、风扇、振动筛、车轮悬挂、悬架系统、振动缓冲等,是普遍的机械零件。莱茵金属公司推出了一种玻璃纤维悬架,用这种材料制成的单个弹簧代替传统方案的整个机制,它的质量减轻 75%,具有高固有阻尼特性;也可用玻璃纤维制备弹簧,在汽车座椅、车门、行李箱等方面有广泛应用(图 9-19)。它的轻盈和高弹性可以减轻汽车质量,同时可提高座椅的舒适性和支撑力;碳纤维能作为弹簧材料。碳纤维具有高强度、高模量和良好的耐腐蚀性,成为制备减震器的理想材料。碳纤维制备的减震器可以提供较高的刚度和抗疲劳性能,同时减轻质量。芳纶(如 Kevlar®纤维和 Twaron®纤维)具有高强度、高模量和良好的耐磨性,是制备减震器的常用材料;芳纶制备的减震器可提供较高的刚度和耐疲劳性能。玻璃纤维具有良好的耐腐蚀性和电绝缘性,常用来制备某些类型的减震器。超高相对分子质量聚乙烯纤维具有出色的耐磨性和抗冲击性,因此在制备某些类型的减震器时也比较常用。

图 9-19 莱茵金属公司推出玻璃纤维弹簧

9.14.1.4 刹车盘

汽车在刹车,制动卡钳夹住刹车盘而产生制动力。目前,布雷博(Brembo)和西格里碳素(SGL Carbon)已推出碳纤维陶瓷刹车盘,它不但可以在干燥和潮湿条件下保持高性能的表现,而且在轻量化、舒适性、抗腐蚀、耐久性等方面具有明显优势(图 9-20)。碳纤维刹车盘能够承受高温,在高温下不仅能快速刹停,还可以实现短时间迅速降温。碳陶

刹车盘指以碳纤维增强碳化硅基复合材料为主要材质制成的刹车盘,与普通刹车盘相比,具有使用寿命长、摩擦损耗小、耐高温、抗氧化等优势,在飞机、汽车及高速列车中应用较多。山东金麒麟股份有限公司推出了由陶瓷纤维、矿物纤维、芳纶等高性能纤维为主体合成的陶瓷盘式刹车片,以及由钢纤维、有机复合纤维、凯夫拉纤维等环境友好型材料合成的低金属型盘式刹车片。

图 9-20 布雷博集团生产的碳纤维陶瓷制动盘

9.14.2 特种管道

9.14.2.1 电力管道

BWFRP(Basalt fiber-wind rope-fiber reinforced plastic)纤维拉挤电力管是一种新型的复合材料电力管道产品,具有质量轻、强度高、抗腐蚀、耐热耐寒等优点。其又称为针刺管,与玻璃钢管技术类似,但在生产过程中加入了玄武岩纤维等材料,大大提高了管道的耐久性和高温性能。

9.14.2.2 消防水管

二氧化硅纤维管是由纤维纺纱编织而成,与二氧化硅护毯具有同样的耐高温特性。除氢氟酸、磷酸和强碱外,可耐受多种工业化学物质,其强度和延展性以及高达 40 V/mil 的电介值,更是电导线和仪表导线的最佳绝缘材料。二氧化硅纤维套管的使用,连续作业条件下温度为 538 ℃,最高瞬间温度可达 705 ℃。

9.14.2.3 石油、天然气管道

超高相对分子质量聚乙烯具有优异的力学性能、较高的耐磨性和耐冲击性,可用于各行业的浆体状固液混合物输送。CF/PEEK 复合材料管道是一种由连续碳纤维和 PEEK 树脂组成的管道。它的制造过程中采用了高强度的连续碳纤维,使其具有高强度、高刚度和轻质化的特点,可用于石油和天然气的传输。

9.14.3 输送带

芳纶具有强度和模量高、质量小、伸长率低等特点,是符合输送带发展方向的理想骨架材料。输送带用玄武岩复合纤维织物的制造属于分层输送带用帆布制造领域,解决了现有技术中玄武岩织物耐弯曲疲劳性差、成槽性差的问题。以玄武岩复合纤维或者合成纤维为经纱、玄武岩复合纤维作为纬纱,织成帆布织物,再进行浸胶,浸胶后的玄武岩复合纤维织物具有强度高、抗褶皱性好、阻燃等优点,作为输送带骨架材料使用,能够保证输送带的成槽性以及使用寿命。尼龙输送带的中间夹层帆布为尼龙帆布。

尼龙输送带具有带体薄、强度高、耐冲击、成槽性好、层间黏合力大、屈挠性优异及使

用寿命长等特点,适用于中长距离、较高载量、高速条件下输送物料,广泛用于矿山、煤场、化工、冶金、建筑、港口等部门。

聚酯输送带又称 EP 输送带、耐磨输送带、自动输送带、水泥输送带,带体模量高、使用伸长小、耐热稳定性好、耐冲击,适用于中长距离、较高载量、高速条件下输送物料,应用于煤炭、矿山、港口、冶金、电力、化工等领域。

特氟龙输送带又名铁氟龙输送带、铁富龙输送带、PTFE 输送带和耐高温输送带,分特氟龙网格输送带和特氟龙高温布两种,其基布均以玻璃纤维布为基材并涂覆特氟龙树脂而制成。

9.14.4　蜂窝纸

芳纶蜂窝纸是一种由制纸级芳纶经纤维分散、湿法成形、高温整饰等工艺制成的高性能新材料,具有高强度、耐高温、本质阻燃、绝缘、抗腐蚀、耐辐射等特性。PP 蜂窝纸质量轻,用料少,成本低,强度高,表面平整,不易变形,抗冲击性、缓冲性好。另外还有碳纤维复合材料蜂窝纸、PVC 蜂窝纸等。

9.14.5　时尚产品

9.14.5.1　装潢

装修碳纤维板是一种在装修行业常用的材料,是由碳纤维增强料和树脂基材组成的复合材料,可用于墙体、天花板、地板等部位,因其轻巧、坚固和耐用的特点,能够使整体装修效果更加美观和持久。石膏基高性能纤维板是一种由石膏、玻璃纤维、木浆黏胶纤维等材料制成的板式建材,经过高温高压、自然干燥等多道工序,结构复杂,具有高强度和高韧性,广泛应用于办公大楼、酒店、餐厅、商场、展示厅等建筑内部,起到美化室内环境及隔声、隔热的作用。聚苯硫醚纤维墙纸是全纤维或掺合纤维制品,墙纸的抗裂、抗老化功能增强。现在,纤维制品在墙面抹灰、混凝土施工中都有广泛的运用,主要以掺合料的形式加入,可增加构件的抗裂、抗渗等性能。

9.14.5.2　艺术品/家具

与传统材料相比,碳纤维复合材料最大的特点是质量轻,其密度仅为钢材的1/5、钛合金的1/3,比铝合金和玻璃钢的密度更低。使用碳纤维复合材料制造的家具,一方面具有超轻的质量,赋予家具轻便灵巧、易于组合、搬动和运输的特性,另一方面新颖且奇特、易于让消费者产生视觉上的愉悦感。玻璃纤维是一种无机非金属新材料,按一定的配方,经高温熔制、拉丝、络纱等数道工艺制造而成,具有绝缘、耐热、抗腐蚀、机械强度高等优点,可塑性是非常高的。有越来越多的制造商,开始使用玻璃纤维制造家具。此外,旋转扶手椅常采用不同密度的不可变形聚氨酯泡沫制成,内部结构为聚酯纤维,并配有聚酯纤维背垫。

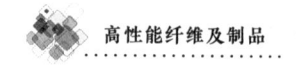

光纤灯以特殊纤维为芯材,以高强度透明阻燃工程塑料为外皮,可以保证在相当长的时间内不会发生断裂、变形等问题,使用寿命至少10年,可作为替代现行装饰照明手段的理想材料。光纤灯由光源发生器和光催化光纤组成,光催化光纤包括玻璃纤维纤芯和光催化涂覆层,也可使用碳纤维、聚酯纤维作为芯层。

参考文献

[1] 郭晶,李丽,樊争科,等. 个体安全防护用纺织品研究[J]. 针织工业,2022(12):1-5.

[2] 闫卫星,郭艳文,陈红霞,等. 防弹防刺面料研究概况[J]. 产业用纺织品,2022,40(7):1-7+32.

[3] 李成龙,杨恒,周运波. 应用高性能纤维的新型软质复合防刺服[J]. 中国安全防范技术与应用,2021(1):16-19.

[4] 杨勇胜. 防割装备现状及发展趋势[J]. 中国安全防范技术与应用,2019,(2):66-69.

[5] 吴善淦. 中国高温过滤材料的发展现状[J]. 纺织导报,2010(10):57-59.

[6] 孟祥雨,孙飞,杨军杰,等. 高性能纤维的发展现状及特点与应用[J]. 合成纤维,2014,43(05):14-17.

[7] 白媛,马新安,杨家密. 耐高温除尘过滤材料的研发现状及趋势[J]. 棉纺织技术,2019,47(10):78-81.

[8] 杜彦龙,王超,刘飞飞,等. 高性能阻燃纤维的功能机理与发展应用[J]. 中国个体防护装备,2023(3):12-16.

[9] 马君志,刘长军,王冬,等. 阻燃黏胶纤维的结构与性能分析[J]. 针织工业,2020(7):21-24.

[10] 莫淑霖. 杜邦公司的创新求生之路[J]. 中国纤检,2019(8):108-109.

[11] 邹振高,周长年,王汴文. 芳砜纶的技术现状及应用进展[J]. 纺织导报,2018(8):51-52+54.

[12] 陈美玲. 聚对苯撑苯并双噁唑纳米纤维复合材料的制备及性能研究[D]. 哈尔滨:哈尔滨工业大学,2019.

[13] 王锦艳,蹇锡高. 耐高温杂萘联苯聚芳醚材料在电绝缘领域的应用[J]. 绝缘材料,2016,49(10):17-23.

[14] 丁宝明,张蕾,刘嘉麒. 中国玄武岩纤维材料产业的发展态势[J]. 中国矿业,2019,28(10):1-5.

[15] 盛春赋. 绳缆用纤维纱线与纱线摩擦性能与疲劳失效机理[D]. 青岛:青岛大学,2022.

[16] 杨旭,常琳,王瑜. ADSS光缆在"一带一路"典型国家开展国际化产品认证研究[J]. 中国标准化,2021(5):223-226.

[17] 宋燕利,杨龙,郭巍,等. 面向汽车轻量化应用的碳纤维复合材料关键技术[J]. 材料导报,2016,30(17):16-25,50.

[18] 周恒香,顾良娥,尚武林,等. 碳纤维在乐器领域中的应用[J]. 纺织报告,2015(11):62-66.

[19] 季心怡,余志维,王维. 碳纤维复合材料界面调控方式研究进展[J]. 天津化工,2022,36(6):1-6.

[20] 李婷婷,张玉洁,许六军,等. 碳纤维治疗床在Monaco中的建模及剂量学影响[J]. 实用肿瘤杂

志，2022，37（4）：356-362.

[21] 陆意. 碳纤维增强聚醚醚酮复合材料的结晶结构调控及强韧化[D]. 上海：东华大学，2024.

[22] 陈小虎，黄子荣，朱伟民. 半月板修复技术及其生物学基础研究进展[J]. 深圳中西医结合杂志，2024，34（3）：133-137.

[23] 孙山峰，代士维，徐绍魁. 超高分子量聚乙烯纤维的性能与应用[J]. 当代化工研究，2019（7）：97-98.

[24] 孙旗，陈江，李晋玉，等. 抗菌薇乔缝线对脊柱后路手术切口感染的预防作用[J]. 中国脊柱脊髓杂志，2018，28（11）：1053-1056.

[25] 严拓，刘雅文，吴灿，等. 人工血管研究现状与应用优势[J]. 中国组织工程研究，2018，22（30）：4849-4854.

[26] 张洁敏，于亚楠，代朋，等. 中空纤维型透析器在血液净化技术中的应用现状及展望[J]. 膜科学与技术，2020，40（5）：144-150.

[27] 李雅坤，黑飞龙. 膜式人工肺中空纤维膜材料的改善及发展新方向[J]. 中国组织工程研究，2022，26（16）：2608-2612.

[28] 顾良娥，周恒香. 碳纤维在假肢技术中的应用[J]. 中小企业管理与科技（上旬刊），2016（1）：239.

[29] 陈伟，田一明，王喜太. 碳纤维材料特性及其在截肢短跑运动假肢中的应用[J]. 企业科技与发展，2017（10）：78-80.

[30] 陈旦，祖磊，许家忠，等. 干纱缠绕复合材料压力容器的结构设计与强度分析[J]. 玻璃钢/复合材料，2019（2）：5-12+44.

[31] 庄晓东，徐远超，尹梦琦，等. 浅析复合材料压力容器[J]. 化学工程与装备，2018（5）：269-271.

[32] 王敏涓，黄浩，王宝，等. 连续 SiC 纤维增强钛基复合材料应用及研究进展[J]. 航空材料学报，2023，43（6）：1-19.

[33] 陈绍云，王赤宇，刘百春，等. 油田用纤维增强塑料压力容器的应用及研究进展[J]. 天然气与石油，2024，42（1）：93-101.

[34] 王婉君，张鹏，贺政豪，等. 碳纤维复合材料压力容器的研究进展[J]. 现代化工，2020，40（1）：68-71.

[35] 王恺，吴茜，汪文博，等. 可重复使用复合材料气瓶设计及试验验证[J]. 宇航材料工艺，2018，48（6）：16-20.

[36] 陈坤，李俊，唐强，等. 酚醛基碳纤维制备方法研究进展[J]. 应用化工，2017，46（8）：1624-1626+1634.

[37] Barthelemy H, Weber M, Barbier F. Hydrogen storage: Recent improvements and industrial perspectives[J]. International Journal of Hydrogen Energy, 2017, 42(11): 7254-7262.

[38] 章伟灿. 基于复合材料的压力容器研究与发展[J]. 化学工程与装备，2007（4）：54-57.

[39] 袁松，翟建广，张斌，等. 纤维增强热塑复合材料高压容器制备工艺[J]. 上海工程技术大学学报，2019，33（2）：102-105.

[40] 韦红专. 钢纤维混凝土在房屋建筑工程中的应用[J]. 才智，2013（17）：211.

[41] 马国彪. 碳纤维复合材料在室内轻量化设计中的应用[J]. 合成材料老化与应用，2023，52（3）：144-146.

[42] 杜鹏,高群山. 城市地铁站点盾构穿行处玻璃纤维筋地下连续墙施工技术[J]. 建筑施工,2021, 43(6):1082-1084.

[43] 刘张健. 道路工程中钢纤维混凝土的应用研究[J]. 运输经理世界,2023(8):8-10.

[44] 杨龙. 钢纤维混凝土技术在道路桥梁施工中的应用[J]. 价值工程,2021,40(12):196-197.

[45] 王剑鑫. 碳纤维板在桥梁加固工程中的应用[J]. 交通世界,2023(1):250-252.

[46] 余万龙. 玻璃纤维筋在抽水蓄能电站大坝面板中的应用[J]. 电力勘测设计,2023(3):88-92.

[47] 李国民,陈小林,崔双民,等. 凯夫拉纤维管道修复技术应用[J]. 石油工程建设,2014,40(6):84-86.

[48] 余蕾蕾. 新型碳纤维在军事领域中的应用研究[J]. 天津纺织科技,2019(6):51-54.

[49] 王莘蔚,陈蓉蓉. 新型纤维在军事防护服装领域的应用[J]. 中国纤检,2010(9):72-76.

[50] 青岛固德复材:打造全球"顶配"特种防护头盔,开创碳纤维复合材料应用先河[J]. 中国纺织, 2023(Z5):73-76.

[51] 李伟,韩林,刘伟,等. 防弹防刺涂覆芳纶材料的选型及其应用研究[J]. 玻璃纤维,2023(3):31-35.

[52] 孟花,张燕,刘永佳. 防弹衣及其服用舒适性研究[J]. 天津纺织科技,2023(2):19-21.

[53] 李杜,陈清清,张玲丽,等. 芳纶1414装甲材料的制备及拉伸性能探讨[J]. 棉纺织技术,2022, 50(9):19-23.

[54] 白金旺,张殿波,钟蔚华,等. 耐紫外老化PBO纤维改性技术研究进展[J]. 化工新型材料:1-8.

[55] 李冬燕,苗凯,倪诗莹,等. 碳化硅陶瓷膜的制备及其应用进展[J]. 化工进展:1-16.

[56] 芦长椿. 从战略性新兴产业看纤维产业的发展(三):高性能纤维材料在航空航天领域的应用[J]. 纺织导报,2012(7):115-118+120.

[57] 刘源,肖任勤,韩德东,等. 飞行器主承力结构的轻量化设计[J]. 光学精密工程,2015,23(11):3083-3089.

[58] 蒋诗才,李伟东,李韶亮,等. PAN基高模量碳纤维及其应用现状[J]. 高科技纤维与应用,2020, 45(2):1-10.

[59] 刘为翠,李磊,周兴海,等. 无机纤维非织造材料在航空航天领域的应用进展[J]. 纺织导报, 2018(S1):103-107.

[60] 黄亿洲,王志瑾,刘格菲. 碳纤维增强复合材料在航空航天领域的应用[J]. 西安航空学院学报, 2021,39(5):44-51.

[61] 袁立群,单杭英,杨忠清,等. 复合材料在无人机上的应用与展望[J]. 玻璃纤维,2017(6):30-36.

[62] 陈吉平,苏佳智,郑义珠,等. 复合材料在A400M军用运输机上的应用[J]. 航空制造技术,2013 (15):82-85.

[63] 罗晰旻,罗益锋. 国外高性能纤维及其复合材料在高速列车的应用[J]. 高科技纤维与应用, 2011,36(5):33-37+41.

[64] 李维汉,李旻鹭,余彦. 静电纺丝制备多孔碳纳米纤维及其在高性能柔性锂离子电池中的应用[Z]. 无机非金属材料高层论坛暨第7届无机非金属材料专题——先进电子材料研讨会论文集. 无锡,2015:55-56

[65] 卜娜蕊，刘睿，赵慧斌，等. 超高性能纤维混凝土在路桥加固施工中的应用[J]. 居业，2023(10)：71-73.

[66] 杨素心. C/C复合材料在光伏行业的应用[J]. 中国有色金属，2018(7)：62-63.

[67] 李光友，刘肖光，邹佩君，等. 国产碳纤维在风电叶片主梁上的应用研究[J]. 纺织导报，2021，(10)：59-60+62.

[68] 杨鑫超，曹寅虎，杨伟超. 风电叶片复合材料专利发展态势分析[J]. 科学技术创新，2019(26)：60-61.

[69] 马全胜，王文义，白江坡，等. 风电叶片用碳纤维复合材料研究进展[J]. 高科技纤维与应用，2023，48(5)：13-19.

[70] 琚裕波，李智，柏挺，等. 低成本碳纤维的研究进展与应用[J]. 工程塑料应用，2023，51(11)：181-186.

[71] 赵智垒，丁永春，杨中桂，等. 高性能纤维复合材料在海上风电的应用[J]. 船舶工程，2022，44(S1)：51-56.

[72] 杨中桂，白洁，王志敏，等. 海洋环境下风力发电机组基础锚杆的电化学腐蚀特性[J]. 船舶工程，2020，42(S1)：620-622+626.

[73] 赵绍谂，杨中桂，白洁，等. 锚栓组件在10 MW海上风机基础的应用[J]. 船舶工程，2021，43(S1)：77-80.

[74] 陈超峰，王凤德，彭涛. 对位芳纶及其复合材料发展思考[J]. 化工新型材料，2010，38(6)：1-5.

[75] 陈超峰，王凤德，彭涛，等. 高性能纤维及其复合材料与低碳经济[J]. 合成纤维，2011，40(1)：8-11.

[76] 刘畅. 基于汽车轻量化应用的碳纤维复合材料关键技术研究[J]. 产业创新研究，2023，(4)：111-113.

[77] 蒋鞠慧，陈敬菊. 复合材料在轨道交通上的应用与发展[J]. 玻璃钢/复合材料，2009(6)：81-85.

[78] 雷瑞，郑化安，付东升. 高性能纤维增强复合材料应用的研究进展[J]. 合成纤维，2014，43(7)：37-40.

[79] 杨文飞. 超高速角接触球轴承塑料保持架稳定性研究[J]. 内燃机与配件，2021(17)：90-91.

[80] 黄频波，付成龙，李斌. 碳/碳化硅复合材料刹车盘/片热应力场分析[J]. 合成纤维，2019，48(11)：43-48.

[81] 梁美丽，张法忠，张紫萧，等. 超细二氧化硅纤维/橡胶复合材料的结构和性能研究[J]. 橡胶工业，2016，63(9)：522-526.